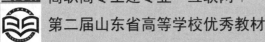

北大社 "十三五"职业教育规划教材

高职高专土建专业"互联网＋"创新规划教材

第二届山东省高等学校优秀教材

全新修订

第三版

建设工程监理概论

主　编◎徐锡权　毛风华　申淑荣

副主编◎鲁　雷　田利萍　魏玉峰

参　编◎费纪祥　袁宏文　李宛臻　王　帝

主　审◎王海超

北京大学出版社

PEKING UNIVERSITY PRESS

内 容 简 介

本书根据国家标准《建设工程监理规范》(GB/T 50319—2013),全面系统地介绍了"三控制、两管理、一协调"、建设工程安全与环境管理以及建筑节能管理等内容。本书按单元进行编写,在内容编排上,本书注重理论联系实际,利用案例突出对实际问题的分析;在能力训练上,本书通过对案例的解析,强调对监理技能的培养。

本书共分为 9 个单元,包括建设工程监理基本知识、监理人员与监理企业、建设工程监理的目标控制、建设工程监理合同管理、建设工程安全生产与环境管理、建筑节能管理、建设工程监理信息管理、建设工程监理组织与组织协调、建设工程监理业务管理。

本书可作为高职高专土木建筑类专业的监理课程教材,也可作为相关专业人员的参考书。

图书在版编目(CIP)数据

建设工程监理概论 / 徐锡权,毛风华,申淑荣主编. —3 版. —北京:北京大学出版社,2018.3
(高职高专土建专业"互联网+"创新规划教材)
ISBN 978-7-301-28832-0

Ⅰ.①建… Ⅱ.①徐… ②毛… ③申… Ⅲ.①建筑工程—监理工作—高等职业教育—教材
Ⅳ.①TU712.2

中国版本图书馆 CIP 数据核字(2017)第 249839 号

书 名	建设工程监理概论(第三版)
	JIANSHE GONGCHENG JIANLI GAILUN
著作责任者	徐锡权 毛风华 申淑荣 主编
策划编辑	杨星璐
责任编辑	伍大维
数字编辑	贾新越
标准书号	ISBN 978-7-301-28832-0
出版发行	北京大学出版社
地 址	北京市海淀区成府路 205 号 100871
网 址	http://www.pup.cn 新浪微博:@北京大学出版社
电子邮箱	编辑部 pup6@pup.cn 总编室 zpup@pup.cn
电 话	邮购部 62752015 发行部 62750672 编辑部 62750667
印刷者	河北滦县鑫华书刊印刷厂
经销者	新华书店
	787 毫米×1092 毫米 16 开本 20 印张 455 千字
	2008 年 9 月第 1 版 2012 年 7 月第 2 版
	2018 年 3 月第 3 版
	2024 年 1 月修订 2024 年 12 月第 10 次印刷(总第 23 次印刷)
定 价	48.00 元

本教材是在《建设工程监理概论》(第二版)的基础上进行修订的。近年来，我国建设工程监理相关法规及标准不断颁布、修订，工程监理的定位和职责进一步明确，工程监理企业管理更加规范，第二版教材中部分内容已不能适应新形势的要求，需要进行修订。本书在修订的过程中还融入了党的二十大报告内容，突出职业素养的培养，全面贯彻党的二十大精神。

与第二版教材相比，本教材在以下几个方面进行了较大修改。

(1) 根据《建设工程监理规范》(GB/T 50319—2013)，增加了"建设工程监理招投标"相关内容；将单元4"工程建设监理合同与风险管理"重新编写为"建设工程监理合同管理"，按照《建设工程监理与相关服务收费管理规定的通知》(发改价格〔2007〕670号)文件精神，增加了"建设工程监理与相关服务收费标准"的相关内容，删除了"风险管理"的相关内容。

(2) 根据《建设工程监理规范》和《全国监理工程师资格考试大纲》(第四版)的要求，更新、精炼了原教材内容，重新编写了部分应用案例和技能训练题，强化了工程监理实际操作的内容，突出了本教材对于建设工程监理实践的指导性。

(3) 本教材按照"互联网+"教材形式进行升级，在重点、难点等地方插入二维码，通过扫描二维码，可以查看相应的图文和视频等内容，帮助学习者理解知识和拓展学习内容。

本教材按42学时编排，推荐学时分配如下：单元1为4学时，单元2为4学时，单元3为8学时，单元4为4学时，单元5为4学时，单元6为4学时，单元7为4学时，单元8为4学时，单元9为6学时。教师可根据不同的使用专业灵活安排学时，并可安排学生课后自学"知识链接""应用案例"和"技能训练题"等模块。

本教材由日照职业技术学院徐锡权、毛凤华、申淑荣任主编，焦作大学鲁雷、内蒙古机电职业技术学院田利萍、日照交通能源发展集团有限公司魏玉峰任副主编，青岛动车小镇锐安建设有限公司费纪祥、日照市住房保障管理服务中心袁宏文、日照职业技术学院李宛臻、王帝参加编写，由徐锡权整理并统稿。本教材由山东科技大学土木建筑学院王海超教授任主审，他认真审阅了书稿，并提出了许多宝贵的意见和建议，在此表示感谢。

在修订过程中，为满足教学需要，本教材虚构了一些具体工程的名称和人员姓名，如有雷同，纯属巧合。同时，在修订过程中，本教材还参阅和引用了中国建设监理协会组织编写的《全国监理工程师资格考试用书》(第四版)和一些院校优秀教材的内容，吸收了国内外众多专家的最新研究成果，在此对相关作者表示感谢。

由于编者水平有限，教材中不妥之处在所难免，恳请广大读者批评指正。

编　者

【资源列表】

本书课程思政元素

本书课程思政元素从"格物、致知、诚意、正心、修身、齐家、治国、平天下"中国传统文化角度着眼，再结合社会主义核心价值观"富强、民主、文明、和谐、自由、平等、公正、法治、爱国、敬业、诚信、友善"设计出课程思政的主题，然后紧紧围绕"价值塑造、能力培养、知识传授"三位一体的课程建设目标，在课程内容中寻找相关的落脚点，通过案例、知识点等教学素材的设计运用，以润物细无声的方式将正确的价值追求有效地传递给读者。

本书的课程思政元素设计以"习近平新时代中国特色社会主义思想"为指导，运用可以培养大学生的理想信念、价值取向、政治信仰、社会责任的题材与内容，全面提高大学生缘事析理、明辨是非的能力，把学生培养成为德才兼备、全面发展的人才。

每个思政元素的教学活动过程都包括内容导引、展开研讨、总结分析等环节。在课程思政教学过程，老师和学生共同参与其中，在课堂教学中教师可结合下表中的内容导引，针对相关的知识点或案例，引导学生进行思考或展开讨论。

页码	内容导引	思考问题	课程思政元素
5	建设工程监理的含义	你认为我国为什么要实施建设工程监理服务活动呢？	努力学习 专业能力 社会责任
8	建设工程监理实施原则	监理单位对建设工程实施监理时，应遵守哪些基本原则？	职业精神 求真务实
10	建设工程监理的实施程序	工程项目实施监理的基本程序有哪些呢？	专业水准 实事求是
29	监理人员的组成	项目监理机构中监理人员按照岗位职责不同可以分为哪些类呢？	个人成长 职业规划
38	工程监理企业与工程建设各方的关系	监理企业和建设单位、施工单位之间的关系是怎样的呢？	科学发展 社会平等
54	建设三大目标关系的协调处理	建设工程的目标有哪些呢？	辩证思维 科学发展
57	建设工程目标控制的任务与措施	1. 在建设工程实施的各个阶段中，目标控制的任务有哪些？ 2. 建设工程目标控制的措施是什么？	专业能力 实战能力
61	图纸会审等审查	施工准备阶段需要进行哪些质量控制内容呢？	终身学习 专业能力 实战能力
5	建设工程监理的含义	你认为我国为什么要实施建设工程监理服务活动呢？	努力学习 专业能力 社会责任

页码	内容导引	思考问题	课程思政元素
66	施工活动中的质量控制	1. 你能说出几个因为质量等原因发生的质量事故么？ 2. 施工过程中应该如何进行质量控制呢？	社会责任 安全意识 法律意识
68	工程质量事故的处理	什么是工程质量不合格呢，应该如何处理？	工匠精神 法制建设 社会公德
73	工程变更价款的确定	工程变更会对工程造价控制产生哪些影响呢？	求真务实 专业能力 科学精神
81	施工阶段的进度控制	在施工阶段进度控制的程序是怎样的？	规范与道德 逻辑思维
102	建设工程监理合同（示范文本）	你认为合同的作用是什么呢？	法律意识 逻辑思维 终身学习
122	建设工程职业健康安全和环境管理的特点	你知道什么是职业健康么？	安全意识 可持续发展
135	建设工程文明施工	你知道施工现场对文明施工有哪些要求呢？	城市文明 创新意识 行为习惯养成
138	建筑工程施工现场环境保护的措施	你了解国家对环境保护的要求吗？	法制建设 可持续发展 环保意识
146	建筑节能的内涵	建筑节能包括哪些方面？	能源意识 可持续发展 社会责任
169	【《建筑工程监理规范》】二维码	1. 制定《建筑工程监理规范》的目的是什么？ 2.《建筑工程监理规范》进行了几次修正？	规范与道德 适应发展 法律意识
183	归档文件的质量要求	1.为什么要制定归档文件的质量要求？ 2.为什么归档的工程文件一般应为原件？	质量意识 实事求是 工匠精神
66	施工活动中的质量控制	1. 你能说出几个因为质量等原因发生的质量事故么？ 2. 施工过程中应该如何进行质量控制呢？	社会责任 安全意识 法律意识
68	工程质量事故的处理	什么是工程质量不合格呢，应该如何处理？	工匠精神 法制建设 社会公德
73	工程变更价款的确定	工程变更会对工程造价控制产生哪些影响呢？	求真务实 专业能力 科学精神
81	施工阶段的进度控制	在施工阶段进度控制的程序是怎样的？	规范与道德 逻辑思维

续表

页码	内容导引	思考问题	课程思政元素
232	旁站	什么情况下采用旁站这种监理方式？	安全意识 质量意识 实战能力
271	竣工验收程序	试论遵循竣工验收程序的必要性？	规范意识 逻辑思维 实事求是

注：教师版课程思政内容可以联系北京大学出版社索取。

目 录

单元 **1** 建设工程监理基本知识

【教学目标】

熟悉基本建设程序；掌握建设工程监理的定义、性质、作用；掌握建设工程监理的实施原则和程序；了解与建设工程监理相关的法律法规；了解国外建设工程监理的发展情况。

教学要求

能 力 目 标	知 识 要 点	权重
熟悉基本建设程序，掌握建设工程监理的含义	基本建设程序、建设工程监理的含义	30%
掌握实施监理程序中不同阶段的工作要点	建设工程监理的实施原则和程序	30%
能初步运用法律法规规范监理行为	建设工程监理法律法规体系	30%
了解国外建设工程监理的发展情况	国外建设工程监理的特点	10%

【单元 1 学习指导(视频)】

引 例

鲁布革原本仅是一个名不见经传的布依族小山寨，坐落在云贵两省界河——黄泥河畔的山梁上。它的名声远播缘起兴建鲁布革水电站。

1981年6月，国家批准建设装机60万kW的鲁布革水电站，并列为国家重点工程。鲁布革工程原本由原中华人民共和国水利电力部(1988年，恢复为水利部，以下简称"水电部")第十四工程局(以下简称"水电十四局")负责施工。1984年4月，水电部决定在鲁布革工程中采用世界银行贷款。当时正值改革开放初期，鲁布革工程是我国第一个利用世界银行贷款的基本建设项目。但是根据与世界银行的协议，工程三大部分之一——引水隧洞工程必须进行国际招标。

【鲁布革水电站 工程监理经验】

在中国、日本、挪威、意大利、美国、德国、南斯拉夫、法国8国承包商的竞争中，日本大成公司以比中国与其他外国公司联营体投标价低3 600万元的报价而一举中标。引水隧洞工程标底为14 958万元，大成公司报价8 463万元，比标底低了43%。

大成公司仅派到中国一支30人的管理队伍，并从中国水电十四局雇了424名劳动工人。他们开挖23个月，单头月平均进尺222.5m，相当于我国同类工程的2~2.5倍；在开挖直径8.8m的圆形发电隧洞中，创造了单头进尺373.7m的国际先进纪录。1986年10月30日，隧洞全线贯通，工程质量优良，工期比合同计划提前了5个月。

相比之下，水电十四局承担的首部枢纽工程进度迟缓。世界银行特别咨询团于1984年4月、1985年5月两次来工地考察，都认为按期截流难以实现。

同样是那些工人，两者的差距为何这么大呢？

在单元1中，我们针对该引例来学习什么是建设工程监理，建设工程监理的重要性和发展过程，我国建设工程监理的实施原则和程序，以及建设工程监理的法律、法规和标准等。

1.1 建设工程监理制度

1.1.1 建设程序与监理制度

1. 建设程序

建设程序是指建设工程从策划、决策、设计、施工到竣工验收、投入生产或交付使用的整个建设过程中，各项工作必须遵循的先后顺序。

按照工程建设内在的规律，每一项建设工程都要经过策划决策和建设实施两个发展时期。这两个发展时期又可分为若干阶段，各阶段之间存在着严格的先后次序，可以进行合理交叉，但不能任意颠倒次序。工程建设按先后次序一般可划分为以下几个阶段。

1) 项目建议书阶段

这一阶段的工作内容是编报项目建议书。项目建议书是拟建项目单位向政府投资主管部门提出的要求建设某一工程项目的建议文件，是对工程项目建设的轮廓设想。项目建议书的主要作用是推荐一个拟建项目，论述其建设的必要性、建设条件的可行性和获利的可能性，供政府投资主管部门选择并确定是否进行下一步工作。

对于政府投资工程，项目建议书按要求编制完成后，应根据建设规模和限额划分报送有关部门审批。项目建议书经批准后，可进行可行性研究工作，但并不表明项目非上不可，批准的项目建议书不是工程项目的最终决策。

2）可行性研究阶段

这一阶段的工作内容是编报可行性研究报告。可行性研究是指在工程项目决策之前，通过调查、研究、分析建设工程在技术、经济等方面的条件和情况，对可能的多种方案进行比较论证，同时对工程项目建成后的综合效益进行预测和评价的一种投资决策分析活动。

可行性研究的作用是论证建设项目在技术上是否先进、实用、可靠，在经济上是否合理，在财务上是否赢利。通过对多种方案进行比较，提出评价意见，推荐最佳方案。它为决定建设项目是否成立提供依据，从而减少决策的盲目性，使项目的确定具有切实的科学性。

可行性研究工作完成后，需要编写出反映其全部工作成果的可行性研究报告。批准的可行性研究报告是项目的最终决策文件。可行性研究报告经有关部门审查通过后，拟建项目正式立项。凡经可行性研究未通过的项目，不得进行下一步工作。

● 知 识 链 接

以上阶段属于建设工程策划决策时期的两个阶段。这个时期的工作直接影响投资项目决策。根据投资渠道的不同，建设工程可分为政府投资工程和非政府投资工程。政府投资工程实行审批制，对于采用直接投资和资本金注入方式的政府投资工程，政府需要从投资决策的角度审批项目建议书和可行性研究报告，除特殊情况外，不再审批开工报告，同时还要严格审批其初步设计和概算；对于采用投资补助、转贷和贷款贴息方式的政府投资工程，则只审批资金申请报告。对于企业不使用政府资金投资建设的工程，政府不再进行投资决策性质的审批，区别不同情况实行核准制或登记备案制，企业投资建设《政府核准的投资项目目录》中的项目时，仅需向政府提交项目申请报告，不再经过批准项目建议书、可行性研究报告和开工报告等程序；对于《政府核准的投资项目目录》以外的企业投资项目，实行备案制，除国家另有规定外，由企业按照属地原则向地方政府投资主管部门备案。

3）勘察设计工作阶段

这一阶段的工作内容包括工程勘察和工程设计。工程勘察通过对地形、地质及水文等要素的测绘、勘探、测试及综合评定，提供工程建设所需的基础资料。工程勘察需要对工程建设场地进行详细论证，保证建设工程合理进行，促使建设工程取得最佳的经济、社会和环境效益。工程设计工作一般划分为两个阶段，即初步设计和施工图设计。重大工程和技术复杂工程，可按三个阶段进行设计，即初步设计、技术设计和施工图设计。

4）建设准备阶段

这一阶段的主要工作内容包括征地、拆迁和场地平整；完成施工用水、电、通信、道路等接通工作；组织招标选择工程监理单位、施工单位及设备、材料供应商；准备必要的施工图纸；办理工程质量监督和施工许可手续。

建设单位在领取施工许可证或者开工报告前，应当到规定的工程质量监督

【建筑工程
施工许可证】

机构办理工程质量监督注册手续。从事各类房屋建筑及其附属设施的建造、装修装饰和与其配套的线路、管道、设备的安装，以及城镇市政基础设施工程的施工，建设单位在开工前应当向工程所在地县级以上人民政府建设主管部门申请领取施工许可证。必须申请领取施工许可证的建筑工程未取得施工许可证的，一律不得开工。工程投资额在30万元以下或者建筑面积在300m^{2}以下的建筑工程，可以不申请办理施工许可证。

5）施工阶段

这一阶段的主要工作是按设计进行施工安装，建成工程实体。在此阶段，施工单位按照计划、设计文件的规定，编制施工组织设计，进行施工，将建设项目的设计变成可供人们进行生产和生活活动的建筑物、构筑物等固定资产。

建设工程具备开工条件并取得施工许可后才能开始土建工程施工和机电设备安装。按照规定，建设工程新开工时间是指工程设计文件中规定的任何一项永久性工程第一次正式破土开槽的开始日期。不需要开槽的工程，以正式开始打桩的日期作为开工日期。铁路、公路、水库等需要进行大量土石方工程的工程，以开始进行土石方工程施工的日期作为正式开工日期。工程地质勘察、平整场地、旧建筑物拆除、临时建筑、施工用临时道路和水、电等工程开始施工的日期不能算作正式开工日期。分期建设的工程分别按各期工程开工的日期计算，如二期工程应根据工程设计文件规定的永久性工程开工的日期计算。

6）生产准备阶段

这个阶段主要针对生产性工程项目而言，是工程项目建设转入生产经营的必要条件。建设单位应适时组成专门机构做好生产准备工作，确保工程项目建成后能及时投产。生产准备的主要工作内容包括：①组建生产管理机构，制定管理有关制度和规定；②招聘和培训生产人员，组织生产人员参加设备的安装、调试和工程验收工作；③落实原材料、协作产品、燃料、水、电、气等的来源和其他需协作配合的条件，并组织工装、器具、备品、备件等的制造或订货等。

7）竣工验收阶段

建设工程按设计文件的规定内容和标准全部完成，并按规定将施工现场清理完毕，达到竣工验收条件时，建设单位组织工程竣工验收。工程勘察、设计、施工、监理等单位应参加工程竣工验收。工程竣工验收要审查工程建设的各个环节，审阅工程档案、实地查验建筑安装工程实体，对工程设计、施工和设备质量等进行全面评价。不合格的工程不予验收。对遗留问题要提出具体解决意见，限期落实完成。

工程竣工验收是投资成果转入生产或使用的标志，也是全面考核工程建设成果、检验设计和施工质量的关键步骤。工程竣工验收合格后，建设工程方可投入使用。建设工程自竣工验收合格之日起即进入工程质量保修期。建设工程自办理竣工验收手续后，发现存在工程质量缺陷的，应及时修复，费用由责任方承担。

2. 建设监理制度

按照我国有关规定，在工程建设中应当实行项目法人责任制、工程招标投标制、建设工程监理制、合同管理制，这些制度相互关联、相互支持，共同构成了建设工程管理制度体系。

项目法人责任制是实行建设工程监理制的必要条件，建设工程监理制是实行项目法人责任制的基本保障。工程招标投标制是实行工程监理制的重要保证，工程监理制是落实工程招标投标制的重要保障。合同管理制是实行工程监理制的重要保证，工程监理制是落实合同管理制的重要保障。

中华人民共和国建设部（2008 年改组为"中华人民共和国住房和城乡建设部"，以下简称住房和城乡建设部）于 1988 年发布了《关于开展建设监理工作的通知》，明确提出要建立建设工程监理制度。建设工程监理制于 1988 年开始试点，先后经历了试点、稳步发展和全面推行 3 个阶段。1988—1992 年，重点在北京、上海、天津等 8 个城市和交通、水电两个行业开展试点工作；1993—1995 年，全国地级以上城市稳步开展了工程监理工作；1995 年，全国第六次建设工程监理工作会议明确提出，从 1996 年开始，在建设领域全面推行工程监理制度。1997 年，《中华人民共和国建筑法》（以下简称《建筑法》）以法律制度的形式做出规定，国家推行建设工程监理制度，从而使建设工程监理在全国范围内进入全面推行阶段。

⬤ 特 别 提 示 ▪▪

我国工程监理工作的开展一直得到党和国家领导人的高度重视。国务院领导曾多次发表重要讲话，强调实施工程监理制度的重要性。1998 年 12 月，朱镕基同志在视察三峡工程时重点指出："为确保三峡工程的质量，必须实行严格的工程监理制度，强化工程建设监理。"在 2003 年 8 月召开的国务院"南水北调"工程建设委员会会议上，温家宝同志再次强调："工程建设要按照政企分开的原则，严格实行项目法人责任制、招标投标制、建设监理制、合同管理制。"

▪▪

1.1.2 建设工程监理的含义

1. 建设工程监理的概念

建设工程监理是指工程监理单位受建设单位委托，根据法律法规、工程建设标准、勘察设计文件及合同，在施工阶段对建设工程质量、进度、造价进行控制，对合同、信息进行管理，对工程建设相关方的关系进行协调，并履行建设工程安全生产管理法定职责的服务活动。

工程监理单位是指依法成立并取得建设主管部门颁发的工程监理企业资质证书，从事建设工程监理与相关服务活动的服务机构。

建设单位又称项目业主或项目法人，它是委托监理的一方。建设单位在工程建设中拥有确定建设工程规模、标准和功能，以及选择勘察、设计、施工和监理单位等工程建设中重大问题的决定权。

【建设工程监理单位】

建设单位是建设工程监理任务的委托方，工程监理单位是监理任务的受托方。工程监理单位在建设单位的委托授权范围内从事专业化服务活动。与国际上一般的工程项目管理咨询服务不同，建设工程监理是一项具有中国特色的工程建设管理制度，目前的工程监理不仅定位于工程施工阶段，而且法律法规将工程质量、安全生产管理方面的责任赋予工程监理单位。

2. 建设工程监理概念的要点

1）建设工程监理的行为主体

实行监理的建设工程由建设单位委托具有相应资质条件的监理单位实施监理。建设工程监理的行为主体是监理单位。建设工程监理不同于政府主管部门的监督管理。后者属于行政性监督管理，其行为主体是政府主管部门。同样，建设单位自行管理、工程总承包单位或施工总承包单位对分包单位的监督管理都不是工程监理。

2）建设工程监理的实施前提

建设单位与其委托的监理单位应当订立书面监理合同。建设工程监理的实施需要建设单位的委托和授权，工程监理的监理内容和范围应根据监理合同来确定。在订立建设工程监理合同时，建设单位将勘察、设计、保修阶段等相关服务一并委托的，应在合同中明确相关服务的工作范围、内容、服务期限和酬金等相关条款。

3）建设工程监理的实施依据

建设工程监理实施依据包括法律法规及工程建设标准、建设工程勘察设计文件、建设工程监理合同及其他合同文件。

（1）法律法规及工程建设标准。法律法规包括《建筑法》《中华人民共和国合同法》（以下简称《合同法》）、《中华人民共和国招标投标法》（以下简称《招标投标法》）、《建设工程质量管理条例》《建设工程安全生产管理条例》《中华人民共和国招标投标法实施条例》（以下简称《招标投标法实施条例》）等法律法规，《工程监理企业资质管理规定》《注册监理工程师管理规定》《建设工程监理范围和规模标准规定》等部门规章，以及地方性法规等。工程建设标准包括有关工程技术标准、规范、规程，以及《建设工程监理规范》《建设工程监理与相关服务收费标准》等。

（2）建设工程勘察设计文件。勘察设计文件既是工程施工的重要依据，也是工程监理的主要依据，包括批准的可行性研究报告、建设项目选址意见书、建设用地规划许可证、建设工程规划许可证、批准的施工图设计文件、施工许可证等。

（3）建设工程监理合同及其他合同文件。建设工程监理合同是实施监理的直接依据，建设单位与其他相关单位签订的合同（如与施工单位签订的施工合同、与材料设备供应单位签订的材料设备采购合同等）也是实施监理的重要依据。

4）建设工程监理的范围

建设工程监理的范围可以分为监理的工程范围和监理的阶段范围。

（1）监理的工程范围。《建筑法》和国务院公布的《建设工程质量管理条例》对实行强制性监理的工程范围做了原则性的规定，原建设部在《建设工程监理范围和规模标准规定》中对实行强制性监理的工程范围做了具体规定。

【需要监理的工程项目】

（2）监理的阶段范围。目前，建设工程监理定位于工程施工阶段的监理活动，同时也可以提供相关服务活动。工程监理单位受建设单位委托，按照建设工程监理合同约定，在工程勘察、设计、保修等阶段提供的服务活动均称为相关服务。工程监理单位可以拓展自身的经营范围，为建设单位提供包括建设工程项目策划决策和建设实施全过程的项目管理服务。

5）建设工程监理的基本职责

工程监理单位的基本职责是在建设单位委托授权范围内，通过合同管理和信息管理，以及协调工程建设相关方的关系，控制建设工程质量、造价和进度三大目标，即"三控、两管、一协调"。此外，还需履行建设工程安全生产管理的法定职责，这是《建设工程安全生产管理条例》赋予工程监理单位的社会责任。

1.1.3　建设工程监理的性质

建设工程监理的性质可概括为公平性、独立性、服务性和科学性4个方面。

1. 公平性

公平性是指建设工程监理单位和监理工程师在实施建设工程监理活动中，排除各种干扰，以公平的态度对待委托方和被监理方，以有关法律法规和双方所签订的工程建设合同为准绳，站在第三方的立场上公平地加以解决和处理，做到公平地证明、决定和行使自己的处理权。

（1）公平性是建设工程监理单位和监理工程师顺利实施其职能的重要条件。监理成败的关键在很大程度上取决于能否与承包单位以及建设单位进行良好的合作、相互支持、相互配合。这是监理公平性的基础。

（2）公平性是建筑市场对建设工程监理进行约束的条件。实施建设监理制的基本宗旨是建立适合市场经济的工程建设新秩序，为开展工程建设创造安定、和谐的环境，为承包单位提供公平竞争的条件。建设监理制的实施使监理单位和监理工程师在工程建设项目中具有重要地位。因此，为保证建设监理制的实施，必须对监理单位和监理工程师制定约束条件。公平性要求就是重要的约束条件之一。

（3）公平性是监理制度实施的必然要求，是社会公认的职业准则，也是监理单位和监理工程师的基本职业道德准则。我国建设监理制把"公平"作为从事建设监理活动应当遵循的重要原则。

2. 独立性

从事工程建设监理活动的监理单位是直接参与工程项目建设"三方当事人"之一，与建设单位、承包单位之间的关系是一种平等的主体关系。在人际、业务和经济关系上必须独立，监理单位和从事监理工作的个人不得参与和工程建设的各方发生利益关系的活动，避免监理单位与其他单位之间产生利益牵制，从而保证监理单位的公平性。

监理单位应当按照独立自主的原则开展监理活动，监理单位与建设单位的关系是平等的合同契约关系。在管理活动中要依据监理合同来履行自己的权利和义务，承担相应的职业道德责任和法律责任，不能片面地迁就建设单位的不正当要求。

监理单位在开展监理工作时要依据自己的技术、经验以及建设单位认可的监理大纲，自主地组建现场的监理机构，确定内部的工作制度和监理工作准则。在监理合同履行过程中，为建设单位服务时要有自己的工作原则，不能由于建设单位的干涉而丧失原则，侵害承包单位的合法利益。监理单位在实施监理的过程中，是独立于建设单位和承包单位之外的第三方，应独立行使监理合同所确认的职权。

3. 服务性

监理单位提供的是高智能、有偿的技术服务活动。监理单位一般是智力密集型的企业，拥有一批多学科、多行业且具有长期从事工程建设工作实践经验、精通技术与管理、通晓经济与法规的高层次专业人才，它为建设单位提供的是智能服务，但本身不是建设产品的直接生产者和经营者。一方面，监理单位的监理工程师通过工程建设活动进行组织、协调、监督和控制，保证建设合同的实施，达到建设单位的建设意图；另一方面，监理工程师在工程建设合同的实施过程中有权监督建设单位和承包单位的建设行为，贯彻国家的建设方针和政策，维护国家利益和公众利益。监理工程师在工程建设过程中，利用自己的工程建设知识、技能和经验，为建设单位提供管理服务，并不直接参与建设活动。

监理单位的劳动与获得的利润是技术服务性的。监理单位不同于建设单位直接的投资活动，它不参与投资的利润分成；也不同于工程承包单位、建筑施工单位承包工程施工，它不参与工程承包的赢利分配。监理单位的利润是按其付出脑力劳动量的多少而获取的监理报酬，是技术服务性质的报酬。这种服务型的活动是严格按照监理合同约定实施的，受法律的约束和保护。

4. 科学性

监理是为工程管理、工程施工提供知识的服务，必须以监理人员的高素质为前提，按照国际惯例的要求，监理单位的监理工程师都必须具有相当的学历，并具有长期从事工程建设的丰富经验，精通技术与管理，通晓经济与法律，经权威机构考核合格并经政府主管部门登记注册、发给证书后，才能取得监理的合法资格。监理单位的高素质人员是发现和解决工程设计和承包单位所存在的技术与管理方面问题的保障，是提供高水平专业服务的前提。

【建设工程监理的作用】

由于建设工程项目具有生产周期长、制约因素多、一次性和单件性、技术含量趋于复杂等特征，客观上要求监理单位具有提供解决高难度和高科技含量问题的咨询服务的能力。

现在的工程项目建设规模越来越大，对社会、环境的影响也越来越大。为了维护公众利益和国家利益，也要求监理单位和监理人员能够提供多学科、全方位的服务，使工程建设项目发挥最大的经济效益和社会效益，避免出现重大事故。

1.2 建设工程监理的实施原则与程序

1.2.1 建设工程监理实施的基本原则

监理企业受建设单位的委托对工程项目实施监理时，应遵守以下基本原则。

1. 公平、独立、自主的原则

监理工程师在建设工程监理中必须尊重科学，尊重事实，组织各方协同配合，维护有关各方的合法权益。为此，必须坚持公平、独立、自主的原则。建设单位与承包单位虽然都是独立运行的经济主体，但他们追求的经济目标有差异，各自的行为也有差别，监理工程师应在按委托监理合同约定的权、责、利关系的基础上，协调各方的一致性，即只有按合同的约定建成工程项目，建设单位才能实现投资的目的，承包单位也才能实现自己生产的价值，获取工程款和实现盈利。

2. 权责一致的原则

监理工程师履行其职责而从事的监理活动，是根据建设工程监理有关规定和受建设单位的委托和授权而进行的。监理工程师承担的职责应与建设单位授予的权限相一致，即建设单位向监理工程师的授权应以能保证其正常履行监理职责为原则。

建设工程监理活动的客观主体是承包单位的活动，但监理工程师与承包单位之间并无经济合同关系。监理工程师之所以能行使监理权，主要依赖建设单位的授权。这种权利的授予，除体现在建设单位与监理单位之间签订的建设监理合同外，还应作为建设单位与承包单位之间工程承包合同的合同条件。因此，监理工程师在明确建设单位提出的监理目标和监理工作内容的要求后，应与建设单位协商相应的授权，达成共识后，明确反映在委托监理合同和工程项目的承包合同中。据此，监理工程师才能开展监理活动。

总监理工程师代表监理企业全面履行建设工程监理合同，承担合同中确定的监理企业向建设单位所承担的义务和责任。因此，在监理合同实施中，监理企业应给予总监理工程师充分的授权。

3. 总监理工程师负责制的原则

《建设工程监理规范》规定，建设工程监理实行总监理工程师负责制。因此，总监理工程师是项目监理机构的核心，其工作的好坏直接影响项目监理目标的实现。总监理工程师是工程项目监理责任、权力和利益的主体。

4. 严格监理、热情服务的原则

总监理工程师在处理监理工程师与承包单位的关系以及建设单位与承包单位之间的利益关系时，一方面应坚持严格按合同办事，严格监理；另一方面，也应当立场公平，为建设单位提供热情服务。

严格监理，就是监理人员严格按照国家政策、法规、规范、标准和合同控制项目的目标，严格把关，依照既定的程序和制度，认真履行职责，建立良好的工作作风。

国际咨询工程师联合会(Fédération Internationale Des Ingénieurs Conseils，FIDIC)指出："监理工程师必须为建设单位提供热情的服务，并应运用合理的技能，谨慎而勤奋地工作。"由于建设单位对工程建设业务不可能完全精通，监理工程师应按监理合同的要求多方位、多层次地为建设单位提供良好的服务，维护建设单位的正当权益。

5. 综合效益的原则

建设工程监理活动既要考虑建设单位的经济效益，也必须考虑与社会效益和环境效益的有机统一。建设工程监理活动虽经建设单位的委托和授权才能进行，但监理工程师应首先严格遵守国家的建设管理法律法规、技术标准等，以高度负责的态度和责任感，既要对建设单位负责，为其谋求最大的经济利益，又要对国家和社会负责，以取得最佳的综合效益。

6. 实事求是的原则

在监理工作中，监理工程师应尊重事实。监理工程师的任何指令、判断应以事实为依据，有证明、检验、试验资料等。

1.2.2 建设工程监理的实施程序

工程项目实施监理的基本程序可分为 4 个阶段。根据工程的重要性和规模的不同以及每个步骤的工作内容有所侧重，要具体工程具体分析。

1. 监理委托前的工作

1）制定监理大纲

监理大纲是监理单位为了获得监理任务，在投标前由监理单位编制的项目监理方案性文件，它是投标书的重要组成部分。其目的是使建设单位信服，采用本监理单位制定的监理方案，能实现建设单位的投资目标和建设意图，进而赢得竞争，赢得监理任务。

2）签订监理合同

建设监理的委托与被委托实质上是一种商业性行为，是为委托双方的共同利益服务的。它用文字明确了合同的双方所要考虑的问题及想达到的目标，包括实施服务的具体内容、所需支付的费用以及工作需要的条件等。在监理合同中，还必须确认签约双方对所讨论问题的认识，以及在执行合同过程中由于认识上的分歧而导致的各种合同纠纷，或者因为理解和认识上的不一致而出现争议时的解决方式，更换工作人员或者发生了其他不可预见事件的处理方法等。依法订立的合同对双方都有法律约束力。

2. 监理委托后的准备工作

1）决定项目总监理工程师，组建项目监理组织

在工程监理准备阶段，监理单位就应根据工程项目的规模、性质、建设单位对监理的要求，委托具有相应职称和能力的总监理工程师代表监理单位全面负责该项目的监理工作。总监理工程师对内向监理单位负责，对外向建设单位负责。

在总监理工程师的具体领导下，组建项目的监理班子，根据签订的监理合同制订监理规划和具体的实施计划，开展监理工作。

一般情况下，监理单位在承接项目监理任务，以及在参与项目监理的投标、制定监理方案(大纲)、与建设单位签订监理合同时，应选派相应称职的人员主持该项工作。在监理任务确定并签订监理合同后，该主持人即可作为项目总监理工程师。这样，项目的总监理工程师在承接任务阶段即早已介入，从而更能了解建设单位的建设意图和对监理工作的要求，并更好地与后续工作衔接。

2）熟悉工程情况，收集有关资料

反映工程项目特征的资料主要有工程项目的批文，规划部门关于规划红线范围和设计条件的通知，土地管理部门关于准予用地的批文，批准的工程项目可行性研究报告或设计任务书，工程项目地形图，工程项目勘测、设计图纸及有关说明。

反映当地工程建设政策、法规的有关资料有关于工程建设报建程序的有关规定，当地关于拆迁工作的有关规定，当地关于工程建设应交纳有关税费的规定，当地关于工程项目建设管理机构资质管理的有关规定，当地关于工程项目建设实行建设监理的有关规定，当地关于工程建设招标制的有关规定以及当地关于工程造价管理的有关规定等。

反映工程所在地区技术、经济状况等建设条件的资料有气象资料，工程地质及水文地质资料，交通运输(包括铁路、公路、航运)有关的可提供的能力、时间及价格等的资料，供水、供电、供热、供燃气、电信有关的可提供的容(用)量、价格等的资料，勘测设计单位状况，土建、安装施工单位状况，建筑材料、构件、半成品的生产及供应情况，进口设备及材料的有关到货口岸、运输方式的情况等。

3. 施工阶段的监理工作

(1) 编制监理规划。监理规划是依据监理大纲，由总监理工程师主持编写的指导监理工作的纲领性文件，由它统领施工阶段的监理工作。

(2) 编制监理实施细则。监理实施细则是依据监理规划，由专业监理工程师编写的监理工作操作性文件。

(3) 规范化地开展监理工作。通过召开会议、下达监理通知、开(复)工令、监理巡视、旁站监理、审批承包单位报告等方法开展对建设工程投资、进度、质量、安全的控制，实现监理控制目标。

(4) 参与验收，签署建设工程监理意见。

(5) 向业主提交建设工程监理档案资料。

(6) 监理工作总结。

4. 保修阶段的监理工作

(1) 定期对工程回访，发现问题、确定缺陷责任并督促维修。

(2) 责任期结束时全面检查。

(3) 协助建设单位与施工单位办理合同终止手续。

1.3 建设监理法律法规体系

我国建设工程法律法规体系是指根据《中华人民共和国立法法》(以下简称《立法法》)的规定，制定和公布施行的有关建设工程的各项法律、行政法规、地方性法规、自治条例、单行条例、部门规章和地方政府规章的总称。目前，这个体系已经基本形成。建设工程法律是指由全国人民代表大会及其常务委员会通过的，规范工程建设活动的法律法规，由国家主席签署主席令予以公布；建设工程行政法规是指由国务院根据宪法和法律规定的，规范工程建设活动的各项法规，由总理签署国务院令予以公布；建设工程部门规章是指住房和城乡建设部按照国务院规定的职权范围，独立或同国务院有关部门联合，根据法律和国务院的行政法规、决定、命令，制定的规范工程建设活动的各项规章，由住房和城乡建设部部长签署住房和城乡建设部令予以公布。法律、行政法规、部门规章的效力是：法律的效力高于行政法规，行政法规的效力高于部门规章。

其中，与建设工程监理有关的主要法律、行政法规、部门规章如下所述。

1. 法律

(1)《中华人民共和国建筑法》。

(2)《中华人民共和国民法典》。

(3)《中华人民共和国招标投标法》。

(4)《中华人民共和国土地管理法》。

(5)《中华人民共和国城市规划法》。

(6)《中华人民共和国城市房地产管理法》。

(7)《中华人民共和国环境保护法》（以下简称《环境保护法》）。

(8)《中华人民共和国环境影响评价法》（以下简称《环境影响评价法》）。

2. 行政法规

(1)《建设工程质量管理条例》。

(2)《建筑工程安全生产管理条例》。

(3)《生产安全事故报告和调查处理条例》

(4)《招标投标法实施条例》。

(5)《建设工程勘察设计管理条例》。

(6)《中华人民共和国土地管理法实施条例》。

3. 部门规章

(1)《工程监理企业资质管理规定》。

(2)《注册监理工程师管理规定》。

(3)《建设工程监理范围和规模标准》。

(4)《建筑安全生产监督管理规定》。

(5)《建设工程设计招标投标管理办法》。

(6)《房屋建筑和市政基础设施工程施工招标投标办法》。

(7)《评标委员会和评标方法暂行规定》。

(8)《建筑工程施工发包与承包计价管理办法》。

(9)《建筑工程施工许可管理办法》。

(10)《实施工程建设强制性标准监督规定》。

(11)《房屋建筑工程质量保修办法》。

(12)《房屋建筑工程和市政基础设施工程竣工验收备案管理暂行办法》。

(13)《建设工程施工现场管理规定》。

(14)《工程建设重大事故报告和调查程序规定》。

(15)《城市建设档案管理规定》。

监理工程师应当了解并熟悉我国建设工程法律法规规章体系，更应熟悉和掌握其中与监理工作关系比较密切的法律法规、部门规章，以便依法进行监理和规范自己的工程监理行为。目前，与工程监理密切相关的法律有《建筑法》《招标投标法》和《民法典》；与建设工程监理密切相关的行政法规有《建设工程质量管理条例》《建设工程安全生产管理条例》《生产安全事故报告和调查处理条例》和《招标投标法实施条例》。

相关组织或部门制定，经行政主管部门批准颁发的工程建设方面的标准、规范和规程也是建设工程监理的依据。其虽然不属于建设工程法律法规规章体系，但对建设工程监理工作有重要的作用。建设工程监理国家标准主要有《建设工程监理规范》《建设工程监理与相关服务收费标准》《建设工程监理合同(示范文本)》。

知 识 链 接

现行的《建设工程监理规范》为国家标准，编号为 GB/T 50319—2013，自 2014 年 3 月 1 日起实施，由住房和城乡建设部、国家质量监督检验检疫总局联合发布。

该规范共分 9 章，内容包括总则，术语，项目监理机构及其设施，监理规划及监理实施细则，工程质量、造价、进度控制及安全生产管理的监理工作，工程变更、索赔及施工合同争议的处理，监理文件资料管理，设备采购与设备监造，相关服务等。

1. 总则

(1) 制定目的：为规范建设工程监理与相关服务行为，提高建设工程监理与相关服务水平。

(2) 适用范围：适用于新建、扩建、改建建设工程监理与相关服务活动。

(3) 关于建设工程监理合同形式和内容的规定。

(4) 建设单位向施工单位书面通知工程监理的范围、内容和权限及总监理工程师姓名的规定。

(5) 建设单位、施工单位及工程监理单位之间涉及施工合同联系活动的工作关系。

【《建设工程监理规范》内容解析——1. 总则】

(6) 实施建设工程监理的主要依据：①法律法规及工程建设标准；②建设工程勘察设计文件；③建设工程监理合同及其他合同文件。

(7) 建设工程监理应实行总监理工程师负责制的规定。

(8) 建设工程监理宜实施信息化管理的规定。

(9) 工程监理单位应公平、独立、诚信、科学地开展建设工程监理与相关服务活动。

(10) 建设工程监理与相关服务活动应符合《建设工程监理规范》和国家现行有关标准的规定。

2. 术语

《建设工程监理规范》解释了工程监理单位、建设工程监理、相关服务、项目监理机构、注册监理工程师、总监理工程师、总监理工程师代表、专业监理工程师、监理员、监理规划、监理实施细则、工程计量、旁站、巡视、平行检验、见证取样、工程延期、工期延误、工程临时延期批准、工程最终延期批准、监理日志、监理月报、设备监造、监理文件资料共 24 个建设工程监理常用术语。

【《建设工程监理规范》内容解析——2. 术语】

3. 项目监理机构及其设施

《建设工程监理规范》明确了项目监理机构的人员构成和职责，规定了监理设施的提供和管理。

1) 项目监理机构人员

项目监理机构的监理人员应由总监理工程师、专业监理工程师和监理员组成，且专业配套、数量应满足建设工程监理工作需要，必要时可设总监理工程师代表。

(1) 总监理工程师。总监理工程师是指由工程监理单位法定代表人书面任命，负责履行建设工程监理合同、主持项目监理机构工作的注册监理工程师。总监理工程师应由注册监理工程师担任。

一名注册监理工程师可担任一项建设工程监理合同的总监理工程师。当需要同时担任多项建设工程监理合同的总监理工程师时，应经建设单位书面同意，且最多不得超过3项。

(2) 总监理工程师代表。总监理工程师代表是指经工程监理单位法定代表人同意，由总监理工程师书面授权，代表总监理工程师行使其部分职责和权力，具有工程类注册执业资格或具有中级及以上专业技术职称、3年及以上工程实践经验并经监理业务培训的人员。

总监理工程师代表可以由具有工程类执业资格的人员(如注册监理工程师、注册造价工程师、注册建造师、注册工程师、注册建筑师等)担任，也可由具有中级及以上专业技术职称、3年及以上工程实践经验并经监理业务培训的人员担任。

(3) 专业监理工程师。专业监理工程师是指由总监理工程师授权，负责实施某一专业或某一岗位的监理工作，有相应监理文件签发权，具有工程类注册执业资格或具有中级及以上专业技术职称、2年及以上工程实践经验并经监理业务培训的人员。

专业监理工程师可以由具有工程类注册执业资格的人员(如注册监理工程师、注册造价工程师、注册建造师、注册工程师、注册建筑师等)担任，也可由具有中级及以上专业技术职称、2年及以上工程实践经验并经监理业务培训的人员担任。

(4) 监理员。监理员是指从事具体监理工作，具有中专及以上学历并经过监理业务培训的人员。监理员需要有中专及以上学历，并经过监理业务培训。

2) 监理设施

(1) 建设单位应按建设工程监理合同约定，提供监理工作需要的办公、交通、通信、生活等设施。

(2) 项目监理机构宜妥善使用和保管建设单位提供的设施，并应按建设工程监理合同约定的时间移交建设单位。

(3) 工程监理单位宜按建设工程监理合同约定，配备满足监理工作需要的检测设备和工器具。

4. 监理规划及监理实施细则

(1) 监理规划：明确了监理规划的编制要求、编审程序和主要内容。

(2) 监理实施细则：明确了监理实施细则的编制要求、编审程序、编制依据和主要内容。

5. 工程质量、造价、进度控制及安全生产管理的监理工作

《建设工程监理规范》规定："项目监理机构应根据建设工程监理合同约定，遵循动态控制原理，坚持预防为主的原则，制定和实施相应的监理措施，采用旁站、巡视和平行检验等方式对建设工程实施监理。"

1) 一般规定

(1) 项目监理机构监理人员应熟悉工程设计文件，并参加建设单位主持的图纸会审和设计交底会议。

（2）工程开工前，项目监理机构监理人员应参加由建设单位主持召开的第一次工地会议。

（3）项目监理机构应定期召开监理例会，并组织有关单位研究解决与监理相关的问题。项目监理机构可根据工程需要，主持或参加专题会议，解决监理工作范围内工程专项问题。

（4）项目监理机构应协调工程建设相关方的关系。

（5）项目监理机构应审查施工单位报审的施工组织设计，并要求施工单位按已批准的施工组织设计组织施工。

（6）总监理工程师应组织专业监理工程师审查施工单位报送的开工报审表及相关资料，报建设单位批准后，总监理工程师签发工程开工令。

（7）分包工程开工前，项目监理机构应审核施工单位报送的分包单位资格报审表。

（8）项目监理机构宜根据工程特点、施工合同、工程设计文件及经过批准的施工组织设计对工程风险进行分析，并提出工程质量、造价、进度目标控制及安全生产管理的防范性对策。

2）工程质量控制

包括审查施工单位现场的质量管理组织机构、管理制度及专职管理人员和特种作业人员的资格；审查施工单位报审的施工方案；审查施工单位报送的新材料、新工艺、新技术、新设备的质量认证材料和相关验收标准的适用性；检查、复核施工单位报送的施工控制测量成果及保护措施；查验施工单位在施工过程中报送的施工测量放线成果；检查施工单位为工程提供服务的试验室；审查施工单位报送的用于工程的材料、构配件、设备的质量证明文件；对用于工程的材料进行见证取样、平行检验；审查施工单位定期提交的影响工程质量的计量设备的检查和检定报告；对关键部位、关键工序进行旁站；对工程施工质量进行巡视；对施工质量进行平行检验；验收施工单位报验的隐蔽工程、检验批、分项工程和分部工程；处置施工质量问题、质量缺陷、质量事故；审查施工单位提交的单位工程竣工验收报审表及竣工资料，组织工程竣工预验收；编写工程质量评估报告；参加工程竣工验收等。

【《建设工程监理规范》内容解析——5.2 工程质量控制】

3）工程造价控制

包括：进行工程计量和付款签证；对实际完成量与计划完成量进行比较分析；审核竣工结算款，签发竣工结算款支付证书等。

【《建设工程监理规范》内容解析——5.3 工程造价控制】

4）工程进度控制

包括审查施工单位报审的施工总进度计划和阶段性施工进度计划；检查施工进度计划的实施情况；比较分析工程施工实际进度与计划进度，预测实际进度对工程总工期的影响等。

5）安全生产管理的监理工作

包括审查施工单位现场安全生产规章制度的建立和实施情况；审查施工单位安全生产许可证及施工单位项目经理、专职安全生产管理人员和特种作业人员的资格；核查施工机械和设施的安全许可验收手续；审查施工单位报审的专项施工方案；处置安全事故隐患等。

【《建设工程监理规范》内容解析——5.4 工程进度控制及 5.5 安全生产管理的监理工作】

6. 工程变更、索赔及施工合同争议的处理

《建设工程监理规范》规定，项目监理机构应依据建设工程监理合同约定进行施工合同管理，处理工程暂停及复工、工程变更、索赔及施工合同争议、解除等事宜。施工合同终止时，项目监理机构应协助建设单位按施工合同约定处理施工合同终止的有关事宜。

【《建设工程监理规范》内容解析——6. 工程变更、索赔及施工合同争议的处理】

1) 工程暂停及复工

包括总监理工程师签发工程暂停令的权力和情形；暂停施工事件发生时的监理职责；工程复工申请的批准或指令。

2) 工程变更

包括施工单位提出的工程变更处理程序、工程变更价款处理原则；建设单位要求的工程变更的监理职责。

3) 费用索赔

包括处理费用索赔的依据和程序；批准施工单位费用索赔应满足的条件；施工单位的费用索赔与工程延期要求相关联时的监理职责；建设单位向施工单位提出索赔时的监理职责。

4) 工程延期及工期延误

包括处理工程延期要求的程序；批准施工单位工程延期要求应满足的条件；施工单位因工程延期提出费用索赔时的监理职责；发生工期延误时的监理职责。

5) 施工合同争议

处理施工合同争议时的监理工作程序、内容和职责。

6) 施工合同解除

(1) 因建设单位原因导致施工合同解除时的监理职责。

(2) 因施工单位原因导致施工合同解除时的监理职责。

(3) 因非建设单位、施工单位原因导致施工合同解除时的监理职责。

【《建设工程监理规范》内容解析
——7. 监理文件资料管理】

7. 监理文件资料管理

《建设工程监理规范》规定，项目监理机构应建立完善监理文件资料管理制度，宜设专人管理监理文件资料。项目监理机构应及时、准确、完整地收集、整理、编制、传递监理文件资料，并宜采用信息技术进行监理文件资料管理。

1) 监理文件资料内容

《建设工程监理规范》明确规定了 18 项监理文件资料，并规定监理日志、监理月报、监理工作总结应包括的内容。

2) 监理文件资料归档

(1) 项目监理机构应及时整理、分类汇总监理文件资料，并应按规定组卷，形成监理档案。

(2) 工程监理单位应根据工程特点和有关规定，保存监理档案，并应向有关单位、部门移交需要存档的监理文件资料。

【《建设工程监理规范》内容解析
——8. 设备采购与设备监造】

8. 设备采购与设备监造

《建设工程监理规范》规定，项目监理机构应根据建设工程监理合同约定的设备采购与设备监造工作内容配备监理人员，明确岗位职责，编制设备采购与设备监造工作计划，并应协助建设单位编制设备采购与设备监造方案。

1) 设备采购

包括设备采购招标和合同谈判时的监理职责；设备采购文件资料应包括的内容。

2) 设备监造

(1) 项目监理机构应检查设备制造单位的质量管理体系；审查设备制造单位报送的设备制造生产计划

和工艺方案，设备制造的检验计划和检验要求，设备制造的原材料、外购配套件、元器件、标准件，以及坯料的质量证明文件及检验报告等。

(2) 项目监理机构应对设备制造过程进行监督和检查，对主要及关键零部件的制造工序应进行抽检。

(3) 项目监理机构应审核设备制造过程的检验结果，并检查和监督设备的装配过程。

(4) 项目监理机构应参加设备整机性能检测、调试和出厂验收。

(5) 专业监理工程师应审查设备制造单位报送的设备制造结算文件。

(6) 规定了设备监造文件资料应包括的主要内容。

9. 相关服务

《建设工程监理规范》规定，工程监理单位应根据建设工程监理合同约定的相关服务范围，开展相关服务工作，并编制相关服务工作计划。

【《建设工程监理规范》内容
解析——9. 相关服务】

1) 工程勘察设计阶段服务

包括协助建设单位选择勘察设计单位并签订工程勘察设计合同；审查勘察单位提交的勘察方案；检查勘察现场及室内试验主要岗位操作人员的资格、所使用设备、仪器计量的检定情况；检查勘察进度计划执行情况；审核勘察单位提交的勘察费用支付申请；审查勘察单位提交的勘察成果报告，参与勘察成果验收；审查各专业、各阶段设计进度计划；检查设计进度计划执行情况；审核设计单位提交的设计费用支付申请；审查设计单位提交的设计成果；审查设计单位提出的新材料、新工艺、新技术、新设备在相关部门的备案情况；审查设计单位提出的设计概算、施工图预算；协助建设单位组织专家评审设计成果；协助建设单位报审有关工程设计文件；协调处理勘察设计延期、费用索赔等事宜。

2) 工程保修阶段服务

(1) 承担工程保修阶段的服务工作时，工程监理单位应定期回访。

(2) 对建设单位或使用单位提出的工程质量缺陷，工程监理单位应安排监理人员进行检查和记录，并应要求施工单位予以修复，同时应监督实施，合格后应予以签认。

(3) 工程监理单位应对工程质量缺陷原因进行调查，并应与建设单位、施工单位协商确定责任归属。对非施工单位原因造成的工程质量缺陷，应核实施工单位申报的修复工程费用，并应签认工程款支付证书，同时应报建设单位。

10. 附录

(1) A 类表：工程监理单位用表。由工程监理单位或项目监理机构签发。

(2) B 类表：施工单位报审、报验用表。由施工单位或施工项目经理部填写后报送工程建设相关方。

(3) C 类表：通用表。是工程建设相关方工作联系的通用表。

拓展讨论

党的二十大报告提出，加快建设法治社会。法治社会是构筑法治国家的基础。弘扬社会主义法治精神，传承中华优秀传统法律文化，引导全体人民做社会主义法治的忠实崇尚者、自觉遵守者、坚定捍卫者。

结合我国建设监理法律法规体系，谈一谈在建设监理方面，如何做社会主义法治的忠实崇尚者、自觉遵守者、坚定捍卫者。

1.4 国外建设工程监理概况

建设工程监理已经成为建设领域中的一项国际惯例。世界银行、亚洲开发银行等国际金融机构和发达国家政府贷款的工程建设项目，都把建设工程监理作为贷款条件之一。

建设工程监理制度的起源可以追溯到产业革命发生以前的 16 世纪，当时随着社会对房屋建造技术要求的不断提高，建筑师队伍出现了专业分工，其中有一部分建筑师专门向社会传授技艺，为工程建设单位提供技术咨询，解答疑难问题，或受聘监督管理施工，建设监理制度开始萌芽。发生于 18 世纪 60 年代的产业革命，大大促进了整个欧洲大陆城市化和工业化的发展进程，社会大兴土木，建筑业空前繁荣，然而工程建设项目建设单位却越来越感到，单靠自己的监督管理来实现建设工程高质量的要求是很困难的，建设工程监理的必要性开始为人们所认识。19 世纪初，随着建设领域商品经济关系的日趋复杂，需要明确工程建设项目建设单位、设计者、承包单位之间的责任界限，建设工程监理可以维护各方面的经济利益并加快工程进度。英国政府于 1830 年以法律手段推出了总合同制度，这项制度要求每个建设项目要由一个施工单位进行总包，这样就导致了招标投标方式的出现，同时也促进了建设工程监理制度的发展。

自 20 世纪 50 年代末起，科学技术的飞速发展、工业和国防建设以及人民生活水平的不断提高，需要建设大量的大型、巨型工程，如航天工程、大型水利工程、核电站、大型钢铁公司、石油化工企业和新城市开发等。对于这些投资巨大、技术复杂的工程建设项目，无论是建设单位还是承包单位都不能承担由于投资不当或项目组织管理失误而带来的巨大损失，因此，项目建设单位在投资前要聘请有经验的咨询人员进行投资机会论证和项目的可行性研究，在此基础上再进行决策。并且在工程建设项目的设计、实施等阶段，还要进行全面的工程监理，以保证实现其投资目的。

近年来，西方发达国家的建设监理制正逐步向法制化、程序化发展，在西方国家的工程建设领域中已形成工程建设项目建设单位、施工单位和监理单位三足鼎立的基本格局。进入 20 世纪 80 年代后，建设监理制在国际上得到了较大的发展。一些发展中国家也开始效仿发达国家的做法，结合本国实际，设立或引进工程监理机构，对工程建设项目实行监理。目前，在国际上工程建设监理已成为工程建设必须遵循的制度。国外建设工程监理的具体特点所述如下。

1. 起步早、规模大、社会化程度高

国外的建设监理有近百年的历史，最早的伊伯森国际工程公司成立于 1881 年，至今已有 130 多年的历史。由于国情不同，对监理公司的称呼和理解也不尽相同。国内称"监理公司"，尽管实行"三控制、两管理"的全方位监理，但在实际工作中往往仅是施工过程的"监督"和"管理"。而国外则称之为工程咨询公司或顾问公司，或项目管理公司。

工程咨询公司监理的工程范围较广，负责规划、设计和施工，而建设管理（Construction

Management，CM) 公司直接管理施工，比较接近于我国的监理公司。在国外，建设监理的社会化程度相当高，不仅国家的重点建设项目要实行监理，一般的民用建筑同样要委托监理。从监理的范围看，不仅监理酒店、写字楼、商业设施、公路、桥梁、机场、工业厂房、学校等工程，也监理普通的民用住宅建设。只要有工程项目，建设单位一般都要找工程咨询公司，这已成为惯例。国外监理的覆盖率达 95% 以上。

2. 管理科学规范、工作效率高

国外的监理虽然是全过程监理，但一般多偏重于前期阶段，如可行性研究、规划、设计等。工程咨询公司所做的大多是策划性的工作，真正成为建设单位的参谋和顾问。

国外实行的是高技术、高智能、现代化的监理。他们特别重视开发和利用新技术、新材料，办公全部使用计算机管理，工作效率极高。他们不限于施工现场的控制，更注重技术、方法、效益方面的控制。在工程项目监理上，也组成项目监理班子，并由监理工程师、建设单位、承包单位参加，共同研究建设过程中的有关问题。监理工程师负责解释文件和合同、签发付款单，主抓工程进度。由于承包单位是通过招标竞争而来的，他们非常重视自己公司的信誉，重视产品质量，偷工减料的现象极少，但高估冒算的现象时常发生，因此，建设单位很重视依靠工程咨询公司来核查各种资料文件，如审查承包单位的工程量清单、操作手册、设计说明等。

国外的监理工程师具有极高的权威。由他们签发的各种指令，如"开工令""停工令""付款令"等都具有法律效力。在工程竣工交付使用阶段，由监理工程师进行验收、结算、审核工程资料，并办理工程竣工移交手续。再者，监理工程师本身的素质也很高，他们不仅具有专业技术能力，而且具有丰富的实践经验。

3. 工程咨询公司同其他组织的关系

(1) 工程咨询公司与政府部门的关系。在国外，政府部门负责制定有关法律并管理工程咨询公司的资质，但不过问具体业务。由于市场机制的作用，资质低、信誉差、技术水平低的工程咨询公司很难生存和发展。

(2) 工程咨询公司与法制的关系。工程质量是承包单位或施工单位的生命线，工程咨询公司和建设单位主要依靠法律手段来控制质量。由于国外的法制健全、执法严格，民众的法律意识强，因此，谁也不敢贸然违反法律而不顾工程质量。

(3) 监理方与建设单位的关系是委托方和被委托方的合同关系，监理工程师行使由建设单位授予的权利。

(4) 监理方与承包单位的关系既是监理与被监理的关系，也是合作关系。承包单位服从监理方，一切施工资料、施工组织方案、进度计划都必须报监理方。监理工程师下达的指令，承包单位必须坚决执行。

📀 应用案例 1-1

政府财政投资建设一幢 6 层的大学综合办公大楼，于 2012 年 6 月 18 日与某工程监理公司签订了书面的建设工程监理合同。在专用条件的监理职责合同条款中，明确约定："乙方(监理公司)负责甲方(大学)实验楼工程设计阶段和施工阶段的监理业务，监理业务结束之日起 7 日以内，甲方(大学)应及时支付给乙方(监

理公司)最后15%的建设工程监理费用。"当甲方(大学)实验楼竣工10天之后,乙方(监理公司)要求甲方(大学)支付最后15%的监理费用,甲方(大学)以双方有口头约定,乙方(监理公司)的监理职责应该履行到工程保修期满为由,拒绝支付余下的监理费。双方交涉未果,乙方(监理公司)于是起诉到法院,要求索款。

问题:

(1) 大学综合办公楼是否必须进行强制监理?为什么?

(2) 甲乙双方签订的建设工程监理合同明确的监理范围是哪两个阶段的监理业务?

(3) 本案例中,乙方起诉甲方,法院会如何判决?为什么?

【解析】

(1) 大学办公大楼必须进行强制监理,因为本工程属于大中型公用事业工程。

(2) 监理范围是工程设计阶段和施工阶段的监理业务。

(3) 双方口头约定的"监理职责应该履行到工程保修期满"这一条内容,不构成书面监理合同的内容,甲方(大学)到期不支付最后的15%监理费用,已构成违约,因此,应该承担违约责任,支付乙方(监理公司)余下的15%监理费用以及由于延期付款产生的利息。

本单元小结

本单元介绍了工程建设程序和我国确立的工程监理制度,对建设工程监理的含义、性质、作用进行了详细介绍;分析了建设监理的实施原则和程序;对建设监理法律法规体系和标准进行了简要介绍,介绍了《建设工程监理规范》;最后对国外建设工程监理的情况进行了简要介绍。

自1988年我国在基本建设领域推行建设工程监理制度以来,工程监理在工程建设中发挥了重要作用,取得了显著成就,赢得了社会各界的普遍认可和支持。目前,我国工程监理行业已形成规模,拥有一支稳定的工程监理队伍,积累了丰富的工程监理实践经验,工程监理理论体系基本建立,监理法规及标准体系日益完善。多年的工程监理实践证明,实施工程监理完全符合我国社会主义市场经济发展的需要。

技能训练题

一、单项选择题

1. 关于建设程序中各阶段工作的说法,错误的是(   )。

A. 在初步设计或技术设计的基础上进行施工图设计,使其达到施工安装的要求

B. 工程开始拆除旧建筑物和搭建临时建筑物时即可算作工程的正式开工

C. 生产准备阶段是由建设阶段转入生产经营阶段的重要衔接阶段

D. 竣工验收是考核建设成果、检验设计和施工质量的关键步骤

2. 建设工程监理是指工程监理单位(   )。

A. 代表建设单位对施工承包单位进行的监督管理

B. 代表工程质量监督机构对施工质量进行的监督管理

C. 代表政府主管部门对施工承包单位进行的监督管理

D. 代表总承包单位对分包单位进行的监督管理

3. 根据《建设工程监理范围和规模标准规定》，下列工程中，不属于必须实行监理工程范围的是（　　）。

    A. 4 万 m² 住宅建设工程

    B. 亚洲开发银行贷款工程

    C. 总投资 3 000 万元以上的大中型市政工程

    D. 总投资 3 000 万元以上的基础设施工程

4. 某工程，施工单位于 3 月 10 日进入施工现场开始建设临时设施，3 月 15 日开始拆除旧有建筑物，3 月 25 日开始永久性工程基础正式打桩，4 月 10 日开始平整场地。该工程的开工时间为（　　）。

    A. 3 月 10 日   B. 3 月 15 日   C. 3 月 25 日   D. 4 月 10 日

5. 建设工程监理的性质可概括为（　　）。

    A. 服务性、科学性、独立性和公正性   B. 创新性、科学性、独立性和公正性

    C. 服务性、科学性、独立性和公平性   D. 创新性、科学性、独立性和公平性

二、多项选择题

1. 关于建设工程监理作用的说法，正确的有（　　）。

    A. 有利于提高建设工程投资决策科学化水平

    B. 有利于监理单位维护建设单位的合法权益

    C. 有利于规范工程建设参与各方的建设行为

    D. 有利于实现建设工程投资效益的最大化

    E. 有利于促使施工单位保证建设工程质量

2. 根据《建筑法》，申请领取施工许可证，应当具备的条件有（　　）。

    A. 已办理该建筑工程用地批准手续

    B. 有满足施工需要的施工图纸及技术资料

    C. 开工需要的资金已落实

    D. 已经确定工程监理单位

    E. 有保证工程质量和安全的具体设施

3. 工程项目监理实施的基本原则有（　　）。

    A. 总监理工程师负责制的原则

    B. 严格监理、热情服务的原则

    C. 综合效益原则

    D. 权责一致原则

    E. 公平、独立、自主的原则

4. 按照我国有关规定，在工程建设中应当实行（　　），这些制度相互关联、相互支持，共同构成了建设工程管理制度体系。

    A. 项目法人责任制   B. 工程招标投标制

    C. 建设工程监理制   D. 合同管理制   E. 投资决策制

5. 实施建设工程监理的主要依据有（　　）。

    A. 法律法规   B. 工程建设标准

C．建设工程勘察设计文件　　　　D．建设工程监理合同　　E．其他合同文件

三、简答题

1．我国现行工程建设程序主要有哪些阶段？

2．什么是建设工程监理？

3．建设工程监理具有哪些性质？

4．国家实行强制性监理的工程范围是什么？

5．与建设工程监理密切相关的法律法规和标准有哪些？

四、案例题

永发房地产公司开发商住楼工程项目，根据工程建设管理的需要，将该工程分成 3 个标段进行施工招标，分别有 A、B、C 三家公司承担施工任务。同时通过招标，将 3 个标段的施工监理任务委托具有专业监理甲级资质的 W 监理公司一家承担，签署了一份监理合同。W 监理公司确定了总监理工程师，成立了项目监理部。监理部下设综合办公室监管档案、合同部监管造价和进度、质监部监管工地实验与检测 3 个业务管理部门，设立 A、B、C 三个标段监理组，监理组设组长 1 人，负责监理组监理工作，并配有相应数量的专业监理工程师及监理员。

问题：

1．W 公司对此监理任务非常重视，公司经理专门召开该项目监理工作会议，要求各部门和监理人员要认真按照监理工作的基本原则开展工程监理。那么，建设工程监理实施的基本原则是什么？

2．在确定了总监理工程师和监理机构之后，开展监理工作的程序是什么？

3．该项目监理规划应由谁负责编制？谁审批？需要编写几个监理规划？

【单元 1 技能训练题参考答案】

单元 2　监理人员与监理企业

教学目标

　　掌握监理工程师执业资格考试、注册与管理；掌握注册监理工程师的执业和继续教育要求；熟悉监理工程师的职业道德标准和法律责任；掌握监理人员的组成及职责；掌握工程监理企业的概念、性质特征；了解工程监理企业的类别、资质等级与管理；熟悉工程监理的企业管理；熟悉建设工程监理招投标。

教学要求

能 力 目 标	知 识 要 点	权重
掌握注册监理工程师考试、注册、执业、继续教育的相关要求	注册考试、注册、执业、继续教育	30%
熟悉监理工程师的职业道德和法律责任	职业道德、法律责任	10%
掌握监理人员的组成及工作职责	总监、专业监理工程师、监理员	10%
掌握工程监理企业的概念、性质特征及主要类别	工程监理企业的概念与分类	10%
理解工程监理企业按资质等级分类的方法及相应资质条件、要求，了解工程监理企业的资质申请材料及要求	工程监理企业的资质等级与管理、资质申请与管理	10%
理解工程监理企业与工程建设各方的关系	工程监理企业与建设单位的关系、与承包单位的关系	10%
理解工程监理企业管理的内容、方法，熟悉建设工程监理招投	企业管理、监理招投标	20%

【单元 2 学习指导(视频)】

引 例

焦作大学 1～4 号教授与外教公寓楼工程位于河南省焦作市人民路焦作大学(南校区)东北角,本工程总建筑面积为 50 129m²,结构为短肢剪力墙结构,地下 1 层,地上 25 层,建筑高度为 73.55m;投资概算约为6 000 万元。该工程在施工准备阶段需要通过公开招标方式选择一家工程监理企业,参加该工程投标的工程监理企业所委派的监理人员中的总监理工程师需要具备哪些资格条件?专业监理工程师需要具备哪些资格条件?监理员需要具备哪些资格条件?符合该工程监理要求的监理企业又要具备哪些资质条件呢?本单元将对以上问题逐一进行详细讲解。

2.1 监理人员

工程监理企业承揽监理工作,成立项目监理机构后,具体开展监理工作的监理人员可分为注册监理工程师、专业监理工程师和监理员。这里指的注册监理工程师是指经国务院人事主管部门和建设主管部门统一组织的监理工程师执业资格统一考试成绩合格,并取得国务院建设主管部门颁发的《中华人民共和国注册监理工程师注册执业证书》和执业印章,从事建设工程监理与相关服务等活动的专业技术人员。未取得注册证书和执业印章的人员,不得以监理工程师的名义从事工程监理及相关业务活动。这里指的专业监理工程师是指未取得注册监理工程师注册证书和执业印章,负责实施某一专业或某一岗位的监理工作,有相应监理文件签发权,具有工程类注册执业资格或具有中级及以上专业技术职称、2 年及以上工程实践经验并经监理业务培训的人员。这里指的监理员是指从事具体监理工作,具有中专及以上学历并经过监理业务培训的监理人员,这类人员尚未取得注册监理工程师注册证书和执业印章。

2.1.1 监理工程师资格考试

【监理工程师资格制度的建立和发展】

1. 监理工程师资格制度

1996 年 8 月,原建设部、人事部发布《建设部、人事部关于全国监理工程师执业资格考试工作的通知》(建监〔1996〕462 号),从 1997 年开始,监理工程师执业资格考试实行全国统一管理、统一考纲、统一命题、统一时间、统一标准的办法,考试工作由原建设部、人事部共同负责。监理工程师执业资格考试合格者,由各省、自治区、直辖市人事(职改)部门颁发人事部统一印制的人事部与建设部共同用印的《中华人民共和国监理工程师执业资格证书》,该证书在全国范围内有效。

2. 监理工程师资格考试科目及报考条件

1) 考试科目

监理工程师执业资格考试原则上每年举行一次,考试时间一般安排在 5 月下旬,考点在省会城市设立，考试设置 4 个科目，分别为"建设工程监理基本理论与相关法规""建设工程合同管理""建设工程质量、投资、进度控制""建设工程监理案例分析"。其中，"建设工程监理案例分析"为主观题，在试卷上作答；其余 3 科均为客观题，在答题卡上作答。考试以两年为一个周期，参加全部科目考试的人员须在连续两个考试年度内通过全部科目的考试。免试部分科目的人员须在一个考试年度内通过应试科目。

【监理工程师资格考试科目及报考条件】

2）报考条件

凡中华人民共和国公民，具有工程技术或工程经济专业大专(含)以上学历，遵纪守法并符合以下条件之一者，均可报名参加监理工程师资格考试。

(1) 具有按照国家有关规定评聘的工程技术或工程经济专业中级专业技术职务，并任职满 3 年。

(2) 具有按照国家有关规定评聘的工程技术或工程经济专业高级专业技术职务。

3）免试部分科目的条件

对从事工程建设监理工作并同时具备下列 4 项条件的报考人员可免试"建设工程合同管理"和"建设工程质量、投资、进度控制"2 个科目。

(1) 1970 年(含)以前工程技术或工程经济专业大专(含)以上毕业。

(2) 具有按照国家有关规定评聘的工程技术或工程经济专业高级专业技术职务。

(3) 从事工程设计或工程施工管理工作 5 年(含)以上。

(4) 从事监理工作 1 年(含)以上。

4）港澳居民报考条件

根据《关于同意香港、澳门居民参加内地统一组织的专业技术人员资格考试有关问题的通知》(国人部发〔2005〕9 号)，凡符合监理工程师资格考试相应规定的香港、澳门居民均可按照文件规定的程序和要求报名参加考试。报名时间及方法：报名时间一般为上一年的 12 月份(以当地人事考试部门公布的时间为准)。报考者由本人提出申请，经所在单位审核同意后，携带有关证明材料到当地人事考试管理机构办理报名手续。

3. 内地监理工程师与香港建筑测量师的资格互认

根据《关于建立更紧密经贸关系的安排》，为加强内地监理工程师和香港建筑测量师的交流与合作，促进两地共同发展，2006 年，中国建设监理协会与香港测量师学会就内地监理工程师和香港建筑测量师资格互认工作进行了考察评估，双方对资格互认工作的必要性及可行性取得了共识，同意在互惠互利、对等、总量与户籍控制等原则下，实施内地监理工程师与香港建筑测量师资格互认，签署"内地监理工程师和香港建筑测量师资格互认协议"，内地 255 名监理工程师及香港 228 名建筑测量师取得了对方互认资格，拉开了资格互认的序幕。

2.1.2 监理工程师注册

监理工程师注册是政府对工程监理执业人员实行市场准入控制的有效手段。取得监理工程师资格证书的人员，经过注册方能以注册监理工程师的名义执业。监理工程师依据其所学专业、工作经历、工程业绩，按照《工程监理企业资质管理规定》划分的工程类别，按专业注册。每人最多可以申请两个专业注册。

1. 监理工程师注册形式

根据《注册监理工程师管理规定》（建设部令第 147 号），监理工程师注册分为 3 种形式。

1）初始注册

【监理工程师职责及就业前景】

取得资格证书并受聘于一个建设工程勘察、设计、施工、监理、招标代理、造价咨询等单位的人员，应当通过聘用单位向单位工商注册所在地的省、自治区、直辖市人民政府建设主管部门提出注册申请；省、自治区、直辖市人民政府建设主管部门受理后提出初审意见，并将初审意见和全部申报材料报国务院建设主管部门审批；符合条件的，由国务院建设主管部门核发注册证书和执业印章。

初始注册者，可自资格证书签发之日起 3 年内提出申请。逾期未申请者，须符合继续教育的要求后方可申请初始注册。初始注册需要提交下列材料。

（1）申请人的注册申请表。

（2）申请人的资格证书和身份证复印件。

（3）申请人与聘用单位签订的聘用劳动合同复印件。

（4）所学专业、工作经历、工程业绩、工程类中级及中级以上职称证书等有关证明材料。

（5）逾期初始注册的，应当提供达到继续教育要求的证明材料。

⚫ 特 别 提 示

注册证书和执业印章是注册监理工程师的执业凭证，由注册监理工程师本人保管、使用。注册证书和执业印章的有效期为 3 年。

2）延续注册

注册有效期满需继续执业的，应当在注册有效期满 30 日前，按照规定的程序申请延续注册。延续注册有效期 3 年。延续注册需要提交下列材料。

（1）申请人延续注册申请表。

（2）申请人与聘用单位签订的聘用劳动合同复印件。

（3）申请人注册有效期内达到继续教育要求的证明材料。

3）变更注册

在注册有效期内，注册监理工程师变更执业单位，应当与原聘用单位解除劳动关系，并按照规定的程序办理变更注册手续，变更注册后仍延续原注册有效期。变更注册需要提交下列材料。

（1）申请人变更注册申请表。

（2）申请人与新聘用单位签订的聘用劳动合同复印件。

（3）申请人的工作调动证明(与原聘用单位解除聘用劳动合同或者聘用劳动合同到期的证明文件、退休人员的退休证明)。

在注册有效期内注册监理工程师可申请变更注册专业，但必须按新专业继续教育规定，参加学习、考试合格后方可申请办理变更注册专业。

2. 监理工程师不予注册的情形

监理工程师申请人有下列情形之一的，不予初始注册、延续注册或者变更注册。

（1）不具有完全民事行为能力的。

（2）刑事处罚尚未执行完毕或者因从事建设工程监理或者相关业务受到刑事处罚，自刑事处罚执行完毕之日起至申请注册之日止不满 2 年的。

（3）未达到监理工程师继续教育要求的。

（4）在两个或者两个以上单位申请注册的。

（5）以虚假的职称证书参加考试并取得资格证书的。

（6）年龄超过 65 周岁的。

（7）法律、法规规定不予注册的其他情形。

3. 注册证书和执业印章失效的情形

注册监理工程师有下列情形之一的，其注册证书和执业印章失效。

（1）聘用单位破产的。

（2）聘用单位被吊销营业执照的。

（3）聘用单位被吊销相应资质证书的。

（4）已与聘用单位解除劳动关系的。

（5）注册有效期满且未延续注册的。

（6）年龄超过 65 周岁的。

（7）死亡或者丧失行为能力的。

（8）其他导致注册失效的情形。

2.1.3 注册监理工程师执业和继续教育

1. 注册监理工程师执业

注册监理工程师可以从事建设工程监理、工程经济与技术咨询、工程招标与采购咨询、工程项目管理服务以及国务院有关部门规定的其他业务。建设工程监理活动中形成的监理文件由注册监理工程师按照规定签字盖章后方可生效。修改经注册监理工程师签字盖章的建设工程监理文件，应当由该注册监理工程师进行；因特殊情况，该注册监理工程师不能进行修改的，应当由其他注册监理工程师修改，并签字、加盖执业印章，对修改部分承担责任。

注册监理工程师从事执业活动，由所在单位接受委托并统一收费。因建设工程监理事故及相关业务造成的经济损失，聘用单位应当承担赔偿责任；聘用单位承担赔偿责任后，可依法向负有过错的注册监理工程师追偿。

1）注册监理工程师可享有的权利

（1）使用注册监理工程师称谓。

（2）在规定范围内从事执业活动。

（3）依据本人能力从事相应的执业活动。

(4) 保管和使用本人的注册证书和执业印章。

(5) 对本人执业活动进行解释和辩护。

(6) 接受继续教育。

(7) 获得相应的劳动报酬。

(8) 对侵犯本人权利的行为进行申诉。

2) 注册监理工程师应履行的义务

(1) 遵守法律、法规和有关管理规定。

(2) 履行管理职责，执行技术标准、规范和规程。

(3) 保证执业活动成果的质量，并承担相应责任。

(4) 接受继续教育，努力提高执业水准。

(5) 在本人执业活动所形成的建设工程监理文件上签字、加盖执业印章。

(6) 保守在执业中知悉的国家秘密和他人的商业、技术秘密。

(7) 不得涂改、倒卖、出租、出借或者以其他形式非法转让注册证书或者执业印章。

(8) 不得同时在两个或者两个以上单位受聘或者执业。

(9) 在规定的执业范围和聘用单位业务范围内从事执业活动。

(10) 协助注册管理机构完成相关工作。

2. 注册监理工程师继续教育

注册监理工程师继续教育分为必修课和选修课，在每一注册有效期内各为 48 学时。继续教育作为注册监理工程师逾期初始注册、专业变更注册、延续注册和重新申请注册的条件之一。

2.1.4 注册监理工程师职业道德与法律责任

注册监理工程师在执业过程中要公平，不能损害工程建设任何一方的利益，为此，注册监理工程师应严格遵守以下职业道德守则。

(1) 维护国家的荣誉和利益，按照"守法、诚信、公平、科学"的经营活动准则执业。

(2) 执行有关工程建设法律、法规、标准和制度，履行建设工程监理合同规定的义务。

(3) 努力学习专业技术和建设工程监理知识，不断提高业务能力和监理水平。

(4) 不以个人名义承揽监理业务。

(5) 不同时在两个或两个以上工程监理单位注册和从事监理活动，不在政府部门和施工、材料设备的生产供应等单位兼职。

(6) 不为所监理工程指定承包商、建筑构配件、设备、材料生产厂家和施工方法。

(7) 不收受施工单位的任何礼金、有价证券等。

(8) 不泄露所监理工程各方认为需要保密的事项。

(9) 坚持独立自主地开展工作。

按照《中华人民共和国行政许可法》和《中华人民共和国行政处罚法》的要求，监理工程师注册应负有相应的法律责任，如取消吊销证书处罚、罚款处罚、刑事责任处罚等。

2.1.5 监理人员的组成及上岗条件

监理单位在履行监理合同时，必须在建设工程现场组建项目监理机构。项目监理机构是监理单位派驻工程项目负责履行监理合同的组织机构。在完成监理合同约定的监理工作后，项目监理机构方可撤离现场。《建设工程监理规范》将项目监理机构中监理人员的组成按其岗位的职责不同分为4类，即总监理工程师、总监理工程师代表、专业监理工程师和监理员。

1. 总监理工程师

总监理工程师是指由工程监理单位法定代表人书面任命，负责履行建设工程监理合同、主持项目监理机构工作的注册监理工程师。总监理工程师由具有3年以上同类工程监理经验的监理工程师担任。

【总监理工程师】

我国建设工程监理实行总监理工程师负责制。一名监理工程师只宜担任一项监理合同的项目总监理工程师工作。当需要同时担任多项监理合同的项目总监理工程师工作时，必须经建设单位书面同意，且最多不得超过3项。在开展监理工作的过程中，若需要调整总监理工程师，工程监理企业应征得建设单位同意并书面通知建设单位。

2. 总监理工程师代表

总监理工程师代表是指经工程监理企业法定代表人同意，由总监理工程师书面授权，代表总监理工程师行使部分职责和权力，具有工程类注册执业资格或具有中级及以上专业技术职称，3年及以上同类工程实践经验并经监理业务培训的人员。

总监理工程师在监理工作必要时需配备总监理工程师代表。

3. 专业监理工程师

专业监理工程师是指由总监理工程师授权，负责实施某一专业或某一岗位的监理工作，具有相应监理文件签发权，具有工程类注册执业资格或具有中级及以上专业技术职称，2年及以上同类工程实践经验并经监理业务培训的人员。

监理工程师注册证书上注明了专业工程类别。专业监理工程师是项目监理机构中的一种岗位设置。工程项目如涉及特殊行业(如爆破工程)，从事此类项目监理工作的专业监理工程师还应符合国家有关对专业人员资格的规定。在开展监理工作过程中，若需要调整专业监理工程师，总监理工程师应书面通知建设单位和承建单位。

4. 监理员

监理员是指从事具体监理工作，具有中专及以上学历并经过监理业务培训的人员。监理员属于工程技术管理人员，不同于项目监理机构中的其他行政辅助人员。

项目监理机构的监理人员应在专业配套及数量上满足工程项目监理工作的需要。

● 特 别 提 示

引例中提出的问题：总监理工程师需要具备哪些资格条件？专业监理工程师需要具备哪些资格条件？监理员需要具备哪些资格条件？在上面的论述中都分别给予了解答。

拓展讨论

党的二十大报告提出，加快建设国家战略人才力量，努力培养造就更多大师、战略科学家、一流科技领军人才和创新团队、青年科技人才、卓越工程师、大国工匠、高技能人才。结合监理人员的职业要求，谈一谈如何成为监理行业的人才。

2.2 工程监理企业

工程监理企业是指依法成立并取得建设主管部门颁发的工程监理企业资质证书，从事建设工程监理与相关服务活动的机构。

2.2.1 工程监理企业的分类

1. 按所有制性质分类

1）国有监理企业

国有监理企业是依法自主经营、自负盈亏、独立核算的国有生产和经营单位。

2）集体所有制监理企业

集体所有制监理企业是以生产资料的劳动群众集体所有制为基础的独立的经济组织，可分为城镇集体所有制企业和乡镇集体所有制企业两种。

3）私营监理企业

私营监理企业是企业资产归私人所有、雇工8人以上的营利性经济组织。私营企业又可分为个人独资企业、合伙企业和公司制企业。

4）混合所有制监理企业

混合所有制监理企业是资产由不同所有制成分构成的企业。

2. 按组建方式分类

1）独资监理企业

独资监理企业是一家投资经营的企业，可分为国内独资企业和国外独资企业。

2）合营监理企业

合营监理企业是两家或多家共同投资、共同经营、共负盈亏的合作式企业，可以分为合资企业和合作企业两类。

（1）合资企业。合资各方按照投资人资金的多少或者按照投资约定、投资章程的规定对企业承担一定的责任，享有相应的权利。合资企业包括国内合资企业和国外合资企业。合资方一般为两家或多家。

（2）合作企业。该种类型企业由两家或多家企业以独立法人的方式按照约定的合作章程组成，且需经工商行政管理部门注册。合作各方以独立法人的资格享有民事权利，承担民事责任，两家或多家监理单位仅合作监理而不注册者不构成合作监理企业。

3）公司制企业

公司是依照《中华人民共和国公司法》（以下简称《公司法》）设立的营利性社团法人。我国监理公司可以分为有限责任公司和股份有限公司两类。

（1）有限责任公司是指由 2 个以上 50 个以下的股东共同出资，股东以其所认缴的出资额对公司行为承担有限责任，公司以其全部资产对公司债务承担责任的企业法人。

（2）股份有限公司是指全部资本由等额股份构成，并通过发行股票筹集资本，股东以其所认购股份对公司承担责任，公司以其全部资产对公司债务承担责任的企业法人。

我国公司制监理企业具有以下特点。

① 必须是依照《公司法》的规定设立的社会经济组织。

② 必须是以营利为目的的独立企业法人。

③ 自负盈亏，独立承担民事责任。

④ 是完整纳税的经济实体。

⑤ 采用规范的成本会计和财务会计制度。

3. 按专业的类别分类

工程监理企业按照专业分类，体现了监理企业的业务范围，但不表明企业的性质。目前，我国的工程类别按照大专业分为 14 种，按照小专业分为 50 种。我国的监理企业在按照专业分类时，一般是按照大专业进行分类的，即包括房屋建筑工程、冶炼工程、矿山工程、化工石油工程、水利水电工程、电力工程、农林工程、铁路工程、公路工程、港口与航道工程、航天航空工程、通信工程、市政公用工程、机电安装工程共 14 个大类。

4. 按监理企业的资质等级分类

建设工程监理企业的资质是指从事监理业务应当具备的人员素质、资金数量、专业技能、管理水平及监理业绩等综合性实力指标。对建设工程监理企业进行资质管理的制度是我国政府实行市场准入控制的有效手段。

⬤ 特 别 提 示 ▪▪▪▪▪▪▪▪▪▪▪▪▪▪▪▪▪▪▪▪▪▪▪▪▪▪▪▪▪▪▪▪▪▪▪▪▪▪

我国现行工程监理企业资质分为综合资质、专业资质和事务所资质 3 类。其中，专业资质按照工程性质和技术特点划分为 14 种工程类别。综合资质、事务所资质不分级别。专业资质分为甲级和乙级，其中，房屋建筑工程、水利水电工程、公路工程和市政公用工程专业资质可设立丙级。

▔▔▔

2.2.2 **工程监理企业的资质等级与管理**

1. 工程监理企业的资质等级标准

1）综合资质标准

（1）具有独立法人资格且注册资本不少于 600 万元。

（2）企业技术负责人应为注册监理工程师，并具有 15 年以上从事工程建设工作的经历或者具有工程类高级职称。

（3）具有 5 个以上工程类别的专业甲级工程监理资质。

（4）注册监理工程师不少于 60 人，注册造价工程师不少于 5 人，一级注册建造师、一级注册建筑师、一级注册结构工程师或者其他勘察设计注册工程师合计不少于 15 人。

（5）有完善的组织结构和质量管理体系，有健全的技术、档案等管理制度。

（6）有必要的工程试验检测设备。

（7）申请工程监理资质之日前 1 年内没有《工程监理企业资质管理规定》第十六条禁止的行为。

《工程监理企业资质管理规定》第十六条规定，工程监理企业不得有下列行为：

① 与建设单位串通投标或者与其他工程监理企业串通投标，以行贿手段牟取中标；

② 与建设单位或者施工单位串通弄虚作假、降低工程质量；

③ 将不合格的建设工程、建筑材料、建筑构配件和设备按照合格签字；

④ 超越本企业资质等级或以其他企业名义承揽监理业务；

⑤ 允许其他单位或个人以本企业的名义承揽工程；

⑥ 将承揽的监理业务转包；

⑦ 在监理过程中实施商业贿赂；

⑧ 涂改、伪造、出借、转让工程监理企业资质证书；

⑨ 其他违反法律法规的行为。

（8）申请工程监理资质之日前 1 年内没有因本企业监理责任造成重大质量事故。

（9）申请工程监理资质之日前 1 年内没有因本企业监理责任发生三级以上工程建设重大安全事故或者发生两起以上四级工程建设安全事故。

2）专业资质标准

（1）甲级。

① 具有独立法人资格且注册资本不少于 300 万元。

② 企业技术负责人应为注册监理工程师，并具有 15 年以上从事工程建设工作的经历或者具有工程类高级职称。

③ 注册监理工程师、注册造价工程师、一级注册建造师、一级注册建筑师、一级注册结构工程师或者其他勘察设计注册工程师合计不少于 25 人。其中，相应专业的注册监理工程师不少于《专业资质注册监理工程师人数配备表》中要求配备的人数，注册造价工程师不少于 2 人。

④ 企业近 2 年内独立监理过 3 个以上相应专业的二级工程项目，但是，具有甲级设计资质或一级及以上施工总承包资质的企业申请本专业工程类别甲级资质的除外。

⑤ 有完善的组织结构和质量管理体系，有健全的技术、档案等管理制度。

⑥ 有必要的工程试验检测设备。

⑦ 申请工程监理资质之日前 1 年内没有《工程监理企业资质管理规定》第十六条禁止的行为。

⑧ 申请工程监理资质之日前 1 年内没有因本企业监理责任造成重大质量事故。

⑨ 申请工程监理资质之日前 1 年内没有因本企业监理责任发生三级以上工程建设重大安全事故或者发生两起以上四级工程建设安全事故。

（2）乙级。

① 具有独立法人资格且注册资本不少于 100 万元。

② 企业技术负责人应为注册监理工程师，并具有 10 年以上从事工程建设工作的经历。

③ 注册监理工程师、注册造价工程师、一级注册建造师、一级注册建筑师、一级注册结构工程师或者其他勘察设计注册工程师合计不少于 15 人。其中，相应专业注册监理工程师不少于《专业资质注册监理工程师人数配备表》（表 2-1）中要求配备的人数，注册造价工程师不少于 1 人。

表 2-1 专业资质注册监理工程师人数配备表　　　　单位：人

序号	工程类别	甲级	乙级	丙级
1	房屋建筑工程	15	10	5
2	冶炼工程	15	10	
3	矿山工程	20	12	
4	化工石油工程	15	10	
5	水利水电工程	20	12	5
6	电力工程	15	10	
7	农林工程	15	10	
8	铁路工程	23	14	
9	公路工程	20	12	5
10	港口与航道工程	20	12	
11	航天航空工程	20	12	
12	通信工程	20	12	
13	市政公用工程	15	10	5
14	机电安装工程	15	10	

注：表中各专业资质注册监理工程师人数配备是指企业取得本专业工程类别注册的注册监理工程师人数。

④ 有较完善的组织结构和质量管理体系，有技术、档案等管理制度。

⑤ 有必要的工程试验检测设备。

⑥ 申请工程监理资质之日前 1 年内没有《工程监理企业资质管理规定》第十六条禁止的行为。

⑦ 申请工程监理资质之日前 1 年内没有因本企业监理责任造成重大质量事故。

⑧ 申请工程监理资质之日前 1 年内没有因本企业监理责任发生三级以上工程建设重大安全事故或者发生两起以上四级工程建设安全事故。

（3）丙级。

① 具有独立法人资格且注册资本不少于 50 万元。

② 企业技术负责人应为注册监理工程师，并具有 8 年以上从事工程建设工作的经历。

③ 相应专业的注册监理工程师不少于《专业资质注册监理工程师人数配备表》中要求配备的人数。

④ 有必要的质量管理体系和规章制度。

⑤ 有必要的工程试验检测设备。

3）事务所资质标准

（1）取得合伙企业营业执照，具有书面合作协议书。

（2）合伙人中有 3 名以上注册监理工程师，合伙人均有 5 年以上从事建设工程监理的工作经历。

（3）有固定的工作场所。

（4）有必要的质量管理体系和规章制度。

（5）有必要的工程试验检测设备。

2. 工程监理企业资质许可的业务范围

1）综合资质

综合资质，可以承担所具有的专业工程类别建设工程项目的工程监理业务，以及相应类别建设工程的项目管理、技术咨询等相关服务。

2）专业资质

（1）专业甲级资质，可承担相应专业工程类别建设工程项目的工程监理业务，以及相应类别建设工程的项目管理、技术咨询等相关服务。

（2）专业乙级资质，可承担相应专业工程类别二级(含二级)以下建设工程项目的工程监理业务，以及相应类别和级别建设工程的项目管理、技术咨询等相关服务。

（3）专业丙级资质，可承担相应专业工程类别三级建设工程项目的工程监理业务，以及相应类别和级别建设工程的项目管理、技术咨询等相关服务。

【工程监理企业的资质等级标准】

3）事务所资质

事务所资质，可承担二级建设工程项目的工程监理业务，以及相应类别和级别建设工程的项目管理、技术咨询等相关服务(表 2-2)。但是，国家规定必须实行强制监理的建设工程监理业务除外。

表 2-2 房屋建筑工程专业工程类别和等级表

工程类别		一级	二级	三级
房屋建筑工程	一般公共建筑	28 层以上；36m 跨度以上(轻钢结构除外)；单项工程建筑面积 3 万 m² 以上	14～28 层；24～36m 跨度(轻钢结构除外)；单项工程建筑面积 1 万～3 万 m²	14 层以下；24m 跨度以下(轻钢结构除外)；单项工程建筑面积 1 万 m² 以下
	高耸构筑工程	高度 120m 以上	高度 70～120m	高度 70m 以下
	住宅工程	小区建筑面积 12 万 m² 以上；单项工程 28 层以上	建筑面积 6 万～12 万 m²；单项工程 14～28 层	建筑面积 6 万 m² 以下；单项工程 14 层以下

特 别 提 示

引例中提出的问题：符合该工程监理要求的监理企业又要具备哪些资质条件呢？本工程为住宅楼，总建筑面积为 50 129m²，结构为短肢剪力墙结构，地下 1 层，地上 25 层，建筑高度为 73.55m，属房屋建筑工程二级，因此监理企业的资质应该是专业乙级资质及以上才行。

3. 工程监理企业资质的动态管理

县级以上人民政府建设行政主管部门和有关部门应依法对本辖区内工程监理企业的资

质情况实施动态监督管理。重点检查《工程监理企业资质管理规定》第十六条和第二十三条的有关内容，并将检查和处理结果记入工程监理企业的信用档案。

具体抽查企业的数量和比例由县级以上人民政府建设行政主管部门或者有关部门根据实际情况研究决定。

工程监理企业违法从事工程监理活动的，违法行为发生地的县级以上地方人民政府建设行政主管部门应当依法查处，并将工程监理企业的违法事实、处理结果或处理建议及时报告违法行为发生地的省、自治区、直辖市人民政府建设行政主管部门。其中，对综合资质或专业甲级资质工程监理企业的违法事实、处理结果或处理建议，须通过违法行为发生地的省、自治区、直辖市人民政府建设行政主管部门报住房和城乡建设部。

2.2.3 工程监理企业的资质申请与管理

建设工程监理企业应当按照其拥有的注册资本、专业技术人员和工程监理业绩等资质条件申请资质，经审查合格、取得相应等级的资质证书后，方可在其资质等级许可的范围内从事工程监理业务活动。

1. 资质申请条件

（1）新设立的企业申请建设工程监理企业资质和已具有建设工程监理企业资质的企业申请综合资质、专业资质升级或增加其他专业资质，自2007年8月1日起应按照《工程监理企业资质管理规定》要求提出资质申请。

【工程监理企业的资质申请条件】

（2）新设立的企业申请工程监理企业资质，应先取得《企业法人营业执照》或《合伙企业营业执照》，办理完相应的执业人员注册手续后，方可申请资质。取得《企业法人营业执照》的企业，只可申请综合资质和专业资质；取得《合伙企业营业执照》的企业，只可申请事务所资质。

（3）新设立的企业申请建设工程监理企业资质和已获得建设工程监理企业资质的企业申请增加其他专业资质，应从专业乙级、丙级资质或事务所资质开始申请，不需要提供业绩证明材料。申请房屋建筑工程、水利水电工程、公路工程和市政公用工程专业资质的企业，也可以直接申请专业乙级资质。

（4）已具有专业丙级资质的企业可直接申请专业乙级资质，不需要提供业绩证明材料。已具有专业乙级资质申请晋升专业甲级资质的企业，应在近两年内独立监理过3个及以上相应专业的二级工程项目。

（5）具有甲级设计资质或一级及以上施工总承包资质的企业可以直接申请与主营业务相对应的专业工程类别甲级工程监理企业资质。具有甲级设计资质或一级及以上施工总承包资质的企业申请主营业务以外的专业工程类别监理企业资质的，应从专业乙级及以下资质开始申请。主营业务是指企业在具有甲级设计资质或一级及以上施工总承包资质中主要从事的工程类别业务。

（6）工程监理企业申请专业资质升级、增加其他专业资质的，相应专业的注册监理工程师人数应满足已有监理资质所要求的注册监理工程师等人员标准后，方可申请。申请综合资质的，应至少满足已有资质中的5个甲级专业资质要求的注册监理工程师人员数量。

（7）工程监理企业的注册人员、工程监理业绩(包括境外工程业绩)和技术装备等资质条件，均以独立企业法人为审核单位。企业(集团)的母、子公司在申请资质时，各项指标不得重复计算。

2. 资质申请材料及要求

1) 甲级或综合资质申请材料

申请专业甲级资质或综合资质的工程监理企业需提交的材料(以下简称甲级申请材料)包括以下几个方面。

(1)《工程监理企业资质申请表》一式三份及相应的电子文档。

(2)《企业法人营业执照》正、副本复印件。

(3)《企业章程》复印件。

《企业章程》的主要内容如下：

① 申请设立监理企业的名称、性质和办公地点；

② 拟开展监理业务的范围，经营活动的宗旨、任务；

③ 注册资金数额；

④ 监理企业的组织原则和机构设置方案，主要人选名单；

⑤ 监理企业的经营方针、议事规则；

⑥ 监理企业的法定代表人；

⑦ 监理企业解体、变更等事项的规定。

(4)《工程监理企业资质证书》正、副本复印件。

(5) 企业法定代表人、企业负责人的身份证明、工作简历及任命(聘用)文件的复印件。

(6) 企业技术负责人的身份证明、工作简历、任命(聘用)文件、毕业证书、相关专业学历证书、职称证书和加盖执业印章的《中华人民共和国注册监理工程师注册执业证书》等复印件。

(7)《工程监理企业资质申请表》中所列注册执业人员的身份证明、加盖执业印章的注册执业证书复印件(无执业印章的，须提供注册执业证书复印件)。

(8) 企业近两年内业绩证明材料的复印件，包括监理合同、监理规划、工程竣工验收证明、监理工作总结和监理业务手册。

(9) 必要的工程试验检测设备的购置清单(按申请表的要求填写)。

当具有甲级设计资质或一级及以上施工总承包资质的企业申请与主营业务相对应的专业工程类别甲级监理资质的，除应提供上述甲级申请材料中的(1)、(2)、(3)、(5)、(6)、(7)、(9)所列材料外，还需提供企业具有的甲级设计资质或一级及以上施工总承包资质的资质证书正、副本复印件，不需提供相应的业绩证明。

2) 乙级和丙级资质申请材料

申请专业乙级和丙级资质的工程监理企业，需提供上述甲级申请材料中的(1)、(2)、(3)、(5)、(6)、(7)、(9)所列材料，不需提供相应的业绩证明。

3) 事务所资质申请材料

申请事务所资质的企业，需提供以下材料(以下简称事务所申请材料)。

(1)《工程监理企业资质申请表》一式三份及相应的电子文档。

(2)《合伙企业营业执照》正、副本复印件。

(3)《合伙人协议》文本复印件。

（4）合伙人组成名单、身份证明、工作简历以及加盖执业印章的《中华人民共和国注册监理工程师注册执业证书》复印件。

（5）办公场所属于自有产权的，应提供产权证明复印件；办公场所属于租用的，应提供出租方产权证明、双方租赁合同的复印件。

（6）必要的工程试验检测设备的购置清单（按申请表要求填写）。

4）资质延续申请材料

申请综合资质和专业资质延续的企业，需提供上述甲级申请材料中的（1）、（2）、（4）、（7）所列材料，不需提供相应的业绩证明；申请事务所资质延续的企业，应提供事务所申请材料中的（1）、（2）、（4）所列材料。

5）资质变更申请材料

具有综合资质、专业甲级资质的企业申请变更资质证书中企业名称的，由住房和城乡建设部负责办理。企业应向工商注册所在地的省、自治区、直辖市人民政府建设主管部门提出申请，并提交下列材料。

（1）《建设工程企业资质证书变更审核表》。

（2）《企业法人营业执照》副本复印件。

（3）企业原有资质证书正、副本原件及复印件。

（4）企业股东大会或董事会关于变更事项的决议或文件。

上述规定以外的资质证书变更手续，由省、自治区、直辖市人民政府建设主管部门负责办理，具体办理程序由省、自治区、直辖市人民政府建设主管部门依法确定。其中具有综合资质、专业甲级资质的企业，其资质证书编号发生变化的，省、自治区、直辖市人民政府建设主管部门需报住房和城乡建设部核准后，方可办理。

6）工商注册地变更申请材料

具有综合资质、专业甲级资质的工程监理企业申请工商注册地跨省、自治区、直辖市变更的，企业应向新注册所在地的省、自治区、直辖市人民政府建设主管部门提出申请，并提交下列材料。

（1）工程监理企业原工商注册地省、自治区、直辖市人民政府建设主管部门同意资质变更的书面意见。

（2）变更前原工商营业执照注销证明及变更后新工商营业执照正、副本复印件。

（3）上述甲级申请材料中的（1）、（2）、（3）、（4）、（5）、（6）、（7）、（9）所列的材料。

其中涉及资质证书中企业名称变更的，省、自治区、直辖市人民政府建设主管部门应将受理的申请材料报住房和城乡建设部办理。

具有专业乙级、丙级资质和事务所资质的工程监理企业申请工商注册地跨省、自治区、直辖市变更，由各省、自治区、直辖市人民政府建设主管部门参照上述程序依法制定。

7）申请材料要求

企业申请工程监理企业资质的申报材料，应符合以下要求。

（1）申报材料应包括《工程监理企业资质申请表》及相应的附件材料。

（2）《工程监理企业资质申请表》一式三份，涉及申请铁路、交通、水利、信息产业、民航等专业资质的，每增加申请一项资质，申报材料应增加两份申请表和一份附件材料。

（3）申请表与附件材料应分开装订，用 A4 纸打印或复印。附件材料应按《工程监理企业资质申请表》的填写顺序编制详细目录及页码范围，以便审查查找。复印材料要求清晰、可辨。

（4）所有申报材料必须填写规范、盖章或印鉴齐全、字迹清晰。

（5）工程监理企业申报材料中如有外文，需附中文译本。

3．资质受理审查程序

工程监理企业资质申报材料应当齐全、手续完备。对于手续不全、盖章或印鉴不清的，资质管理部门将不予受理。

资质受理部门应对工程监理企业资质申报材料中的附件材料原件进行核验，确认企业附件材料中相关内容与原件相符。对申请综合资质、专业甲级资质的企业，省、自治区、直辖市人民政府建设主管部门，应将其《工程监理企业资质申请表》及附件材料、报送文件一并报住房和城乡建设部。

工程监理企业应于资质证书有效期届满60日前，向原资质许可机关提出资质延续申请；逾期不申请资质延续的，有效期届满后，其资质证书自动失效。如需开展工程监理业务，应按首次申请办理。

工程监理企业的所有申请材料一经建设行政主管部门受理，未经批准，不得修改。

对工程监理企业的所有申请、审查等书面材料，有关建设主管部门应保存5年。

【工程监理企业资质管理规定】

4．资质证书

工程监理企业资质证书由住房和城乡建设部统一印制。专业甲级资质、乙级资质、丙级资质证书分别打印，每套资质证书包括一本正本和四本副本。

特 别 提 示

工程监理企业资质证书有效期为5年，有效期的计算时间以资质证书最后的核定日期为准。工程监理企业资质证书在全国通用，各地、各部门不得以任何名义设立《工程监理企业资质管理规定》以外的其他准入条件，不得违法收取费用。

工程监理企业遗失资质证书的，应首先在全国性建设行业报刊或省级（含省级）综合类报刊上刊登遗失作废声明，然后向原资质许可机关申请补办，并提供下列材料。

（1）企业补办资质证书的书面申请。

（2）刊登遗失声明的报刊原件。

（3）《建设工程企业资质证书增补审核表》。

2.2.4　工程监理企业与工程建设各方的关系

1．建设单位与监理企业的关系

建设单位与监理企业是法人之间的一种平等的委托合同关系，是委托与被委托、授权与被授权的关系。

1）建设单位与监理企业之间是委托与被委托合同关系

建设单位与监理企业订立工程建设监理合同，建设单位是买方，监理企业是卖方，即建设单位出资购买监理企业的高智能技术劳动。但工程建设监理合同与其他经济合同不同，不能把监理企业单纯地看作是建设单位利益的代表。建设单位、监理企业、承包单位是建筑市场的三大主体，建设单位发包工程建设业务，承包单位承接工程建设业务。在这项交易活动中，建设单位向承包单位购买建筑商品(或阶段性建筑产品)，买方总是想少花钱买到好商品，卖方总想在销售商品中获得较高的利润。监理企业的责任则是既要帮助建设单位购买到合适的建筑商品，又要维护承包单位的合法权益。或者说，监理企业与建设单位签订的合同，不仅表明监理企业要为建设单位提供高智能服务、维护建设单位的合法权益，而且表明，监理企业有责任维护承包单位的合法权益，这在其他经济合同中是难以找到的条款。监理企业在建筑市场的交易活动中处于建筑商品买卖双方之间，起着维系公平交易、等价交换的制衡作用。

2）建设单位与监理企业之间是法律平等关系

建设单位和监理企业都是建筑市场中的主体，不分主次，是平等的，这种平等的关系主要体现在经济地位和工作关系两个方面。

(1) 都是市场经济中独立的法人。不同行业的企业法人，只有经营的性质、业务范围不同，而没有主次之分。即使是同一个行业，各独立的企业法人之间(子公司除外)，也只有大小之别、经营种类的不同，不存在从属关系。

(2) 都是建筑市场中的主体。建设单位可以委托这一家监理企业，也可以委托另一家监理企业。同样，监理企业可以接受委托，也可以不接受委托。一旦委托与被委托的关系建立后，双方只是按照约定的条款，各自履行义务，各自行使权利，各自取得应得的利益。可以说，两者在工作关系上仅维系在委托与被委托的水准上。监理企业仅按照委托的要求开展工作，对建设单位负责，并不受建设单位的领导，建设单位对监理企业的人力、财力、物力等方面没有任何支配权、管理权。

3）建设单位与监理企业之间是授权与被授权关系

监理企业接受委托之后，建设单位就把一部分工程项目建设的管理权授予监理企业，如工程建设组织协调工作的主持权、设计质量和施工质量以及建筑材料与设备质量的确认权与否决权、工程量与工程价款支付的确认权与否决权、工程建设进度和建设工期的确认权与否决权以及围绕工程项目建设的各种建议权等。建设单位往往留有工程建设规模和建设标准的决定权、对承包单位的选定权、与承包单位订立合同的鉴认权以及工程竣工后或分阶段的验收权等。

2. 监理企业与承包单位的关系

承包单位主要是指直接与建设单位签订咨询合同、建设工程勘察合同、设计合同、材料设备供应合同或施工合同的单位。

1）监理企业与承包单位之间是平等关系

监理企业、承包单位他们之间是平等的，这种平等的关系主要体现在都是为了完成工程建设任务而承担一定的责任上。双方承担的具体责任虽然不同，但在性质上都属于"出卖产品"的一方，相对于建设单位来说，两者的角色、地位是一样的。无论是监理企业还是承包单位，都是在工程建设的法规、规章、规范、标准等条款的制约下开展工作，两者之间不存在领导与被领导的关系。

2）监理企业与承包单位之间是监理与被监理的工作关系

虽然监理企业与承包单位之间没有签订任何经济合同，但是监理企业与建设单位签有监理合同，承包单位与建设单位签有承发包建设合同，而且在签订的合同中注明，承包单位必须接受建设单位委托的监理企业的监理。监理企业依据建设单位的授权，就有了监督管理承包商履行工程建设承包合同的权利和义务。承包单位不再与建设单位直接交往，而转向与监理企业直接联系，并接受监理企业对自己进行工程建设活动的监督管理。

2.3 工程监理企业的经营管理

2.3.1 工程监理企业的管理

1. 建设工程监理企业经营活动准则

建设工程监理企业从事建设工程监理活动，应当遵循"守法、诚信、公平、科学"的准则。

1）守法

守法，即遵守国家的法律法规。对于建设工程监理企业来说，守法就是要依法经营，主要体现在以下几个方面。

（1）工程监理企业只能在核定的业务范围内开展经营活动。工程监理企业的业务范围是指填写在资质证书中，经工程监理资质管理部门审查确认的主要资质和增项资质。核定的业务范围包括两方面：一是监理业务的工程类别；二是承接监理工程的等级。

（2）工程监理企业不得伪造、涂改、出租、出借、转让、出卖《资质等级证书》。

（3）建设工程监理合同一经双方签订，即具有法律约束力，工程监理企业应按照合同的约定认真履行，不得无故或故意违背自己的承诺。

（4）工程监理企业离开原住所地承接监理业务，要自觉遵守当地人民政府颁发的监理法规和有关规定，主动向监理工程所在地的省、自治区、直辖市建设行政主管部门备案登记，接受其指导和监督管理。

（5）遵守国家关于企业法人的其他法律、法规的规定。

2）诚信

诚信即诚实、守信用，是道德规范在市场经济中的体现。它要求一切市场参与者在不损害他人利益和社会公共利益的前提下，追求自己的利益，目的是在当事人之间的利益关系和当事人与社会之间的利益关系中实现平衡，并维护市场道德秩序。诚信原则的主要作用在于指导当事人以善意的心态、诚信的态度行使民事权利，承担民事义务，正确地从事民事活动。

加强企业信用管理、提高企业信用水平是完善我国工程监理制度的重要保证。企业信用的实质是解决经济活动中经济主体之间的利益关系。它是企业经营理念、经营责任和经营文化的集中体现。信用是企业的一种无形资产，良好的信用能为企业带来巨大的效益。我国是

WTO 的成员，信用将成为我国企业走出去、进入国际市场的身份证。它是能给企业带来长期经济效益的特殊资本。工程监理企业应当树立良好的信用意识，使企业成为讲道德、讲信用的市场主体。

工程监理企业应当建立健全企业的信用管理制度。信用管理制度主要有以下几个方面。

（1）建立健全合同管理制度。

（2）建立健全与建设单位的合作制度，及时进行信息沟通，增强相互间的信任感。

（3）建立健全监理服务需求调查制度，这也是企业进行有效竞争和防范经营风险的重要手段之一。

（4）建立企业内部信用管理责任制度，及时检查和评估企业信用的实施情况，不断提高企业信用管理水平。

3）公平

公平是指工程监理企业在监理活动中既要维护建设单位的利益，又不能损害承包单位的合法利益，并依据合同公平、合理地处理建设单位与承包单位之间的争议。

工程监理企业要做到公平，必须做到以下几点。

（1）要具有良好的职业道德。

（2）要坚持实事求是。

（3）要熟悉有关的建设工程合同条款。

（4）要提高专业技术能力。

（5）要提高综合分析判断问题的能力。

4）科学

科学是指工程监理企业要依据科学的方案，运用科学的手段，采取科学的方法开展监理工作。工程监理工作结束后，还要进行科学的总结。

实施科学化管理主要体现在以下几个方面。

（1）科学的方案。工程监理的方案主要是指监理规划。其中包括工程监理的组织计划；监理工作的程序；各专业、各阶段监理工作内容；工程的关键部位或可能出现的重大问题的监理措施等。在实施监理前，要尽可能准确地预测各种可能的问题，有针对性地拟定解决办法，制定出切实可行、行之有效的监理实施细则，使各项监理活动都纳入计划管理的轨道。

（2）科学的手段。只有借助于先进的科学仪器才能做好监理工作，如各种检测、试验、化学仪器，拍摄录像设备及计算机等。

（3）科学的方法。监理工作的科学方法主要体现在监理人员在掌握大量的、确凿的有关监理对象及其外部环境实际情况的基础上，适时、稳妥、高效地处理有关问题，解决问题要用事实说话、用书面文字说话、用数据说话；要开发、利用计算机软件辅助工程监理。

2. 加强企业管理

加强企业管理、提高科学管理水平是建立现代企业制度的要求，也是工程监理企业提高市场竞争能力的重要途径。工程监理企业管理应抓好成本管理、资金管理、质量管理，增强法治意识，依法经营管理。

1）基本管理措施

基本管理重点应做好以下几个方面的工作。

（1）市场定位。要加强自身发展战略研究，适应市场，根据企业实际情况，合理确定企业的市场地位，制定和实施明确的发展战略、技术创新战略，并根据市场变化做出适时调整。

（2）管理方法现代化。要广泛采用现代管理技术、方法和手段，推广先进企业的管理经验，借鉴国外企业的现代管理方法。

（3）建立市场信息系统。要加强现代信息技术的运用，建立灵敏、准确的市场信息系统，掌握市场动态。

（4）开展贯标活动。要积极实行 ISO 9000 质量管理体系贯标认证工作，严格按照质量手册和程序文件的要求开展各项工作，防止贯标认证工作流于形式。贯标的作用：一是能够提高企业的市场竞争能力；二是能够提高企业人员的素质；三是能够规范企业的各项工作；四是能够避免或减少工作失误。

（5）要严格贯彻实施《建设工程监理规范》，结合企业实际情况，制定相应的《建设工程监理规范》实施细则，组织全员学习，在签订监理合同、实施监理工作、检查考核监理业绩、制定企业工作、制定企业规章制度等各个环节都应当以《建设工程监理规范》为主要依据。

2）建立健全各项内部管理规章制度

监理企业规章制度一般包括以下几个方面。

（1）组织管理制度。合理设置企业内部机构和各机构职能，建立严格的岗位责任制度，加强考核和督促检查，有效配置企业资源，提高企业工作效率，健全企业内部监督体系，完善制约机制。

（2）人事管理制度。健全工资分配、奖励制度，完善激励机制，加强对员工的业务素质培养和职业道德教育。

（3）劳动合同管理制度。推行职工全员竞争上岗，严格劳动纪律，严明奖罚，充分调动和发挥职工的积极性、创造性。

（4）财务管理制度。加强资产管理、财务计划管理、投资管理、资金管理、财务审计管理等。要及时编制资产负债表、损益表和现金流量表，真实地反映企业经营状况，改进和加强经济核算。

（5）经营管理制度。制定企业的经营规划、市场开发计划。

（6）项目监理机构管理制度。

（7）设备管理制度。制定设备的购置办法和设备的使用、保养规定等。

（8）科技管理制度。制定科技开发规划、科技成果评审办法、科技成果应用推广办法等。

（9）档案文书管理制度。制定档案的整理和保管制度以及文件和资料的使用、归档管理办法等。

有条件的工程监理企业还要注重风险管理，实行监理责任保险制度，适当转移责任风险。

2.3.2　建设工程监理招投标

1. 取得监理业务的基本方式

建设工程监理与相关服务可以由建设单位直接委托，也可以通过招标方式委托。但是，法律法规规定招标的，建设单位必须通过招标方式委托。因此，建设工程监理招投标是建设单位委托监理与相关服务工作和工程监理单位承揽监理与相关服务工作的主要方式。

2. 建设工程监理招标方式和程序

1）建设工程监理招标方式

建设工程监理招标可分为公开招标和邀请招标两种方式。建设单位应根据法律法规、工程项目特点、工程监理单位的选择空间及工程实施的急迫程度等因素合理选择招标方式，并按规定程序向招投标监督管理部门办理相关招投标手续，接受相应的监督管理。

公开招标是指建设单位以招标公告的方式邀请不特定工程监理单位参加投标，向其发售监理招标文件，按照招标文件规定的评标方法、标准，从符合投标资格要求的投标人中优选中标人，并与中标人签订建设工程监理合同的过程。国有资金占控股或者主导地位等依法必须进行监理招标的项目，应当采用公开招标方式委托监理任务。公开招标属于非限制性竞争招标。

邀请招标是指建设单位以投标邀请书方式邀请特定工程监理单位参加投标，向其发售招标文件，按照招标文件规定的评标方法、标准，从符合投标资格要求的投标人中优选中标人，并与中标人签订建设工程监理合同的过程。邀请招标属于有限竞争性招标，也称为选择性招标。

2）建设工程监理招标程序

建设工程监理招标一般包括招标准备；发出招标公告或投标邀请书；组织资格审查；编制和发售招标文件；组织现场踏勘；召开投标预备会；编制和递交投标文件；开标、评标和定标；签订建设工程监理合同等程序。

3. 建设工程监理评标内容和方法

建设工程监理招标属于服务类招标，其标的是无形的"监理服务"，建设单位在选择工程监理单位最重要的原则是"基于能力的选择"，而不应将服务报价作为主要考虑因素。有时甚至不考虑建设工程监理服务报价，只考虑工程监理单位的服务能力。

1）建设工程监理评标内容

建设工程监理评标办法中，通常会将下列要素作为评标内容。

（1）工程监理单位的基本素质。包括工程监理单位资质、技术及服务能力、社会信誉和企业诚信度，以及类似工程监理业绩和经验。

（2）工程监理人员配备。项目监理机构监理人员的数量和素质，特别是总监理工程师的综合能力和业绩是建设工程监理评标需要考虑的重要内容。对工程监理人员配备的评价内容具体包括项目监理机构的组织形式是否合理；总监理工程师人选是否符合招标文件规定的资格及能力要求；监理人员的数量、专业配置是否符合工程专业特点要求；工程监理整体力量投入是否能满足工程需要；工程监理人员年龄结构是否合理；现场监理人员进退场计划是否与工程进展相协调等。

（3）建设工程监理大纲。建设工程监理大纲是反映投标人技术、管理和服务综合水平的文件，反映了投标人对工程的分析和理解程度。评标时应重点评审建设工程监理大纲的全面性、针对性和科学性。

（4）试验检测仪器设备及其应用能力。重点评审投标人在投标文件中所列的设备、仪器、工具等能否满足建设工程监理要求。对于建设单位在现场另建试验、检测等中心的工程项目，应重点考查投标人评价分析、检验测量数据的能力。

（5）建设工程监理费用报价。建设工程监理费用报价所对应的服务范围、服务内容、服务期限应与招标文件中的要求相一致。要重点评审监理费用报价水平和构成是否合理、完整，分析说明是否明确，监理服务费用的调整条件和办法是否符合招标文件要求等。

2）建设工程监理评标方法

建设工程监理评标通常采用"综合评标法"，这种评标法通过衡量投标文件是否最大限度地满足招标文件中规定的各项评价标准，对技术、企业资信、服务报价等因素进行综合评价从而确定中标人。根据具体分析方式不同，综合评标法可分为定性综合评估法和定量综合评估法两种。

（1）定性综合评估法。定性综合评估法是对投标人的资质条件、人员配备、监理方案、投标价格等评审指标分项进行定性比较分析、全面评审，综合评议较优者作为中标人，也可采取举手表决或无记名投票方式决定中标人。

（2）定量综合评估法。定量综合评估法又称打分法、百分制计分评价法。通常是在招标文件中明确规定需量化的评价因素及其权重，评标委员会根据投标文件内容和评分标准逐项进行分析记分、加权汇总，计算出各投标单位的综合评分，然后按照综合评分由高到低的顺序确定中标候选人或直接选定得分最高者为中标人。定量综合评估法是目前我国各地广泛采用的评标方法。

4. 建设工程监理投标工作内容和策略

1）建设工程监理投标工作内容

工程监理单位的投标工作内容包括投标决策、投标策划、投标文件编制、参加开标及答辩、投标后评估等内容。

（1）建设工程监理投标决策。所谓投标决策，主要包括两方面内容：一是决定是否参与竞标；二是如果参加投标，应采取什么样的投标策略。投标决策的正确与否，关系到工程监理单位能否中标及中标后的经济效益。常用的投标决策定量分析方法有综合评价法和决策树法。

（2）建设工程监理投标策划。建设工程监理投标策划是指从总体上规划建设工程监理投标活动的目标、组织、任务分工等，通过严格的管理过程，提高投标效率和效果。

（3）编制建设工程监理投标文件。建设工程监理投标文件反映了工程监理单位的综合实力和完成监理任务的能力，是招标人选择工程监理单位的主要依据之一。投标文件编制质量的高低，直接关系到中标可能性的大小，因此，如何编制好建设工程监理投标文件是工程监理单位投标的首要任务。

（4）参加开标及答辩。参加开标是工程监理单位需要认真准备的投标活动，应按时参加开标，避免废标情况。工程监理单位要充分做好答辩前准备工作，包括仪表、自信心、表达力、知识储备等。要了解对手，了解竞争对手的实力和拟定安排的总监理工程师及团队，完善自己的团队，发挥自身优势。答辩时沉着应对。

（5）投标后评估。投标后评估是对投标全过程的分析和总结。投标后评估要全面评价投标决策是否正确，影响因素和环境条件是否分析全面，重难点和合理化建议是否有针对性，总监理工程师及项目监理机构成员人数、资历及组织机构设置是否合理，投标报价预测是否准确，参加开标和总监理工程师答辩准备是否充分，投标过程组织是否到位等。

2）建设工程监理投标策略

建设工程监理投标策略主要包括以下内容。

（1）深入分析影响监理投标的因素。深入分析影响投标的因素是制定投标策略的前提。针对建设工程监理特点，结合中国监理行业现状，可将影响投标决策的因素大致分为"正常因素"和"非正常因素"两大类。其中，"非正常因素"主要指受各种人为因素影响而出现的"假招标""权力标""陪标""低价抢标""保护性招标"等，这均属于违法行为，应予以禁止。对于正常因素，主要包括分析建设单位（买方）、分析投标人（卖方）自身、分析竞争对手、分析环境和条件。

（2）把握和深刻理解招标文件精神。把握和深刻理解招标文件精神是制定投标策略的基础。工程监理单位必须详细研究招标文件，吃透其精神，才能在编制投标文件中全面、最大限度、实质性地响应招标文件的要求。

（3）选择有针对性的监理投标策略。由于招标内容不同、投标人不同，所采取的投标策略也不相同，投标人可根据实际情况选择以下一种或几种：以信誉和口碑取胜、以缩短工期等承诺取胜、以附加服务取胜、适应长远发展的策略等。

（4）充分重视项目监理机构的合理设置。招标人特别注重项目监理机构的设置和人员配备情况。工程监理单位必须选派与工程要求相适应的总监理工程师，配备专业齐全、结构合理的现场监理人员。

（5）重视提出合理化建议。投标人可就工程监理工作提出合理化建议。招标人往往会比较关心投标人此部分内容，借此了解投标人的专业技术能力、管理水平以及投标人对工程的熟悉程度和关注程度等，从而提升招标人对工程监理单位承担和完成监理任务的信心。

（6）有效地组织项目监理团队答辩。项目监理团队答辩的关键是总监理工程师的答辩，而总监理工程师是否成功答辩已成为招标人和评标委员会选择工程监理单位的重要依据。因此，有效地组织总监理工程师及项目监理团队答辩已成为促进投标策略实现的有力措施，可以大大提升工程监理单位的中标率。

应用案例 2-1

某实施监理的房屋建筑工程，分成 A、B 两个施工标段。工程监理合同签订后，监理单位将项目监理机构组织形式、人员构成和对总监理工程师的任命书面通知建设单位。该总监理工程师担任总监理工程师的另一工程项目尚有一年方可竣工。根据工程专业特点，房屋建筑工程 A、B 两个标段分别设置了总监理工程师代表甲和乙。甲、乙均不是注册监理工程师，但甲具有高级专业技术职称，在监理岗位任职 15 年；乙具有中级专业技术职称，已取得了建造师执业资格证书但尚未注册，有 5 年施工管理经验，1 年前经培训开始在监理岗位就职。工程实施中发生以下事件。

事件 1：建设单位同意对总监理工程师的任命，但认为甲、乙二人均不是注册监理工程师，不同意二人担任总监理工程师代表。

事件 2：工程质量监督机构以同时担任另一项目的总监理工程师，有可能"监理不到位"为由，要求更换总监理工程师。

事件 3：监理单位对项目监理机构人员进行了调整，安排乙担任专业监理工程师。

事件 4：总监理工程师考虑到身兼两项工程比较忙，委托总监理工程师代表开展若干项工作，其中有组织召开监理例会、组织审查施工组织设计、签发工程款支付证书、组织审查和处理工程变更、组织分部工程验收。

【应用案例2-1
解析】

问题:

(1) 事件 1 中,建设单位不同意甲、乙担任总监理工程师代表的理由是否正确?甲和乙是否可以担任总监理工程师?分别说明理由。

(2) 事件 2 中,工程质量监督机构的要求是否妥当?说明理由。

(3) 事件 3 中,监理单位安排乙担任专业监理工程师是否妥当?说明理由。

(4) 事件 4 中,总监理工程师对所列工作的委托,哪些是正确的?哪些不正确?

应用案例2-2

某监理单位,资质等级为房屋建筑工程丙级,有正式在职工程技术和管理人员 6 名,其中 3 人有中级职称,其余为初级职称和无职称者;3 人有监理工程师资格证书,最长工作年限为 6 年。该监理单位通过熟人关系取得一幢 26 层综合大楼建设工程项目施工阶段监理任务。该建设工程项目预算造价为 1.8 亿元人民币。监理工作开展后,建设单位以本单位工程部人员参加监理进行合作监理为由,让监理单位给建设单位监理费 10 万元。

【应用案例2-2
解析】

问题:

(1) 该监理单位本身及其哪些行为违反了国家规定?

(2) 对于工程建设监理单位来说,应该如何依法经营?

◖ 本单元小结 ◗

工程监理企业在履行监理合同时必须在现场组建项目监理机构,其最核心的问题就是要配备专业齐全、数量够用、业务能力较强的监理人员,实行总监理工程师负责制,总监理工程师应由注册监理工程师担任。本单元对注册监理工程师的考试、注册、继续教育、职业道德及法律责任进行了详细的阐述,分析了各监理岗位的人员组成及工作职责。

工程监理企业是指依法成立并取得建设主管部门颁发的工程监理企业资质证书,从事建设工程监理与相关服务活动的机构。本单元对工程监理企业的资质等级与管理、资质申请与管理、监理招标与投标等监理企业及其经营管理内容进行了详细的讲解。

◖ 技能训练题 ◗

一、单项选择题

1. 根据《注册监理工程师管理规定》,注册监理工程师的注册(　　)。

　A. 不分专业

　B. 按专业注册,每人只能申请 1 个专业注册

　C. 按专业注册,每人最多可以申请 2 个专业注册

　D. 按专业注册,每人最多可以申请 3 个专业注册

2. 依据《注册监理工程师管理规定》,注册监理工程师在注册有效期满需继续执业的,要办理(　　)注册。

　A. 初始　　　　　B. 延续　　　　　C. 变更　　　　　D. 长期

3. 根据《工程监理企业资质管理规定》，综合资质工程监理企业须具有（   ）个以上工程类别的专业甲级工程监理资质。

    A. 6   B. 4   C. 5   D. 3

4. 工程监理企业专业资质标准中，可设立甲、乙、丙级的工程类别（   ）。

    A. 公路工程   B. 电力工程   C. 矿山工程   D. 通信工程

5. 依据《工程监理企业资质管理规定》，下列工程监理企业资质标准中，属于乙级专业资质标准的是（   ）。

    A. 具有独立法人资格且注册资本不少于 300 万元

    B. 有必要的工程试验检测设备

    C. 注册造价工程师不少于 2 人

    D. 企业技术负责人具有 15 年以上从事工程建设工作的经历

二、多项选择题

1. 根据《注册监理工程师管理规定》，注册监理工程师的权利有（   ）。

    A. 通过继续教育提高执业水准   B. 保管和使用本人的注册证书和执业印章

    C. 使用注册监理工程师称谓   D. 在规定范围内从事执业活动

    E. 保守在执业中知悉的商业，技术秘密

2. 监理工程师应当履行的义务包括（   ）。

    A. 保证执业活动成果的质量，并承担相应责任

    B. 在规定范围内从事职业活动

    C. 不收受被监理单位的任何礼金

    D. 接受继续教育，努力提高职业水准

    E. 不得同时在两个或两个以上单位受聘或执业

3. 根据《工程监理企业资质管理规定》，专业甲级资质标准包括（   ）。

    A. 注册资本不少于 300 万元   B. 注册资本不少于 100 万元

    C. 企业近 2 年内独立监理过 3 个以上相应专业的二级工程项目

    D. 注册造价工程师不少于 2 人   E. 注册监理工程师不少于 25 人

4. 关于工程监理企业资质，下列说法符合《工程监理企业资质管理规定》的有（   ）。

    A. 综合资质由企业所在地省级建设主管部门初审

    B. 专业资质由企业所在地市级建设主管部门审批

    C. 事务所资质由企业所在地市级建设主管部门审批

    D. 工程监理企业资质证书的有效期为 5 年

    E. 工程监理企业资质证书的有效期为 3 年

5. 守法是工程监理企业经营活动的基本准则之一，主要体现为（   ）。

    A. 在核定的业务范围内开展经营活动

    B. 以善意的心态行使民事权利、承担民事义务

    C. 按照监理合同的约定认真履行职责

    D. 承接监理业务的总量要视本单位的力量而定

    E. 不以其他工程监理企业的名义承揽监理业务

三、简答题

1. 监理工程师资格考试科目及报考条件的规定是什么？

2. 监理工程师初始注册、延续注册和变更注册有何规定？

3. 注册监理工程师职业道德守则包括哪些内容？

4. 工程监理企业有哪些资质等级？各等级资质标准的规定是什么？

5. 工程监理企业经营活动准则是什么？

四、案例题

某工程咨询公司主要从事市政公用工程方面的咨询业务。该公司通过研究《工程监理企业资质管理规定》，认为已经具备从事市政公用工程监理的能力，符合丙级资质。为迅速拓展业务，该公司通过某种渠道与某业主签订了一座 20 层框架结构办公大楼的监理合同。该座建筑物建筑面积为 4 万 m²，属于二等房屋建筑工程项目。在签订的监理合同中，咨询公司应业主的要求，大幅度地降低监理费取费费率，最终确定标准为每平方米建筑面积的监理费为 5 元。在监理过程中，给承包商提供方便，接受承包商生活补贴 5 万元。

问题：

1. 该工程咨询公司是否具备工程监理企业资质？

2. 该工程咨询公司进行资质申请时，对于房屋建筑工程和市政公用工程，应适合申请哪一个工程类别？为什么？

3. 该工程咨询公司如果在市政公用监理业务范围申请成功，并运作规定的时间后，还想进一步承揽房屋建筑工程监理业务，其监理业务的主项资质和增项资质是什么？

4. 该工程咨询公司的行为有何不妥之处？

【单元 2 技能训练题参考答案】

单元3 建设工程监理的目标控制

【单元3学习指导(视频)】

引 例

浙江金华华府祥和·人家住宅工程项目位于下城区灯塔草场，采用框架结构，使用年限为50年。总建筑面积为106 000m²，分10个单体工程，总建筑面积为13 795m²，泊车位232辆。地上建筑主楼屋顶高度为34.50m，地下室层高为3.3～3.8m。本工程一期工程基础设计采用预应力混凝土(PC)管桩，设计有效桩长约为32m。

本工程通过招投标选择施工承包单位和监理单位。在施工过程中，总监理工程师组织监理人员熟悉设计文件时发现部分图纸设计不当，应当如何处理？在合同约定开工日期的前5天，施工总承包单位书面提交了延期10天开工的申请，总监理工程师是否给予批准？建设单位负责采购了一批钢筋，虽供货方提供了质量合格证，但在使用前的抽检试验中材质检验不合格，应该如何处理？主体结构施工进度严重滞后，监理工程师应当如何处理？

本工程施工过程中发生的事件关系到工程质量、造价和进度的一系列问题，监理单位应如何处理呢？通过对本单元介绍的内容进行系统的学习后，上述问题就不难解决了。

3.1 目标控制及建设工程目标

3.1.1 目标控制

控制是指管理人员按计划标准来衡量所取得的成果，纠正所发生的偏差，使目标和计划得以实现的管理活动。目标控制是指管理人员在不断变化的动态环境中，为保证计划目标的实现而进行的一系列检查和调整活动。合理的目标、科学的计划是实现目标控制的前提，组织设置、人员配备和有效的领导是实现目标控制的基础。

1. 控制流程及其基本环节

1) 控制流程
建设工程目标控制的流程如图3.1所示。

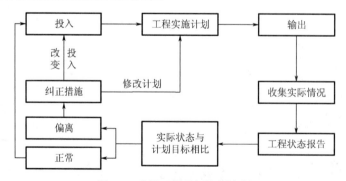

图3.1 建设工程目标控制流程

工程实施过程中，通过对目标、过程和活动的跟踪，全面、及时、准确地掌握有关信息，如果偏离了目标和计划，就需要采取纠正措施，或改变投入，或修改计划，使工程能在新的计划状态下进行。任何控制措施都不可能一劳永逸，原有的矛盾和问题解决了，还会出现新的矛盾和问题，需要不断地进行控制，因此目标控制是动态控制。上述控制流程是一个不断循环的过程，直至工程建成交付使用，因而建设工程的目标控制是一个有限循环过程。

动态控制的概念还可以从另一个角度来理解。由于系统所处的外部环境是不断变化的，相应地就要求控制工作也是在不断变化的。因而，目标控制也可能包含着对已采取的目标控制措施的调整或控制。

2）控制流程的基本环节

如图 3.1 所示的控制流程可以进一步抽象为投入、转换、反馈、对比、纠正 5 个基本环节，如图 3.2 所示。对于每个控制循环来说，如果缺少某一环节或某一环节出现问题，就会导致循环障碍、降低控制的有效性，就不能发挥循环控制的整体作用。

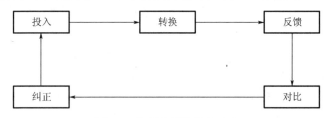

图 3.2　控制流程的基本环节

（1）投入。控制流程的每一循环始于投入。对于建设工程的目标控制流程来说，投入包括人力(管理人员、技术人员、工人)、建筑材料、工程设备、施工机具、资金等，此外还包括施工方法、信息等。

（2）转换。所谓转换，是指由投入到产出的转换过程，如建设工程的建造过程、设备购置等活动。转换过程通常表现为劳动力(管理人员、技术人员、工人)运用劳动资料(如施工机具等)将劳动对象(如建筑材料、工程设备等)转变为预定的产出品(如设计图纸、分项工程、分部工程、单位工程、单项工程)，最终输出完整的建设工程。

（3）反馈。即使是一项制定得相当完善的计划，其运行结果也未必与计划一致。因为在计划实施过程中，实际情况的变化是绝对的，不变是相对的，每个变化都会对目标和计划的实施带来一定的影响。所以，控制部门和控制人员需要全面、及时、准确地了解计划的执行情况及其结果，而这就需要通过反馈信息来实现。

信息反馈方式可以分为正式和非正式两种。正式信息反馈是指书面的工程状况报告之类的信息，它是控制过程中应当采用的主要反馈方式；非正式信息反馈主要指口头方式，如口头指令，口头反映的工程实施情况。

（4）对比。对比是将目标的实际值与计划值进行比较，以确定是否发生偏离。目标的实际值来源于反馈信息。在对比工作中，要注意以下几点。

① 明确目标实际值与计划值的内涵。目标的实际值与计划值是两个相对的概念。从目标形成的时间来看，在前者为计划值，在后者为实际值。以投资目标为例，有投资估算、设计概算、施工图预算、标底、合同价、结算价等表现形式，其中，投资估算相对于其他的造

价值都是目标值;施工图预算相对于投资估算、设计概算为实际值,而相对于标底、合同价、结算价则为计划值;结算价则相对于其他的造价值均为实际值。

② 合理选择比较的对象。在实际工作中,最为常见的是相邻两种目标值之间的比较。在许多建设工程中,我国业主往往以批准的设计概算作为造价控制的总目标,这时,合同价与设计概算、结算价与设计概算的比较也是必要的。

③ 建立目标实际值与计划值之间的对应关系。建设工程的各项目标都要进行适当的分解。通常,目标的计划值分解较粗,目标的实际值分解较细。目标的分解深度、细度可以不同,但分解的原则、方法必须相同,从而可以在较粗的层次上进行目标实际值与计划值的比较。

④ 确定衡量目标偏离的标准。要正确判断某一目标是否发生偏差,就要预先确定衡量目标偏离的标准。例如,某建设工程的某项工作的实际进度比计划要求拖延了一段时间,如果这项工作是关键工作,或者虽然不是关键工作,但该项工作拖延的时间超过了它的总时差,则应当判断为发生偏差,即实际进度偏离计划进度。反之,如果该项工作不是关键工作,且其拖延的时间未超过总时差,否则虽然该项工作本身偏离计划进度,但从整个工程的角度来看,则实际进度并未偏离计划进度。

(5) 纠正。对于目标实际值偏离计划值的情况,应采取措施加以纠正(或称为纠偏)。根据偏差的具体情况,可以分为以下 3 种情况进行纠偏。

① 直接纠偏。所谓直接纠偏,是指在轻度偏离的情况下,不改变原定目标的计划值,基本不改变原定的实施计划,在下一个控制周期内,使目标的实际值控制在计划值范围内。例如,某建设工程某月的实际进度比计划进度拖延了两天,则在下个月中适当增加人力、施工机械的投入,即可使实际进度恢复到计划状态。

② 不改变总目标的计划值,调整后期实施计划。这是在中度偏离情况下所采取的对策。由于目标实际值偏离计划值的情况已经比较严重,不可能通过直接纠偏在下一个控制周期内恢复到计划状态,因而必须调整后期实施计划。例如,某建设工程施工计划工期为 24 个月,在施工进行到 12 个月时,工期已经拖延 1 个月。这时,通过调整后期施工计划,若最终能按计划工期建成该工程,应当说仍然是令人满意的结果。

③ 重新确定目标的计划值,并据此重新制订实施计划。这是在重度偏离情况下所采取的对策。由于目标实际值偏离计划值的情况已经很严重,不可能通过调整后期实施计划来保证原定目标计划值的实现,因而必须重新确定目标的计划值。例如,某建设工程施工计划工期为 24 个月,在施工进行到 12 个月时,工期已经拖延 4 个月(仅完成原计划 8 个月的工程量)。这时,不可能在以后 12 个月内完成 16 个月的工作量,工期拖延已成定局。但是,从进度控制的要求出发,至少不能在今后 12 个月内出现等比例拖延的情况。

特 别 提 示

需要特别说明的是,只要目标的实际值与计划值有差异,就发生了偏差。但是,对于建设工程目标控制来说,纠偏一般是针对正偏差(实际值大于计划值)而言,如投资增加、工期拖延。而如果出现负偏差(实际值小于计划值),如投资节约、工期提前,并不会采取“纠偏”措施故意增加投资、放慢进度,使投资和进度恢复到计划状态。不过,对于负偏差的情况,要仔细分析其原因,排除假象。

2. 控制类型

根据划分依据的不同，可将控制分为不同的类型。例如，按照控制措施作用于控制对象的时间，可分为事前控制、事中控制和事后控制；按照控制信息的来源，可分为前馈控制和反馈控制；按照控制过程是否形成闭合回路，可分为开环控制和闭环控制；按照控制措施制定的出发点，可分为主动控制和被动控制。控制类型的划分是人为的(主观的)，是根据不同的分析目的而选择的，而控制措施本身是客观的。因此，同一控制措施可以表述为不同的控制类型。

1）主动控制

所谓主动控制是对将要实施的计划目标进行的控制，是在事先分析各种风险因素及其导致目标偏离的可能性和程度的基础上，主动拟订和采取有针对性的预防措施，从而减少乃至避免目标偏离，实现预定的计划目标的控制方法。

主动控制是一种事前控制，是一种前馈控制，是一种开环控制。主动控制是一种面对未来的控制，它可以解决传统控制过程中存在的时滞影响，尽最大可能地避免偏差已经成为现实的被动局面，降低偏差发生的概率及其严重程度，从而使目标得到有效控制。

2）被动控制

被动控制是当控制目标按计划目标运行时，管理人员对实施的控制目标进行跟踪，对目标实施过程中的信息进行收集、加工和整理，使控制人员从中发现问题，找出目标控制的偏差，寻求解决问题的方法，制定纠正偏差的方案，使计划目标出现的偏差得以及时纠正，工程实施恢复到原来的计划状态，或虽不能恢复到原来的计划状态但可以减少偏差的严重程度。

被动控制是一种事中控制和事后控制，是一种反馈控制，是一种闭环控制，如图 3.3 所示。闭环控制即循环控制，也就是说，被动控制表现为一个循环过程：发现偏差，分析产生偏差的原因，研究制定纠偏措施并预计纠偏措施的成效，落实并实施纠偏措施，产生实际成效，收集实际实施情况，对实施的实际效果进行评价，将实际效果与预期效果进行比较，发现偏差……直至整个工程建成。

图 3.3 被动控制的闭合回路

被动控制是一种面对现实的控制。虽然目标偏离已经成为客观事实，但是通过被动控制措施，仍然可能使工程实施恢复到计划状态，至少可以减少偏差的严重程度。被动控制是一种有效的控制，也是十分重要而且经常运用的控制方式。

3）主动控制与被动控制的关系

在建设工程实施过程中，如果仅仅采取被动控制措施，出现偏差是不可避免的，而且偏差可能有累积效应，即虽然采取了纠偏措施，但偏差可能越来越大，从而难以实现预定的目标。另一方面，仅仅采取主动控制措施却是不现实的，或者说是不可能的。因为建设工程实施过程中有相当多的风险因素是不可预见甚至是无法防范的，如政治、社会、自然等因素。

而且采取主动控制措施往往要付出一定的代价，即耗费一定的资金和时间。对于那些发生概率小且发生后损失亦较小的风险因素，采取主动控制措施有时可能是不经济的。这表明，是否采取主动控制措施以及究竟采取什么主动控制措施，应在对风险因素进行定量分析的基础上，通过技术经济分析和比较来决定。因此，对于建设工程目标控制来说，主动控制和被动控制两者缺一不可，都是实现建设工程目标所必须采取的控制方式，应将主动控制与被动控制紧密结合起来。对项目管理人员而言，主动控制与被动控制的紧密结合是实现目标控制的有效方法，是实现目标控制的保障，如图3.4所示。

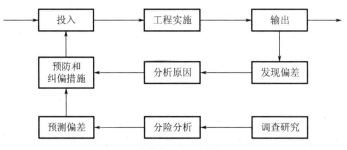

图3.4　主动控制与被动控制相结合

3. 目标控制的前提工作

为了进行有效的目标控制，必须做好两项重要的前提工作：一是目标规划和计划；二是目标控制的组织。

1）目标规划和计划

如果没有目标，就无所谓控制；而如果没有计划，就无法实施控制。因此，要进行目标控制，首先必须对目标进行合理的规划并制订相应的计划。目标规划和计划越明确、越具体、越全面，目标控制的效果就越好。

2）目标控制的组织

合理而有效的组织是目标控制的重要保障。目标控制的组织机构和任务分工越明确、越完善，目标控制的效果就越好。为了有效地进行目标控制，需要做好以下几个方面的组织工作：①设置目标控制机构；②配备合适的目标控制人员；③落实目标控制机构和人员的任务和职能分工；④合理组织目标控制的工作流程和信息流程。

3.1.2　建设工程目标

任何建设工程都有造价、进度、质量三大目标，这三大目标构成了建设工程的目标系统。工程监理单位受建设单位的委托，需要协调处理三大目标之间的关系，确定与分解三大目标，并采取有效措施控制三大目标。

1. 建设工程三大目标之间的关系

建设工程的造价、进度(或工期)、质量三大目标的两两之间存在既对立又统一的关系。如果采取某种措施可以同时实现其中两个要求(如既投资少又工期短)，则该两个目标之间就是统一的关系；反之，如果只能实现其中一个要求(如工期短)，而另一个要求不能实现(如质量差)，则该两个目标(即工期和质量)之间就是对立的关系。以下就具体分析建设工程三大目标之间的关系。

1) 建设工程三大目标之间的对立关系

一般来说，如果对建设工程的功能和质量要求较高，就需要采用较好的工程设备和建筑材料，就需要投入较多的资金；同时，还需要精工细作、严格管理，不仅增加人力的投入(人工费相应增加)，而且需要较长的建设时间。如果要加快进度、缩短工期，则需要加班加点或适当增加施工机械和人力，这将直接导致施工效率下降，单位产品的费用上升，从而使整个工程的总投资增加；另一方面，加快进度往往会打乱原有的计划，使建设工程实施的各个环节之间产生脱节现象，增加控制和协调的难度，不仅有时可能"欲速则不达"，而且会对工程质量带来不利影响或留下工程质量隐患。如果要降低投资，就需要考虑降低功能和质量要求，采用较差或普通的工程设备和建筑材料；同时，只能按费用最低的原则安排进度计划，整个工程需要的建设时间就较长。

以上分析表明，建设工程三大目标之间存在对立的关系。因此，不能奢望造价、进度、质量三大目标同时达到"最优"，即既要投资少，又要工期短，还要质量好。在确定建设工程目标时，不能将造价、进度、质量三大目标割裂开来，孤立地分析和论证，更不能片面强调某一目标而忽略其对其他两个目标的不利影响，而必须将造价、进度、质量三大目标作为一个系统统筹考虑，反复协调和平衡，力求实现整个目标系统的最优。

2) 建设工程三大目标之间的统一关系

对于建设工程三大目标之间的统一关系，需要从不同的角度分析和理解。例如，加快进度、缩短工期虽然需要增加一定的投资，但是可以使整个建设工程提前投入使用，从而提早发挥投资效益，还能在一定程度上减少利息支出，如果提早发挥的投资效益超过因加快进度所增加的投资额度，则加快进度从经济角度来说就是可行的。

一方面，提高功能和质量要求，虽然需要增加一次性投资，但是可能降低工程投入使用后的运行费用和维修费用，从全寿命费用分析的角度则是节约投资的；此外，从质量控制的角度，如果在实施过程中进行严格的质量控制，保证实现工程预定的功能和质量要求(相对于由于质量控制不严而出现质量问题可认为是"质量好")，则不仅可减少实施过程中的返工费用，而且可以大大减少投入使用后的维修费用。另一方面，严格控制质量还能起到保证进度的作用。如果在工程实施过程中发现质量问题能及时进行返工处理，虽然需要耗费时间，但可能只影响局部工作的进度，不影响整个工程的进度；或虽然影响整个工程的进度，但是比不及时返工而酿成重大工程质量事故对整个工程进度的影响要小，也比留下工程质量隐患到使用阶段才发现而不得不停止使用进行修理所造成的时间损失要小。

在对建设工程三大目标对立统一关系进行分析时，同样需要将造价、进度、质量三大目标作为一个系统统筹考虑，同样需要反复协调和平衡，力求实现整个目标系统的最优，也就是实现造价、进度、质量三大目标的统一。

2. 建设工程目标的确定

如前所述，目标规划是一项动态性工作，在建设工程的不同阶段都要进行，因而建设工程的目标并不是一经确定就不再改变的。由于建设工程的不同阶段所具备的条件不同，因此目标确定的依据自然也就不同。一般来说，在施工图设计完成之后，目标规划的依据比较充分，目标规划的结果也比较准确和可靠。但是对于施工图设计完成以前的各个阶段来说，建设工程数据库具有十分重要的作用，应予以足够的重视。

建设工程的目标规划总是由某个单位编制的，如设计院、监理单位或其他工程咨询公司。这些单位都应当把自己承担过的建设工程的主要数据存入数据库。若某一地区或城市能建立本地区或本市的建设工程数据库，则可以在大范围内共享数据，增加同类建设工程的数量，从而大大提高目标确定的准确性和合理性。

【目标分解】

3. 建设工程目标的分解

为了在建设工程实施过程中有效地进行目标控制，仅有总目标还不够，还需要将总目标进行适当的分解。

1）目标分解的原则

（1）能分能合。这要求建设工程的总目标能够自上而下逐层分解，也能够根据需要自下而上逐层综合。这一原则实际上是要求目标分解要有明确的依据并采用适当的方式，避免目标分解的随意性。

（2）按工程部位分解，而不按工种分解。这是因为建设工程的建造过程也是工程实体的形成过程，这样分解比较直观，而且可以将造价、进度、质量三大目标联系起来，也便于对偏差原因进行分析。

（3）区别对待，有粗有细。根据建设工程目标的具体内容、作用和所具备的数据，目标分解的粗细程度应当有所区别，不必强求一律，要根据目标控制的实际需要和可能来确定。例如，在建设工程的总投资构成中，有些费用数额大，占总投资的比例大；而有些费用则相反。从造价控制工作的要求来看，重点在于前一类费用。因此，对前一类费用应当尽可能分解得细一些、深一些；而对后一类费用则可以分解得粗一些、浅一些。另外，有些工程内容的组成非常明确、具体（如建筑工程、设备等），所需要的投资和时间也较为明确，可以分解得很细；而有些工程内容则比较笼统，难以详细分解。

（4）有可靠的数据来源。目标分解本身不是目的而是手段，是为目标控制服务的。目标分解的结果是形成不同层次的分目标，这些分目标就成为各级目标控制组织机构和人员进行目标控制的依据。如果数据来源不可靠，分目标就不可靠，就不能作为目标控制的依据。因此，目标分解所达到的深度应当以能够取得可靠的数据为原则，并非越深越好。

（5）目标分解结构与组织分解结构相对应。目标控制必须要有组织加以保障，要落实到具体的机构和人员，因而就存在一定的目标控制组织分解结构。只有使目标分解结构与组织分解结构相对应，才能进行有效的目标控制。

2）目标分解的方式

建设工程的总目标可以按照不同的方式进行分解。对于建设工程造价、进度、质量三大目标来说，目标分解的方式并不完全相同，其中，进度目标和质量目标的分解方式较为单一，而投资目标的分解方式较多。

按工程内容分解是建设工程目标分解最基本的方式，适用于造价、进度、质量三大目标的分解，但是三大目标分解的深度不一定完全一致。一般来说，将造价、进度、质量三大目标分解到单项工程和单位工程是比较容易办到的，其结果也是比较合理和可靠的。建设工程的投资目标还可以按总投资构成内容和资金使用时间（即进度）分解。

在施工图设计完成之前，目标分解至少都应当达到这个层次。至于是否分解到分部工程和分项工程，一方面取决于工程进度所处的阶段、资料的详细程度、设计所达到的深度等，另一方面还取决于目标控制工作的需要。

4. 建设工程目标控制的任务

在建设工程实施的各阶段中，施工招标阶段、施工阶段的持续时间长且涉及的工作内容多，所以，在以下内容中仅涉及这两个阶段目标控制的具体任务。

1）施工招标阶段

（1）协助业主编制施工招标文件。

（2）协助业主编制标底。应当使标底控制在工程概算或预算以内，并用其控制合同价。

（3）做好投标资格预审工作。应当将投标资格预审看作公开招标方式的第一轮竞争择优活动。要抓好这项工作，为选择符合目标控制要求的承包单位做好首轮择优工作。

（4）组织开标、评标、定标工作。通过开标、评标、定标工作，特别是评标工作，协助建设单位选择出报价合理、技术水平高、社会信誉好、保证施工质量、保证施工工期、具有足够承包财务能力和较高施工项目管理水平的施工承包单位。

2）施工阶段

（1）造价控制的任务。项目监理机构在建设工程施工阶段造价控制的主要任务是通过工程计量、工程付款控制、工程变更费用控制、预防并处理好费用索赔、挖掘降低工程投资潜力等使工程实际费用支出不超过计划投资。

为完成施工阶段造价控制任务，项目监理机构需要做好以下工作：协助建设单位制订施工阶段资金使用计划，严格进行工程计量和付款控制，做到不多付、不少付、不重复付；严格控制工程变更，力求减少工程变更费用；研究确定预防费用索赔的措施，以避免、减少施工索赔；及时处理施工索赔，并协助建设单位进行反索赔；协助建设单位按期提交合格施工现场，保质、保量、适时、适地提供由建设单位负责提供的工程材料和设备；审核施工单位提交的工程结算文件等。

（2）进度控制的任务。项目监理机构在建设工程施工阶段进度控制的主要任务是通过完善建设工程控制性进度计划，审查施工单位提交的进度计划，做好施工进度动态控制工作，协调各相关单位之间的关系，预防并处理好工期索赔，力求实际施工进度满足计划施工进度的要求。

为完成施工阶段进度控制任务，项目监理机构需要做好以下工作：完善建设工程控制性进度计划；审查施工单位提交的施工进度计划；协助建设单位编制和实施由建设单位负责供应的材料和设备供应进度计划；组织进度协调会议，协调有关各方关系；跟踪检查实际施工进度；研究制定预防工期索赔的措施，做好工程延期审批工作等。

（3）质量控制的任务。项目监理机构在建设工程施工阶段质量控制的主要任务是通过对施工投入、施工和安装过程、施工产出品(分项工程、分部工程、单位工程、单项工程等)进行全过程控制，以及对施工单位及其人员的资格、材料和设备、施工机械和机具、施工方案和方法、施工环境实施全面控制，以期按标准实现预定的施工质量目标。

为完成施工阶段质量控制任务，项目监理机构需要做好以下工作：协助建设单位做好施工现场准备工作，为施工单位提交合格的施工现场；审查确认施工总包单位及分包单位资格；检查工程材料、构配件、设备质量；检查施工机械和机具质量；审查施工组织设计和施工方案；检查施工单位的现场质量管理体系和管理环境；控制施工工艺过程质量；验收分部分项工程和隐蔽工程；处置工程质量问题、质量缺陷；协助处理工程质量事故；审核工程竣工图，组织工程预验收；参加工程竣工验收等。

应用案例 3-1

工程施工是使工程设计意图最终实现并形成工程实体的阶段，也是最终形成工程产品质量和工程项目使用价值的重要阶段。因此，施工阶段的质量控制不但是施工监理重要的工作内容，也是工程项目质量控制的重点。

问题：

(1) 按工程实体质量形成过程的时间可分为哪 3 个施工阶段的质量控制环节？

(2) 施工阶段监理工程师进行质量控制的依据有哪些？

(3) 采用新工艺、新材料、新技术的工程，事先应进行试验，并由谁出具技术鉴定书？

【解析】

施工阶段包括施工准备、施工过程、竣工验收 3 个阶段，工程实体就是通过这 3 个阶段形成的。监理工程师进行质量控制首先必须依合同办事，在遵循基本法规文件的基础上，依据"按图施工"这一原则，对工程有关质量进行检验和控制。

(1) 施工阶段质量控制的 3 个环节为施工准备控制、施工过程控制、竣工验收控制。

(2) 施工阶段监理工程师进行质量控制的依据有工程合同文件，设计文件，国家及政府有关部门颁发的有关质量管理方面的法律、法规性文件，有关质量检验与控制的专门技术法规性文件。

(3) 采用新工艺、新材料、新技术的工程，应由有权威性的技术部门出具技术鉴定书。

5. 建设工程目标控制的措施

建设工程目标控制的措施可以归纳为组织措施、技术措施、经济措施和合同措施 4 个方面。这 4 个方面措施在建设工程实施的各个阶段的具体运用不完全相同。

(1) 组织措施是从目标控制的组织管理方面采取的措施，如落实目标控制的组织机构和人员，明确各级目标控制人员的任务和职能分工、权利和责任，改善目标控制的工作流程等。组织措施是其他各类措施的前提和保障，而且一般不需要增加费用，运用得当可以收到良好的效果。尤其是对由于建设单位原因所导致的目标偏差，这类措施可能成为首选措施，故应予以足够的重视。

(2) 技术措施不仅对解决建设工程实施过程中的技术问题是不可缺少的，而且对纠正目标偏差亦有相当重要的作用。任何一个技术方案都有基本确定的经济效果，不同的技术方案就有不同的经济效果。因此，运用技术措施纠偏的关键，一是要能提出多个不同的技术方案，二是要对不同的技术方案进行技术经济分析。在实践中，要避免仅从技术角度选定技术方案而忽视对其经济效果的分析论证。

(3) 经济措施是最易为人接受和采用的措施。需要注意的是，经济措施绝不仅是审核工程量及相应的付款和结算报告，还需要从一些全局性、总体性的问题上加以考虑，往往可以取得事半功倍的效果。另外，不要仅仅局限在已发生的费用上。通过偏差原因分析和未完工程投资预测，可发现一些现有和潜在的问题将引起未完工程的投资增加，对这些问题应以主动控制为出发点，及时采取预防措施。

(4) 合同措施要从广义上理解，除了拟订合同条款、参加合同谈判、处理合同执行过程中的问题、防止和处理索赔等措施之外，还要协助建设单位确定对目标控制有利的建设工程组织管理模式和合同结构，分析不同合同之间的相互联系和影响，对每个合同做总体和具体分析等。

3.2 建设工程监理的质量控制

建设工程质量控制，就是通过采取有效措施，在满足工程投资和进度要求的前提下，实现预定的工程质量目标。

3.2.1 建设工程质量控制的目标

建设工程质量控制的目标就是通过有效的质量控制工作和具体的质量控制措施，在满足投资和进度要求的前提下，实现工程预定的质量目标。

建设工程的质量首先必须符合国家现行的关于工程质量的法律法规、技术标准和规范等，尤其是强制性标准的规定。这实际上也就明确了对设计、施工质量的基本要求。从这个角度讲，同类建设工程的质量目标具有共性，不因其建设单位、建造地点以及其他建设条件的不同而不同。

建设工程的质量目标又是通过合同加以约定的，其范围更广、内容更具体。由于建设工程都是根据建设单位的要求而兴建的，不同的建设单位有不同的功能和使用价值要求，即使是同类建设工程，具体的要求也不同。从这个角度讲，建设工程的质量目标都具有个性。

因此，建设工程质量控制的目标就要实现以上两个方面的工程质量目标。在建设工程的质量控制工作中，要注意对工程个性质量目标的控制。另外，对于合同约定的质量目标，必须保证其不得低于国家强制性质量标准的要求。

3.2.2 系统控制

（1）避免不断提高质量目标的倾向。建设工程的建设周期较长，随着技术、经济水平的发展，会不断出现新设备、新工艺、新材料、新理念等。在工程建设早期（如可行性研究阶段）所确定的质量目标，到设计阶段和施工阶段有时就显得相对比较滞后。不少建设单位往往要求相应地提高质量标准，这样势必要增加投资，而且由于要修改设计、重新制订材料和设备采购计划，甚至将已经施工完毕的部分工程拆除重建，也会影响进度目标的实现。

（2）确保基本质量目标的实现。建设工程的质量目标关系到生命安全、环境保护等社会问题，国家有相应的强制性标准。因此，不论发生什么情况，也不论在投资和进度方面要付出多大的代价，都必须保证建设工程安全可靠、质量合格的目标予以实现。另外，建设工程都有预定的功能，若无特殊原因，也应确保实现。

（3）尽可能发挥质量控制对投资目标和进度目标的积极作用。这一点已在本单元关于三大目标之间统一关系的内容中说明，在此不再赘述。

3.2.3　全过程控制

建设工程的每个阶段都对工程质量的形成起着重要的作用，但各阶段关于质量问题的侧重点不同：在设计阶段，主要是解决"做什么"和"如何做"的问题，使建设工程总体质量目标具体化；在施工招标阶段，主要是解决"谁来做"的问题，使工程质量目标的实现落实到承包单位；在施工阶段，通过施工组织设计等文件，进一步解决"如何做"的问题，通过具体的施工解决"做出来"的问题，使建设工程形成实体，将工程质量目标物化地体现出来；在竣工验收阶段，主要是解决工程实际质量是否符合预定质量的问题；而在保修阶段，则主要是解决已发现的质量缺陷问题。因此，应当根据建设工程各阶段质量控制的特点和重点，确定各阶段质量控制的目标和任务，以便实现全过程质量控制。

在建设工程的各个阶段中，设计阶段和施工阶段的持续时间较长，这两个阶段工作的"过程性"也尤为突出。设计过程就表现为设计内容不断深化和细化的过程，如果等施工图设计完成后才进行审查，一旦发现问题，造成的后果就很严重，因此必须对设计质量进行全过程控制。又如，房屋建筑的施工一般又分为基础工程、主体结构工程、安装工程和装饰工程等几个阶段，各阶段的工程内容和质量要求有明显区别，相应地对质量控制工作的具体要求也有所不同。因此，对施工质量也必须进行全过程控制，要把对施工质量的控制落实到施工各阶段的过程中。

另外，建设工程建成后，不可能通过拆卸或解体来检查内在的质量，这表明，建设工程竣工检验时难以发现工程内在的、隐蔽的质量缺陷，因而必须加强施工过程中的质量检验。而且在建设工程施工过程中，由于工序交接多、中间产品多、隐蔽工程多，若不及时检查，就可能将已经出现的质量问题被下道工序掩盖，将不合格产品误认为合格产品，从而留下质量隐患。这些都说明了对建设工程质量进行全过程控制的必要性和重要性。

3.2.4　全方位控制

1. 对建设工程所有工程内容的质量进行控制

建设工程是一个整体，其总体质量是各个具体工程内容的质量的综合体现。如果某项工程内容的质量不合格，即使其余工程内容的质量都很好，也可能导致整个建设工程的质量不合格。因此，对建设工程质量的控制必须落实到每一项工程内容，只有实现了各项工程内容的质量目标，才能保证实现整个建设工程的质量目标。

2. 对建设工程质量目标的所有内容进行控制

建设工程的质量目标包括许多具体的内容。例如，从外在质量、工程实体质量、功能和使用价值质量等方面可分为美观性、与环境的协调性、安全性、可靠性、适用性、灵活性、可维修性等目标，还可以分为更具体的目标。这些具体质量目标之间有时也存在对立统一的关系，在质量控制工作中要注意加以妥善处理，这些具体质量目标是否实现或实现的程度如何又涉及评价方法和标准。

3. 对影响建设工程质量目标的所有因素进行控制

影响建设工程质量目标的因素很多，可以从不同的角度加以归纳和分类。例如，可以将这些影响因素分为人、机械、材料、方法和环境 5 个方面。质量控制的全方位控制，就是要对这 5 个方面因素都进行控制。

3.2.5 在施工阶段的质量控制

施工阶段的质量控制是一个由对投入的资源和条件的质量控制，进而对生产过程及各环节质量进行控制，直到对所完成的工程产品的质量检验与控制为止的全过程的系统控制过程，包括施工准备质量控制、施工过程质量控制和施工验收质量控制。施工阶段的质量控制程序如图 3.5 所示。

1. 施工准备阶段的质量控制

1) 熟悉施工图纸、设计文件和施工承包合同等监理依据

通过熟悉图纸，了解工程特点、工程关键部位的施工方法、质量要求，以督促施工单位按图施工。如果发现图纸中存在按图施工困难、影响工程质量以及图纸错误等问题，应通过建设单位向设计单位提出书面意见和建议。

特 别 提 示

在进行图纸会审时，监理工程师如果发现设计存在问题，应当报告建设单位，并提出合理化的意见或建议，由建设单位委托设计单位进行设计处理。监理工程师不应当直接向设计单位提出意见或要求，因为监理单位和设计单位并无合同关系，互不享有权利或承担义务。

2) 参加设计技术交底

项目监理人员应参加由建设单位组织的设计技术交底，与会各方应对设计技术交底会议纪要进行签认。

3) 审查施工组织设计(方案)

总监理工程师应组织专业监理工程师审查施工单位报审的施工方案，并应符合要求后予以签认。施工方案审查应包括下列基本内容：编审程序应符合相关规定；工程质量保证措施应符合有关标准。施工方案报审表应按《建设工程监理规范》表 B.0.1 的要求填写。

施工组织设计审查程序如下所述。

(1) 施工单位完成施工组织设计的编制及自审工作，报送项目监理机构。

(2) 总监理工程师应在约定的时间内组织专业监理工程师审查，提出审查意见后，由总监理工程师审定批准。需要施工单位修改时，由总监理工程师签发书面的意见，退回施工单位修改后再报审，再由总监理工程师重新审定。

(3) 已审定的施工组织设计(方案)由项目监理机构报送建设单位。

(4) 施工单位应按审定的施工组织设计组织施工。如需对其内容做较大的变更，应在实施前将变更内容书面报送项目监理机构重新审定。

(5) 对规模大、结构复杂或属新结构、特种结构的工程，项目监理机构应在审查施工组

织设计（方案）后，报送监理单位技术负责人审查，其审查意见由总监理工程师签发。必要时与建设单位协商，组织有关专家会审。

（6）规模大、工艺复杂的工程、群体工程或分期出图的工程，经总监理工程师批准可分阶段报审施工组织设计；技术负责或采用新工艺的分部、分项工程，施工单位还应编制专项施工方案，报项目监理机构审查。

4）审查质量管理体系

工程开工前，项目监理机构应审查施工单位现场的质量管理组织机构、管理制度及专职管理人员和特种作业人员的资格。

5）审查分包单位资质

分包工程开工前，专业监理工程师应审查施工单位报送的分包单位资格报审表和分包单位有关资质资料，符合有关规定后，由总监理工程师予以签认。对分包单位资格应审查以下内容。

（1）分包单位的营业执照、企业资质等级证书、特殊性质施工许可证、国外（境外）企业在国内承包工程许可证。

（2）分包单位的业绩。

（3）拟分包工程的内容和范围。

（4）专职管理人员和特种作业人员的资格证、上岗证。

6）查验测量放线

专业监理工程师应检查、复核施工单位报送的施工控制测量成果及保护措施，签署意见。专业监理工程师应对施工单位在施工过程中报送的施工测量放线成果进行查验。施工控制测量成果及保护措施的检查、复核，应包括下列内容：施工单位测量人员的资格证书及测量设备检定证书；施工平面控制网、高程控制网和临时水准点的测量成果及控制桩的保护措施。施工控制测量成果报验表应按《建设工程监理规范》表 B.0.5 的要求填写。

7）审查开工条件，签发开工报告

工程开工前，项目监理机构应对现场的施工准备工作进行认真核查，符合条件后方可批准开工。专业监理工程师应审查施工单位报送的工程开工报审表及相关资料，具备以下条件时，由总监理工程师签发，并报建设单位。

（1）施工许可证已获政府主管部门批准。

（2）征地、拆迁工作能满足工程进度的需要。

（3）施工组织设计已获总监理工程师批准。

（4）施工单位现场管理人员已到位，机具、施工人员已进场，主要工程资料已落实。

（5）进场道路及水、电、通信等已满足开工要求。

8）第一次工地会议

工程开工前，监理人员应参加由建设单位主持召开的第一次工地会议，会议纪要应由项目监理机构负责整理，与会各方代表应会签。

会议主要包括以下内容。

（1）建设单位、施工单位、监理单位分别介绍各自驻现场的组织机构、人员及其分工。

（2）建设单位根据委托监理合同宣布对总监理工程师的授权。

（3）建设单位介绍工程开工准备情况。

（4）施工单位介绍施工准备情况。

（5）建设单位和总监理工程师根据施工准备情况提出意见和要求。

（6）总监理工程师介绍监理规划的主要内容。

（7）研究确定各方在施工过程中参加监理例会的主要人员，召开监理例会的周期、地点及主要议题。

2．施工过程的质量控制

1）施工活动前的质量控制

（1）施工方法的控制。项目监理机构应要求施工单位必须严格按照批准的施工组织设计组织施工。在施工过程中，当施工单位对已批准的施工组织设计进行调整、补充或变动时，应经专业监理工程师审查，并应由总监理工程师签认(图 3.5)。

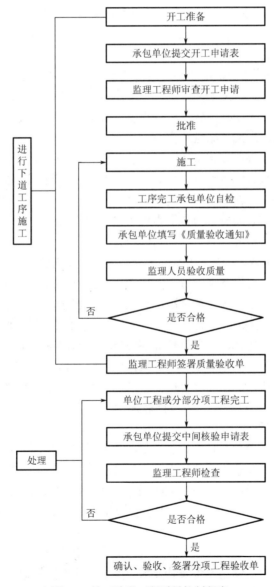

图 3.5 施工阶段工程质量控制程序

（2）质量控制点的设置。质量控制点是指为了保证施工过程质量而确定的重点部位、关键工序或薄弱环节，设置控制点是保证达到施工质量要求的必要前提。因此，监理工程师应要求施工单位报送重点部位、关键工序的施工工艺和确保工程质量的措施，审核同意后予以签认。例如，当施工单位采用新材料、新工艺、新技术、新设备时，施工单位应报送相应的施工工艺措施和证明材料，组织专题论证，经监理工程师审定后予以签认。

（3）施工现场劳动组织的控制。劳动组织涉及从事作业活动的施工人员及相应的各种制度。开工前监理工程师应检查与核实施工单位操作人员数量能否满足作业活动的需要，各工种配置能否保证施工的连续性和均衡性，管理人员是否到岗且配备齐全，特殊工种是否按规定持证上岗，相关制度及其配套措施是否健全。

（4）设备采购的质量控制。生产设备及各种配套附属设备，均是建设项目的组成部分，为确保建设项目的整体质量，监理工程师在设备采购及安装阶段也要做好设备质量的控制工作。

设备采购的方式包括 3 种：市场采购、向生产厂家订购和招标采购。不同设备采购方式监理工程师的工作内容也不相同。

① 市场采购设备的质量控制。市场采购适用于小型通用设备，分为建设单位直接采购和总承包单位或设备安装单位采购两种形式。采用建设单位直接采购方式时，监理工程师要协助编制设备采购方案。采用总承包单位或设备安装单位采购方式时，监理工程师要对总承包单位或安装单位编制的采购方案进行审查。

市场采购设备的质量控制要点如下。

第一，为使采购的设备满足要求，负责设备采购质量控制的监理工程师应熟悉和掌握设计文件中设备的各项要求、技术说明和规范标准。

第二，总承包单位或设备安装单位负责设备采购的人员应具有设备的专业知识，了解设备的技术要求、市场供货情况，熟悉合同条件及采购程序。

第三，由总承包单位或安装单位采购的设备，采购前要向监理工程师提交设备采购方案，经审查同意后方可实施。对设备采购方案的审查，重点应包括采购的基本原则，保证设备质量的具体措施，依据的图纸、规范和标准，检查及验收程序，质量文件要求等。

② 向生产厂家订购设备的质量控制。选择一个合格的供货厂商，是向厂家订购设备质量控制工作的首要环节。为此，设备订购前要做好厂商的评审与实地考察。

在初选确定供货厂商名单后，项目监理机构应和建设单位或采购单位一起对供货厂商做进一步现场实地考察调研，提出监理单位的看法，与建设单位一起做出考察结论。

③ 招标采购设备的质量控制。设备招标采购方式适用于大型、复杂、关键设备和成套设备及生产线设备的订货。

选择合适的设备供应单位是控制设备质量的重要环节。在招标采购设备阶段，监理单位应该当好建设单位的参谋和帮手，把好设备订货合同中技术标准、质量标准的审查关。

（5）设备安装的质量控制。设备安装阶段的质量控制包括以下 3 个阶段。

① 设备安装准备阶段的质量控制。审查安装单位提交的设备安装施工组织设计和安装施工方案。

检查作业条件，如运输道路、水、电、气、照明及消防设施；主要材料、机具及劳动力是否落实，土建施工是否已满足设备安装要求。安装工序中有恒温、恒湿、防震、防尘、防辐射要求时是否有相应的保证措施。当气象条件不利时是否有相应的措施。

采用建筑结构作为起吊、搬运设备的承力点时是否对结构的承载力进行了核算，是否征得设计单位的同意。

设备安装中采用的各种计量和检测器具、仪器、仪表和设备是否符合计量规定（精度等级不得低于被检对象的精度等级）。

检查安装单位的质量管理体系是否建立及健全，督促其不断完善。

② 设备安装过程的质量控制。设备安装过程的质量控制主要包括设备基础检验、设备就位、调平与找正、二次灌浆等不同工序的质量控制。

③ 设备试运行的质量控制。设备安装经检验合格后，还必须进行试运转，这是确保设备配套投产正常运转的重要环节。

（a）设备试运行的条件控制。安装单位具备条件后，报监理工程师，监理工程师检查确认，由总监理工程师批准进行试运行。建设单位、设计单位有代表参加。

（b）设备试运行过程的质量控制。监理工程师应参加试运行的全过程，督促安装单位按规定的步骤和内容进行试运行，做好各种检查及记录，如传动系统、电气系统、润滑、液压、气动系统的运行状况，试车过程中如出现异常，应立即进行分析并指令安装单位采取相应措施。

（c）设备试运行的步骤及内容。中小型单体设备可只进行单机试车后即可交付生产。复杂的，必须进行单机、联动、投料等试车阶段。

设备试运行的 4 个阶段包括准备工作、单机试车、联动试车、投料试车和试生产。

设备试运行应坚持 5 个步骤：先无负荷到负荷；由部件到组件，由组件到单机，由单机到机组；分系统进行，先主动系统后从动系统；先低速逐级增至高速；先手控后遥控运转，最后进行自控运转。

（6）进场材料、构配件的控制。工程项目使用的建筑材料的采购供应可以由承包单位负责完成，也可以由建设单位提供。监理工程师对报送的拟进场工程材料、构配件及其质量证明资料进行审核，并对进场的实物按照委托监理合同约定或有关工程质量管理文件规定的比例采用平行检验或见证取样方式进行抽检。对于检测合格的材料才允许用于工程中，但是检查合格不能免除提供方对该材料的质量保证责任。经过检测合格的材料，如果又发现存在质量问题，仍由提供材料方承担相关的一切责任。对未经监理人员验收或验收不合格的工程材料、构配件，监理人员应拒绝签认，并及时签发监理工程师通知单，通知施工单位限期将不合格的工程材料、构配件撤出现场。

● （特）（别）（提）（示）

对于材料或设备，无论是由承包单位还是由建设单位提供，谁提供，谁承担质量保证责任。该质量保证责任不因材料、设备经检查验收合格而免除。

（7）进场施工设备的控制。施工设备（施工机械设备、工具、测量及计量仪器的统称）进场后，施工单位应立即向项目监理机构报送施工设备报审表。监理工程师应按照批准的施工组织设计中所列的设备清单内容进行现场核对，经审定后予以签认。

监理工程师还应经常检查了解施工作业中机械设备、计量仪器和测量设备的性能、精度等工作状况，使其处于良好的状态。

（8）试验室的控制。专业监理工程师应检查施工单位为本工程提供服务的试验室。试验室的检查应包括下列内容：试验室的资质等级及试验范围；法定计量部门对试验设备出具的计量检定证明；试验室管理制度；试验人员资格证书。施工单位的试验室报审表应按《建设工程监理规范》表 B.0.7 的要求填写。

(9) 施工环境的控制。环境因素主要包括地质水文状况、气象条件及其他不可抗力因素，以及施工现场的通风、安全、卫生防护设施等劳动作业环境等内容。

2) 施工活动中的质量控制

(1) 施工单位自检与专检的监控。施工单位作为施工阶段的质量自控主体，是施工质量的直接实施者和责任者。监理单位作为质量监控主体，通过实施质量与监督控制，使施工单位建立起完善的质量自检体系并运转有效。监理工程师的质量检查与验收是对施工单位作业活动质量的复核与确认，必须是在施工单位自检并确认合格的基础上进行的，否则监理工程师有权拒绝进行检查。

(2) 技术复核。项目监理机构应对施工单位在施工过程中报送的施工测量放线成果进行复验和确认。另外，凡涉及施工作业技术活动基准和依据的技术工作，项目监理机构都要进行复核性检查，以避免基准失误，给整个工程质量带来难以补救的或全局性的危害。例如，工程的定位、高程、轴线、预留孔洞的位置和尺寸、预埋构件位置、管线的坡度、砂浆配合比、混凝土配合比等。施工单位在自行进行技术复核后，应将复核结果报送项目监理机构，经监理工程师复核确认后，才能进行后续的工作。技术复核工作作为监理工程师一项经常性的工作任务，贯穿于整个施工阶段监理活动中。

【见证取样（视频）】

(3) 见证取样。为保证工程质量，住房和城乡建设部规定，在市政工程及房屋建筑工程项目中，对工程材料、承重结构的混凝土试块、承重墙的砂浆试块、结构工程的受力钢筋(包括接头)实行见证取样。见证取样的频率，国家或地方主管部门有规定的，执行相关规定；施工合同中如有明确规定的，按合同规定执行。

(4) 现场跟踪监控。在施工过程中，监理工程师应经常地、有目的地对现场进行巡视、旁站监督与检查，必要时进行平行检验。巡视不限于某一部位或过程，而旁站则是针对关键部位或关键工序，平行检验在技术复核工作中采用，它们都是监理工程师质量控制常用的工作方法和手段。

监理人员必须加强对施工现场的巡视、旁站监督与检查，及时发现违章操作和不按设计要求、不按施工图纸或施工规范及质量标准施工的现象，对不符合质量要求的要及时进行纠正和严格控制。对于施工过程中出现的较大质量问题或质量隐患，监理工程师宜采用照相、录像等手段予以记录。

(5) 监理例会的管理。监理例会是施工过程中参加建设项目各方沟通情况，解决分歧、达成共识、做出决定的主要渠道。通过监理例会，监理工程师检查分析施工过程的质量状况，指出存在的问题，施工单位提出整改的措施，并做出相应的保证。监理例会由总监理工程师定期主持召开。会议纪要应由项目监理机构负责起草并经与会各方代表会签。

除了例行的监理例会外，针对某些专门质量问题，监理工程师还应组织专题会议，集中解决较重大或普遍存在的问题。

(6) 停工/复工的实施。为确保工程质量，根据委托监理合同中建设单位对监理工程师的授权，对施工过程中存在重大的隐患、可能造成质量事故或已经造成质量事故等情况，总监理工程师有权行使质量控制权，下达停工令，及时进行质量控制。

（7）工程变更的控制。做好工程变更的控制工作是施工过程质量控制
的一项重要内容。

3）施工活动结果的质量控制

（1）隐蔽工程验收。隐蔽工程验收是指将被其后工程施工所隐蔽的分
项、分部工程，在隐蔽前所进行的检查验收。例如，基础施工前对地基质量的检验，基坑回
填前对基础质量的检查，混凝土浇筑前对钢筋、模板、预埋件以及各类安装预埋管的检查等。

【工程变更的控制】

施工单位隐蔽工程施工完毕并经自检合格后，应填写《隐蔽工程报验申请表》，报送项
目监理机构。经检验合格，监理工程师签认《隐蔽工程报验申请表》后，施工单位方可进行
下一道工序施工。

（2）工程质量验收。工程质量验收时建设工程质量控制的一个重要环节，包括施工过程
的中间验收和工程竣工验收两个方面。工程质量验收应划分为检验批及分项工程、分部工程、
单位工程或整个工程项目等验收环节。

① 检验批及分项工程验收。检验批的质量应按主控项目和一般项目验收合格。其中，
主控项目必须全部符合相关专业验收规范的规定；一般项目含允许偏差项目，允许超出允许
偏差值的 20%，但不得超过允许偏差的 1.5 倍。分项工程所含的检验批应验收合格，检验批
的质量验收记录完整。

检验批及分项工程应由监理工程师组织施工单位项目专业质量（或技术）负责人等进行
验收。

② 分部工程验收。分部工程验收合格标准：分部工程所含的分项工程的质量均应验收
合格；质量控制资料完整；地基基础、主体结构和设备安装等分部工程有关结构和使用功能
的抽样检测和检验结果应符合有关规定；感官质量验收应符合要求。

分部工程应由总监理工程师组织施工单位项目负责人和项目技术、质量负责人等进行验
收。对于地基基础、主体结构等分部工程，勘察、设计在内的工程项目负责人和施工单位的
技术、质量部门负责人也应参加。

③ 单位工程或整个工程项目的竣工验收。单位工程所含的分部工程质量应验收合格，
质量控制资料齐全完整，单位工程所含分部工程有关安全和功能的检测资料完整，主要功能
项目的抽查结果应符合相关专业质量验收规范的规定，感官质量验收应符合要求。

一个单位工程完工或整个工程项目完成后，施工单位应先进行竣工自检，自检合格后，
向项目监理机构提交工程竣工报验单，总监理工程师组织各专业监理工程师进行竣工初验。
初验合格后，由总监理工程师对施工单位的工程竣工报验单予以签认，并上报建设单位。同
时提出"工程质量评估报告"，参加由建设单位组织的正式竣工验收。

单位工程质量验收合格后，建设单位应在规定的时间内将工程竣工验收报告和有关文件
报建设行政主管部门备案。

（3）工程质量问题的处理。住房和城乡建设部规定：凡是工程质量不合格的，必须进行返
修、加固或报废处理，由此造成的直接经济损失低于 5 000 元的称为工程质量问题，5 000 元
以上的称为工程质量事故。

工程质量不合格一般是指工程不符合国家或行业现行有关技术标准、设计文件及合同中
对质量的要求。工程质量问题是由工程质量不合格或质量缺陷引起的，在任何工程施工过程
中，由于各种主观和客观原因，出现质量问题往往难以避免。因此，防止和处理施工中出现

的各种质量问题，是监理工程师在施工阶段监理中的一项重要工作。当发生工程质量问题，监理工程师应根据其严重程度，按照以下程序进行处理，如图 3.6 所示。

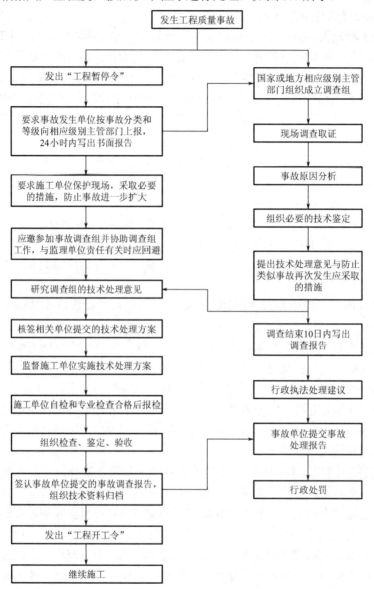

图 3.6　工程质量事故处理程序

① 对可以通过返修或返工弥补的质量问题，监理工程师应及时下达监理工程师通知单，责令施工单位写出质量问题调查报告，提出处理方案，填写监理工程师通知回复单，报监理工程师审核后，批复施工单位处理，必要时应经建设单位和设计单位认可，处理结果应重新进行验收。

② 对需要加固补强的质量问题，或质量问题的存在影响下道工序和分项工程的质量时，应及时下达工程暂停令，指令施工单位停止有质量问题部位和与其有关联部位及下道工序的施工。必要时，应要求施工单位采取防护措施，责令施工单位写出质量问题调查报告，由设计单位提出处理方案，并征得建设单位同意，批复施工单位处理。处理结果应重新进行验收。

③ 施工单位接到监理工程师通知单后，在监理工程师的组织参与下，尽快进行质量问题的调查并完成报告编写。

④ 监理工程师审核、分析质量问题调查报告，判断和确认质量问题产生的原因。

⑤ 在原因分析的基础上，认真审核签认质量问题处理方案。

⑥ 指令施工单位按既定的处理方案实施处理并进行跟踪检查。

⑦ 质量问题处理完毕，监理工程师应组织有关人员对处理的结果进行严格的检查、鉴定和验收，写出质量问题处理报告，报建设单位和监理单位存档。

工程质量事故是较为严重的工程质量问题，其成因及原因分析方法与工程质量问题基本相同，在此不再赘述。

3. 工程质量保修期的监理

建设工程质量保修期按照《工程建设质量管理条例》的规定确定，在质量保修期内的监理工作期限，应由监理单位和建设单位根据工程实际情况，在监理合同中约定。

承担质量保修期监理工作时，监理单位应安排监理人员对建设单位提出的工程质量缺陷进行检查和记录，对承包单位进行修复的工程质量进行验收，合格后予以签认。同时，监理人员应对工程质量缺陷原因进行调查分析并确定责任归属，对非施工单位原因造成的工程质量缺陷，监理人员应核实修复工程的费用和签署工程款支付证书，并报建设单位。

3.3 建设工程监理的造价控制

建设工程造价控制，就是通过采取有效措施，在满足工程质量和进度要求的前提下，力求使工程实际造价不超过预定造价目标。

3.3.1 建设工程造价控制的目标

建设工程造价控制的目标就是通过有效的造价控制工作和具体的造价控制措施，在满足进度和质量要求的前提下，力求使工程实际造价不超过计划造价。这一目标可用图 3.7 表示。

"实际造价不超过计划造价"可能表现为以下几种情况。

（1）在造价目标分解的各个层次上，实际造价均不超过计划造价。这是最理想的情况，是造价控制追求的最高目标。

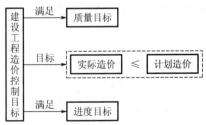

图 3.7 建设工程造价控制目标的含义

（2）在造价目标分解的较低层次上，实际造价在有些情况下超过计划造价。在大多数情况下不超过计划造价，因而在造价目标分解的较高层次上，实际造价不超过计划造价。

（3）实际总造价未超过计划总造价，在造价目标分解的各个层次上，都出现实际造价超过计划造价的情况，但在大多数情况下实际造价未超过计划造价。

后两种情况虽然存在局部的超造价现象，但建设工程的实际总造价未超过计划总造价，因而仍然是令人满意的结果。出现这种现象，除了造价控制工作和措施存在一定的问题、有待改进和完善之外，还有可能是由造价目标分解不尽合理造成的。

● 知 识 链 接 ....

建设工程造价确定依据繁多，关系复杂，在不同的建设阶段，建设工程造价有不同的确定依据，并有不同的表现形式。只有到最终竣工决算价，才真正确定建设工程造价。

建设工程造价控制应当贯穿于建设工程全过程(图3.8)，在不同的建设阶段，根据不同的造价目标进行控制。

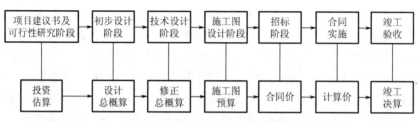

图3.8　建设工程全过程造价控制

3.3.2　系统控制

造价控制是与进度控制和质量控制同时进行的，它是针对整个建设工程目标系统所实施的控制活动的一个组成部分，在实施造价控制的同时还要满足预定的进度目标和质量目标。因此，在造价控制的过程中，要协调好与进度控制和质量控制的关系，做到三大目标控制的有机配合和相互平衡，而不能片面强调造价控制。

3.3.3　全过程控制

全过程主要是指建设工程实施的全过程，也可以是工程建设的全过程。建设工程的实施阶段包括设计阶段(含设计准备)、招标阶段、施工阶段以及竣工验收和保修阶段。在这几个阶段中都要进行造价控制，但从造价控制的任务来看，主要集中在前3个阶段。

在建设工程实施过程中，累计造价在设计阶段和招标阶段缓慢增加，进入施工阶段后则迅速增加，到施工后期，累计造价的增加又趋于平缓。同时，节约造价的可能性(或影响投资的程度)从设计阶段到施工开始前迅速降低，其后的变化就相当平缓了。累计造价和节约造价可能性的上述特征可用图3.9表示。

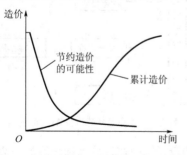

图3.9　累计造价和节约造价可能性曲线

图 3.9 表明，虽然建设工程的实际造价主要发生在施工阶段，但节约造价的可能性却主要在施工以前的阶段，尤其是在设计阶段。因此，全过程控制要求从设计阶段开始进行造价控制，并将造价控制工作贯穿于建设工程实施的全过程，直至整个工程建成且延续到保修期结束。在明确全过程控制的前提下，还要特别强调早期控制的重要性，越早进行控制，造价控制的效果越好，节约造价的可能性越大。

3.3.4 全方位控制

对造价目标进行全方位控制，包括两种含义：一是对按工程内容分解的各项造价进行控制，即对单项工程、单位工程乃至分部分项工程的造价进行控制；二是对按总造价构成内容分解的各项费用进行控制，即对建筑安装工程费用、设备和工器具购置费用以及工程建设其他费用等都要进行控制。造价目标的全方位控制通常是指第二种含义。

在对建设工程造价进行全方位控制时，应注意以下几个问题。

（1）要认真分析建设工程及其造价构成的特点，了解各项费用的变化趋势和影响因素。例如，根据我国的统计资料，工程建设其他费用一般不超过总造价的 10%。但对于确定的建设工程来说，可能远远超过这一比例。例如，上海南浦大桥的总拆迁费用高达 4 亿元，约占总造价的一半。又如，一些高档宾馆、智能化办公楼的装饰工程费用或设备购置费用已超过结构工程费用等。这些变化非常值得造价控制人员予以重视，而且这些费用相对于结构工程费用而言，有较大的节约"空间"。只要思想重视且方法适当，往往能取得较为满意的造价控制效果。

（2）要抓主要矛盾、有所侧重。不同建设工程的各项费用占总造价的比例不同。例如，普通民用建筑工程的建筑工程费用占总造价的大部分，工艺复杂的工程项目以设备购置费为主，智能化大厦的装饰工程费用和设备购置费用占主导地位，都应分别作为该类建设工程造价控制的重点。

（3）要根据各项费用的特点选择适当的控制方式。例如，建筑工程费用可以按照工程内容分解得很细，其计划值一般较为准确，而其实际造价是连续发生的，因而需要经常定期地进行实际造价与计划造价的比较；安装工程费用有时并不独立，或与建筑工程费用合并，或与设备购置费用合并，或兼而有之，需要注意鉴别；设备购置费用有时需要较长的订货周期和一定数额的定金，必须充分考虑利息的支付等。

3.3.5 在施工阶段的造价控制

施工阶段的造价控制即工程造价控制，其主要任务是通过工程付款控制、工程变更费用控制、预防并处理好费用索赔、挖掘节约造价潜力来努力使实际发生的费用不超过计划造价。

为完成施工阶段造价控制任务，监理工程师应当做好以下主要工作。

1. 风险分析

工程开工前，项目监理机构应编制资金使用计划，确定、分解造价控制目标。总监理工程师应组织相关的专业监理工程师依据施工合同的有关条款和施工图，对工程项目造价目标进行风险分析。

（1）找出工程造价最易突破的部分。例如，施工合同中有关条款不明确而造成突破造价的漏洞；施工图中的问题易造成工程变更、材料和设备价格不确定等。

（2）找出最易发生费用索赔的原因和部位。例如，建设单位的资金不到位、施工图纸不到位，建设单位提供的材料、设备不到位等，从而制定出防范性对策，并经总监理工程师审核后向建设单位提交有关报告。

2. 计量与支付

项目监理机构应按照下列程序进行工程计量和工程款支付工作。计量支付监理程序如图 3.10 所示。

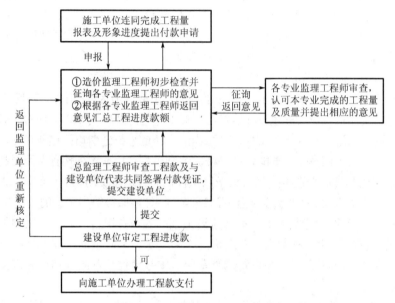

图 3.10 工程款支付监理工作程序

项目监理机构应按下列程序进行工程计量和付款签证。

（1）专业监理工程师对施工单位在工程款支付报审表中提交的工程量和支付金额进行复核，确定实际完成的工程量，提出到期应支付给施工单位的金额，并提出相应的支持性材料。

（2）总监理工程师对专业监理工程师的审查意见进行审核，签认后报建设单位审批。

（3）总监理工程师根据建设单位的审批意见，向施工单位签发工程款支付证书。

工程款支付报审表应按《建设工程监理规范》表 B.0.11 的要求填写，工程款支付证书应按《建设工程监理规范》表 A.0.8 的要求填写。

专业监理工程师对施工单位报送的工程款支付申请表进行审核时，应会同施工单位对现场实际完成情况进行计量，对验收手续齐全、资料符合验收要求并符合施工合同规定的计量范围内的工程量予以核定。

监理工程师一般只对 3 个方面的工程项目进行计量：工程量清单中的全部项目、合同文件中规定的项目、经监理工程师审批的工程变更项目。

工程款支付申请中包括合同内工作量费用、工程变更增减费用、经批准的索赔费用，应扣除的预付款、保留金及施工合同约定的其他支付费用。专业监理工程师逐项审查后，提出审查意见，报总监理工程师审核签认。

3. 工程变更的管理

工程变更是指构成合同文件的任何组成部分的变更，包括工程量的变更、工程项目的变更(如建设单位提出或者增减原项目内容)、进度计划的变更、施工条件的变更等。

对于任何的工程变更，建设单位、设计单位、施工单位和监理单位都可以提出。引起工程变更的原因很多。例如，建设单位的变更指令(包括建设单位对工程有了新的要求或修改项目计划或削减预算等)；由于设计错误，必须对设计图纸做修改；工程环境变化；国家的政策法规对建设项目有了新的要求等。

发生工程变更，无论是哪一方提出的，均应经过建设单位、设计单位和监理单位的代表签认，并通过项目总监理工程师下达变更指令后，施工单位方可进行施工。

对设计单位提出的工程变更，项目监理机构应按照下列程序处理。

(1) 设计单位对原设计存在的缺陷提出的工程变更，应编制设计变更文件；建设单位或施工单位提出的变更，应提交总监理工程师，由总监理工程师组织专业监理工程师审查。审查同意后，应由建设单位转交原设计单位签发设计变更联系单或各方会签工程变更洽商单。当工程变更涉及安全、环保等内容时，应按规定经有关部门审定。

(2) 监理工程师应组织专业监理工程师及时了解实际情况和收集与工程变更有关的资料。同时，按照施工合同的有关规定，对工程变更的费用和工期做出评估，包括变更的必要性，技术的、经济的、进度的合理性，施工的可操作性等。

这里需要特别强调两点：一是工程造价影响较大的工程变更，应进行经济技术分析，严禁通过工程变更变相扩大建设规模、增加建设内容、提高建设标准，以便使工程造价得到有效控制；二是即使变更可能在技术经济上是合理的，也应全面考虑，将变更以后产生的效益(质量、工期、造价)与变更可能引起的施工单位索赔等所产生的损失加以比较，权衡利弊后再做出决定。

(3) 总监理工程师应就工程变更费用及工期的评估情况与施工单位和建设单位进行协调。

(4) 总监理工程师签发工程变更单。

(5) 监理工程师监督和协调施工单位实施工程变更。

需要说明的是，在建设单位和施工单位未能就工程变更的费用达成协议时，项目监理机构应提出一个暂定的价格，作为临时支付工程款的依据。该工程款最终结算时，应以建设单位和施工单位达成的协议为依据。在总监理工程师签发工程变更单之前，施工单位不得实施工程变更。未经总监理工程师审查同意而实施的工程变更，项目监理机构不予计量。

●(知)(识)(链)(接)..........

关于工程变更价款的确定，根据《建设工程施工合同(示范文本)》约定的工程变更价款的确定方法如下所述。

(1) 合同中已经有适用于变更工程的价格，按照合同已有的价格变更合同价款。

(2) 合同中有类似于变更工程的价格，可以参照类似价格变更合同价款。

(3) 合同中没有适用或类似于变更工程的价格，由承包单位提出适当的变更价格，经监理工程师确认后执行。

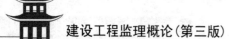

应用案例 3-2

星光大厦是一个 27 层大型商用楼工程项目，建设单位 A 将其实施阶段的工程监理任务委托给 B 监理单位进行监理，并通过招标决定将施工承包合同授予施工单位 C。在施工准备阶段，由于资金紧缺，建设单位向设计单位提出修改设计方案、降低设计标准，以便降低工程造价的要求。设计单位为此将基础工程及装饰工程设计标准降低，减少了原设计方案的基础厚度。

问题：

（1）对于设计变更，监理工程师通常应如何控制？应该注意哪些问题？

（2）针对上述设计变更情况，监理工程师应如何控制？

【解析】

（1）监理工程师应注意以下问题。

① 不论谁提出的设计变更要求，都必须征得建设单位同意并办理书面变更手续。

② 涉及施工图审查内容的设计变更必须报原审查机构审查后再批准实施。

③ 注意随时掌握国家政策法规的变化及有关规范、规程、标准的变化，并及时将信息通知设计单位与建设单位，避免产生潜在的设计变更及因素。

④ 加强对设计阶段的质量控制，特别是施工图设计文件的审核。

⑤ 对设计变更要求进行统筹考虑，确定其必要性及对工期、费用等的影响。

⑥ 严格控制对设计变更的签批手续，明确责任，减少索赔。

（2）对上述设计变更，监理工程师应进行严格控制。

① 应对建设单位提出的变更要求进行统筹考虑，确定其必要性，并将变更对工程工期的影响及安全使用的影响通报建设单位，如必须变更，应采取措施尽量减少对工程的不利影响。

② 坚持变更必须符合国家强制性标准，不得违背。

③ 必须报请原审查机构审查批准后才实施变更。

4．索赔管理

索赔就是当事人根据法律、合同及惯例，就应由对方承担责任的事件，提出的补偿和赔偿要求。"索赔"是双向的，既包括施工单位向建设单位的索赔，也包括建设单位向施工单位的索赔（或称反索赔）。在工程实践中，建设单位索赔数量较小、处理方便，可以通过冲账、扣工程款、扣保证金等形式实现对施工单位的索赔；而施工单位对建设单位的索赔则比较困难一些。因此，通常情况下，索赔是指施工单位在合同实施过程中，对非自身原因造成的工程延误、费用增加而要求建设单位给予补偿损失的一种权利要求。

建设工程施工阶段的复杂性、多变性，使工程承包中不可避免地出现索赔，进而导致项目的造价发生变化。因此，索赔的控制是施工阶段造价控制的重要手段。监理工程师应及时收集、整理涉及工程索赔的有关施工和监理资料，为处理索赔积累证据。

只有非承包单位自身原因引起的承包单位损失，才能向建设单位索赔，主要包括以下两个方面的原因。

（1）由于建设单位自身失误或违反合同约定等原因，导致承包单位工期拖延或费用增加，承包单位可以提出索赔。

（2）由于非建设单位原因，但是属于应当由建设单位承担的风险而引起的承包单位工期拖延或增加费用，承包单位可以提出索赔。一般指一个有经验的承包单位无法预料的不利的自然条件、人为障碍、社会事件以及不可抗力等原因，包括地质条件变化，恶劣天气以及施工中遇到地下构筑物或文物、管线，发生社会动乱、战争等影响，使承包单位必须花费更多的时间和费用完成工程任务，可以就此向建设单位提出索赔。

特 别 提 示

承包单位对建设单位的索赔一般包括工期的索赔和费用的索赔，监理工程师在进行造价控制、处理工程索赔时，针对索赔事件，应当公正地判断各方责任，确定索赔范围和内容，并按照合同规定，分析是否给予工期补偿，是否给予费用补偿，是否同时给予工期和费用补偿，或者两者都不给予补偿，并计算补偿额是多少。这要求监理工程师具备一定的专业知识，认真研究合同文件，客观、公正地面对。

应用案例 3-3

一建设工程项目，建设单位委托某监理单位负责施工，目前正在施工，在工程施工中发生如下事件。

事件一

监理工程师在施工准备阶段组织了施工图纸的会审，施工过程中发现由于施工图的错误，造成承包单位停工 2 天，承包单位提出工期费用索赔报告。建设单位代表认为监理工程师对图纸会审监理不力，提出要扣除监理费 1 000 元。

问题：

(1) 监理工程师怎样处理索赔报告？

(2) 监理工程师承担什么责任？

(3) 设计单位承担什么责任？

(4) 承包单位承担什么责任？

(5) 建设单位承担什么责任？

(6) 建设除扣除监理费正确吗？

【解析】

(1) 监理工程师批准工期费用索赔，图纸出问题是建设单位的责任。

(2) 监理工程师不承担责任，监理工程师履行了图纸会审的职责，图纸的错误不是监理工程师造成的。监理工程师对施工图纸的会审，不免除设计单位对施工图纸的质量责任。

(3) 设计单位应当承担设计图纸的质量责任。

(4) 承包单位没有责任，是建设单位的原因。

(5) 建设单位应当承担补偿承包单位工期费用的责任。

(6) 建设单位扣除监理费不正确，监理工程师对图纸的质量没有责任。

事件二

监理工程师在施工准备阶段，审核了承包单位的施工组织设计并批准实施，施工过程中发现施工组织设计有错误，造成停工 1 天，承包单位认为：施工组织设计监理工程师已审核批准，现在出现错误是监理工程师的责任。承包单位向监理工程师出工期费用索赔。建设单位代表认为监理工程师监理不力，提出要扣除监理费 1 000 元。

问题：

(1) 监理工程师怎样处理索赔报告？

(2) 监理工程师承担什么责任？

(3) 设计单位承担什么责任？

(4) 承包单位承担什么责任？

(5) 建设单位承担什么责任？

(6) 建设单位扣监理费正确吗？

【解析】

(1) 监理工程师不批准工期费用索赔，施工组织设计有错误是承包单位的责任。

(2) 监理工程师不承担责任。监理工程师履行施工组织设计审核的职责，施工组织设计有错误不是监理工程师造成的。监理工程师对施工组织设计的审核批准，不免除承包单位对施工组织设计的质量责任。

(3) 设计单位没有责任，是承包单位的原因。

(4) 承包单位有责任，是承包单位自己的原因。

(5) 建设单位没有责任，是承包单位的原因。

(6) 建设单位扣除监理费不正确，监理工程师对施工组织设计的质量没有责任。

事件三

由于承包单位的错误造成了返工。承包单位向监理工程师提出工期费用索赔，建设单位代表认为监理工程师对工程质量监理不力，提出要扣除监理费 1 000 元。

问题：

(1) 监理工程师怎样处理索赔报告？

(2) 监理工程师承担什么责任？

(3) 设计单位承担什么责任？

(4) 承包单位承担什么责任？

(5) 建设单位承担什么责任？

(6) 建设单位扣除监理费正确吗？

【解析】

(1) 监理工程师不批准工期费用索赔，返工是承包单位的责任。

(2) 监理工程师不承担责任，监理工程师履行了检验职责，没有错误的决定。返工不是监理工程师造成的。

(3) 设计单位没有责任，是承包单位的原因。

(4) 承包单位有责任，是承包单位自己的原因。

(5) 建设单位没有责任，是承包单位的原因。

(6) 建设单位扣除监理费不正确，监理工程师对返工没有责任。

事件四

监理工程师检查了承包单位的隐蔽工程，并按合格签证验收，但是事后再检查发现不合格。承包单位认为：隐蔽工程监理工程师已按合格签证验收，现在却判为不合格，是由监理工程师的责任造成的。

承包单位向监理工程师提出工期费用索赔报告。

建设单位代表认为监理工程师对工程质量监理不力，提出要扣除监理费 1 000 元。

问题：

(1) 监理工程师怎样处理索赔报告？

(2) 监理工程师承担什么责任？

(3) 设计单位承担什么责任？

(4) 承包单位承担什么责任？

(5) 建设单位承担什么责任？

(6) 建设单位扣除监理费正确吗？

【解析】

(1) 监理工程师不批准工期费用索赔，隐蔽工程不合格是承包单位的责任。监理工程师即使已检查合格，事后检查又发现不合格，仍然是承包单位的责任。承包单位应当按照监理工程师的指令返工修复，直到合格为止。

(2) 监理工程师应当承担监理责任，监理工程师履行了检验职责，有错误的决定。但是返工不是监理工程师造成的，是承包单位的工程质量本身就不合格，监理工程师误判为合格，但是监理工程师及时地纠正了错误。

(3) 设计单位没有责任，是承包单位的原因。

(4) 承包单位有责任，是承包单位自己的原因。

(5) 建设单位没有责任，是承包单位的原因。

(6) 建设单位扣除监理费不正确，监理工程师的失误不是故意的，监理工程师及时纠正了错误，没有给建设单位造成直接经济损失，不应赔偿。

事件五

监理工程师检查了承包单位的管材并签证了合格，可以使用，事后发现承包单位在施工中使用的管材不是送检的管材，重新检验后不合格，马上向承包单位下达停工令，随后下达了监理通知书，指令承包单位返工，把不合格的管材立即撤出工地，按第一次检验样品进货，并报监理工程师重新检验合格后才可用于工程。为此停工 2 天，承包单位损失 5 万元。

承包单位向监理工程师提出工期费用索赔报告。

建设单位代表认为监理工程师对工程质量监理不力，提出要扣除监理费 1 000 元。

问题：

(1) 监理工程师怎样处理索赔报告？

(2) 监理工程师承担什么责任？

(3) 设计单位承担什么责任？

(4) 承包单位承担什么责任？

(5) 建设单位承担什么责任？

(6) 建设单位扣除监理费正确吗？

【解析】

(1) 监理工程师不批准工期费用索赔，管材不合格是承包单位的责任，是承包单位偷换了管材，违反了合同的约定。

(2) 监理工程师应当承担失职责任，监理工程师履行了检验职责，但是没有发现管材被偷换。不过管材被偷换不是监理工程师造成的。监理工程师及时纠正了承包单位的错误。

(3) 设计单位没有责任，是承包单位的原因。

(4) 承包单位有责任，是承包单位自己的原因。

(5) 建设单位没有责任，是承包单位的原因。

(6) 建设单位扣除监理费不对，监理工程师的失误没有给建设单位造成直接经济损失，不应赔偿。

5. 竣工结算审核

竣工结算是承包单位将所承包的工程按照合同规定的内容全部完成所承包的工程，经验收质量合格，并全部交付之后，向建设单位进行的最终工程价款结算。竣工结算由承包单位的预算部门负责编制。工程竣工验收报告经建设单位认可后 28 天内，施工单位向建设单位递交竣工结算及完整的结算资料，双方按照协议书约定的合同价款及专用条款约定的合同价款调整内容，进行工程竣工结算。专业监理工程师审查施工单位提交的工结算款支付申请，提出审查意见。 监理工程师对专业监理工程师的审查意见进行审核，签认后报建设单位审批，同时抄送施工单位，并就工程竣工结算事宜与建设单位、施工单位协商；达成一致意见的，根据建设单位审批意见向施工单位签发竣工结算款支付证书；不能达成一致意见的，应按施工合同约定处理。

竣工结算审核一般应从以下几个方面着手。

1）核对合同条款

首先，竣工结算内容必须按合同规定要求完成的全部工程并经验收合格；其次，应按合同规定的结算方法、计价定额、取费标准、主材价格和优惠条件等，对工程竣工结算进行审核，若发现合同开口或有漏洞，应请建设单位与施工单位认真研究，明确结算要求。

2）检查隐蔽工程验收记录

所有隐蔽工程均需验收，并有两个人以上签证；实行工程监理的项目应经监理工程师签证确认。审核竣工结算时应核对隐蔽工程施工记录和验收签证，手续完整，工程量与竣工图一致方可列入结算。

3）落实设计变更签证

设计修改变更应由原设计单位出具设计变更通知单和修改的设计图纸，审校人员签字并加盖公章，经建设单位和监理工程师审查同意、签证；重大设计变更应经原审批部门审批，否则不应列入结算。

4）按图核实工程量

竣工结算的工程量应依据竣工图、设计变更单和现场签证等进行核算，并按国家统一规定的计算规则计算工程量。

5）执行定额单价

结算单价应按合同约定或招标规定的计价定额与计价原则执行。

6）防止各种计算误差

工程竣工结算子目多、篇幅大，往往有计算误差，应认真核算，防止因计算误差造成错算、重算和漏算。

3.4 建设工程监理的进度控制

建设工程进度控制，就是通过采取有效措施，在满足工程质量和造价要求的前提下，力求使工程实际工期不超过计划工期目标。

3.4.1 建设工程进度控制的目标

建设工程进度控制的目标是通过有效的进度控制工作和具体的进度控制措施，在满足造价和质量要求的前提下，力求使工程实际工期不超过计划工期。进度控制往往更强调对整个建设工程计划总工期的控制，"工程实际工期不超过计划工期"相应地就表达为"整个建设工程按计划的时间动用"。对于工业项目来说，就是要按计划时间达到负荷联动试车成功；而对于民用项目来说，就是要按计划时间交付使用。

在大型、复杂建设工程的实施过程中，总会不同程度地发生局部工期延误的情况。这些延误对进度目标的影响应当通过网络计划定量计算。进度控制的目标能否实现，主要取决于处在关键线路上的工程内容能否按规定的时间完成。当然，同时要不发生非关键线路上的工作延误而成为关键线路的情况。局部工期延误的严重程度与其对进度目标的影响程度之间并无直接的联系，更不存在某种等值或等比例的关系，这是进度控制与造价控制的重要区别，也是在进度控制工作中要充分加以利用的特点。

3.4.2 系统控制

在采取进度控制措施时，要尽可能采取可对造价目标和质量目标产生有利影响的进度控制措施，如完善的施工组织设计、优化的进度计划等。相对于造价控制和质量控制而言，进度控制措施可能对其他两个目标产生直接的有利作用。

采取进度控制措施也可能对造价目标和质量目标产生不利影响。一般来说，局部关键工作发生工期延误但延误程度尚不严重时，通过调整进度计划来保证进度目标是比较容易做到的，如可以采取加班加点的方式，或适当增加施工机械和人力的投入。这时，就会对造价目标产生不利影响，而且由于夜间施工或施工速度过快，也可能对质量目标产生不利影响。因此，当采取进度控制措施时，不能仅仅为保证进度目标的实现却不顾造价目标和质量目标，而应当综合考虑三大目标。根据工程进展的实际情况和要求以及进度控制措施选择的可能性，有以下 3 种处理方式。

(1) 在保证进度目标的前提下，将对造价目标和质量目标的影响减少到最低程度。

(2) 适当调整进度目标(延长计划总工期)，不影响或基本不影响造价目标和质量目标。

(3) 介于上述两者之间。

3.4.3 全过程控制

1. 在工程建设的早期就应当编制进度计划

在工程建设早期编制进度计划是早期控制思想在进度控制中的反映，越早进行控制，进度控制的效果越好。早期的建设单位总进度计划对整个建设工程进度控制的作用是非常重要的，包括的内容很多，除了施工之外，还包括前期工作(如征地、拆迁、施工场地准备等)、勘察、设计、材料和设备采购、动用前准备等。工程建设早期所编制的建设单位总进度计划不可能也没有必要达到承包单位施工进度计划的详细程度，但也应达到一定的深度和细度，而且应当掌握"远粗近细"的原则，即对于远期工作，如工程施工、设备采购等，在进度计划中显得比较粗略，可能只反映到分部工程，甚至只反映到单位工程或单项工程；而对于近期工作，如征地、拆迁、勘察设计等，在进度计划中就显得比较具体。

2. 在编制进度计划时要充分考虑各阶段工作之间的合理搭接

建设工程实施各阶段的工作是相对独立的，但不是截然分开的，在内容上有一定的联系，在时间上有一定的搭接。例如，设计工作与征地、拆迁工作搭接，设备采购和工程施工与设计搭接，装饰工程和安装工程施工与结构工程施工搭接等。搭接时间越长，建设工程的总工期就越短。但是，搭接时间与各阶段工作之间的逻辑关系有关，都有其合理的限度。因此，合理确定具体的搭接工作内容和搭接时间也是进度计划优化的重要内容。

3. 抓好关键线路的进度控制

进度控制的重点对象是关键线路上的各项工作，包括关键线路变化后的各项关键工作。抓住关键工作的进度控制，可取得事半功倍的效果。如果没有进度计划，就不知道哪些工作是关键工作，进度控制工作就没有重点，导致精力分散，甚至可能对关键工作控制不力，而对非关键工作却全力以赴，结果是事倍功半。

3.4.4　全方位控制

全方位控制表现在以下几个方面。

（1）对整个建设工程所有工程内容的进度都要进行控制，除了单项工程、单位工程之外，还包括区内道路工程、绿化工程、配套工程等的进度。这些工程内容都有相应的进度目标，应尽可能地将它们的实际进度控制在进度目标之内。

（2）对整个建设工程所有工作内容都要进行控制。建设工程的各项工作，如征地、拆迁、勘察、设计、施工招标、材料和设备采购、施工、动用前准备等，都有进度控制的任务。这里要注意与全过程控制的有关内容相区别，在全方位控制的分析中，是侧重从这些工作本身的进度控制进行阐述的。实际的进度控制往往既表现为对工程内容进度的控制，又表现为对工作内容进度的控制。

（3）对影响进度的各种因素都要进行控制。建设工程的实际进度受到很多因素的影响，例如，施工机械数量不足或出现故障；技术人员和工人的素质和能力低下；建设资金缺乏，不能按时到位；材料和设备不能按时、按质、按量供应；施工现场组织管理混乱，多个承包单位之间施工进度不够协调；出现异常的工程地质、水文、气候条件；还可能出现政治、社会等风险。要实现有效的进度控制，必须对上述影响进度的各种因素都进行控制，采取措施以减少或避免这些因素对进度的影响。

（4）注意各方面工作进度对施工进度的影响。施工进度作为整个建设工程进度关键部分，肯定是在总进度计划中的关键线路上，任何导致施工进度拖延的情况，都将导致总进度的拖延。因此，要考虑围绕施工进度的需要来安排其他方面的工作进度。例如，根据工程开工时间和进度要求安排动拆迁和设计进度计划，必要时可分阶段提供施工场地和施工图纸；

又如，根据结构工程和装饰工程施工进度的需要安排材料采购进度计划，根据安装工程进度的需要安排设备采购进度计划等。

3.4.5 在施工阶段的进度控制

施工阶段是建设工程实体的形成阶段，对其进度实施控制是建设工程进度控制的重点。做好施工进度计划与项目建设总进度计划的衔接，并跟踪检查施工进度计划的执行情况，在必要时对施工进度计划进行调整,对于建设工程进度控制总目标的实现具有十分重要的意义。

施工阶段的进度控制工作从审核施工单位提交的施工进度计划开始，直至工程项目保修期满为止。其主要任务是通过完善建设工程控制性进度计划、审查施工单位进度计划、做好各项动态控制工作、协调各单位关系、预防并处理好工期索赔，以求实际施工进度达到计划施工进度的要求。施工阶段的进度控制程序如图 3.11 所示。

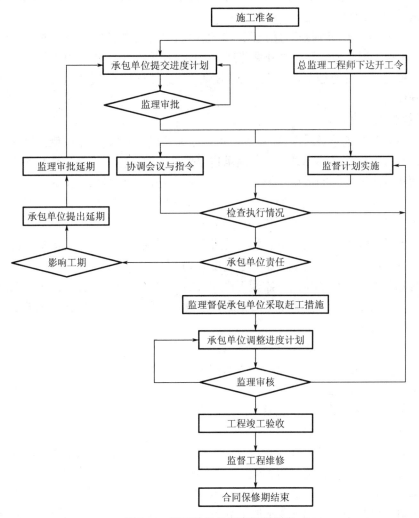

图 3.11　施工阶段的进度控制程序

1. 监理工程师的工作

1) 编制施工进度计划控制工作细则

施工进度控制工作细则是在建设工程监理规划的指导下，由专业监理工程师负责编制的更具有实施性和操作性的监理业务文件，其主要内容如下所述。

(1) 施工进度计划目标分解图。

(2) 实施施工进度控制目标的风险分析。

(3) 施工进度控制的主要工作内容和深度。

(4) 监理人员对进度控制的职责分工。

(5) 与进度控制有关各项工作的时间安排及工作流程。

(6) 进度控制的方法(包括进度检查周期、数据采集方式、进度报表格式、统计分析方法等)。

(7) 进度控制的具体措施(包括组织措施、技术措施、经济措施和合同措施等)。

(8) 尚待解决的有关问题。

施工进度控制工作细则是对建设工程监理规划中有关进度控制内容的进一步深化和补充。如果将建设工程监理规划比作开展监理工作的"初步设计"，施工进度控制工作细则就可以看成是开展建设工程监理工作的"施工图设计"，它对监理工程师的进度控制实务工作起着具体的指导作用。

2) 审核施工进度计划

施工进度计划是表示各项工程(单位工程、分部工程或分项工程)的施工顺序、开始和结束时间以及相互衔接关系的计划。它既是承包单位进行现场施工管理的核心指导文件，也是监理工程师实施进度控制的依据。施工进度计划通常是按工程对象编制的。为保证工程项目的施工任务按期完成，监理工程师必须审核施工单位提交的施工进度计划。对于大型工程项目，由于单项工程较多，施工工期长，且采取分期分批发包又没有一个负责全部工程的总承包单位时，监理工程师就要负责编制施工总进度计划；或者当工程项目由多个施工单位平行承包时，监理工程师也有必要编制施工总进度计划。

当工程项目有总承包单位时，监理工程师只需要对总承包单位提交的施工总进度计划进行审核即可。而对于单位工程施工进度计划，监理工程师只负责审核而无须编制。施工进度计划的要求如下所述。

(1) 进度计划是否符合施工合同中开、竣工日期的规定。

(2) 进度计划中的主要工程项目是否有遗漏，分期施工是否满足分批动用的需要和配套动用的要求，总包、分包单位分别编制的各单项工程进度计划之间是否相互协调。

(3) 工期是否进行了优化，进度安排是否合理。

(4) 施工顺序的安排是否符合施工工艺的要求。

(5) 劳动力、材料、构配件、设备及施工机具、水、电等生产要求的供应计划是否能保证施工进度计划的实现，供应是否均衡，需求高峰期是否有足够能力实现计划供应。

(6) 对由建设单位提供的施工条件(资金、施工图纸、施工场地、采供的物资等)，施工单位在施工进度计划中所提出的供应时间和数量是否明确、合理，是否有造成因建设单位违约而导致工程延期和费用索赔的可能。

如果监理工程师在审查施工进度计划的过程中发现问题，应及时向承包单位提出书面修改意见（又称整改通知书），并协助承包单位修改，其中重大问题应及时向建设单位汇报。

应当说明的是，编制和实施施工进度计划是承包单位的责任，承包单位将施工进度计划提交给监理工程师审查，是为了听取监理工程师的建设性意见。施工进度计划一经监理工程师确认，即应当视为合同文件的一部分，它是以后处理承包单位提出的工程延期或费用索赔的一个重要依据。监理工程师对施工进度计划的审查或批准，并不解除承包单位对施工进度计划的任何责任和义务。此外，对监理工程师来讲，其审查施工进度计划的主要目的是为了防止承包单位计划不当，以及为承包单位保证实现合同规定的进度目标提供帮助，因此不能强制干预承包单位的进度计划安排。

3）按年、季、月编制工程综合计划

在按计划期编制的进度计划中，监理工程师应着重解决各承包单位施工进度计划之间、施工进度计划与资源（包括资金、设备、机具、材料及劳动力）保障计划之间及外部协作条件的延伸性计划之间的综合平衡与相互衔接问题。并根据上期计划的完成情况对本期计划做必要的调整，从而作为承包单位近期执行的指令性计划。

4）下达工程开工令

监理工程师应根据施工单位和建设单位双方关于工程开工的准备工况，选择合适的时机发布工程开工令。工程开工令的发布要尽可能及时，因为从发布工程开工令之日起，加上合同工期即为工程竣工日期。如果开工令发布拖延，就等于推迟了竣工日期，甚至可能引起施工单位的索赔。

如果承包单位要求延期开工，则监理工程师有权批准是否同意延期开工。承包单位不能按时开工的，应当在不迟于协议书约定的开工日期前 7 天，以书面形式向监理工程师提出延期开工的理由和要求。

特 别 提 示 ⦙⦙⦙

本单元引例中的问题，可以给予回答。按照有关监理合同条件，承包人应当在合同约定的开工日期前 7 天书面提出延期申请。如果监理工程师在 48 小时内未给予答复，则视为同意，工期相应顺延；如果监理工程师不同意，工期不予顺延；承包单位未在规定的时间内提出延期申请，工期也不予顺延。

5）监理施工进度控制计划的实施

在实施进度控制过程中，监理工程师除检查和记录实际进度完成情况外，还应着重检查落实各施工单位施工进度计划之间、施工进度计划与资源（包括资金、机具设备、材料及劳动力）保证计划之间及外部协作条件的延伸性计划之间的综合平衡与相互衔接，并通过下达监理指令，召开监理例会、各种层次的专题协调会议，督促施工单位按期完成进度计划。项目监理机构应检查施工进度计划的实施情况，发现实际进度严重滞后于计划进度且影响合同工期时，应签发监理通知单，要求施工单位采取调整措施加快施工进度。总监理工程师应向建设单位报告工期延误风险。

6）组织现场协调会

监理工程师应定期组织召开不同层级的监理例会，以解决工程施工中相互协调、配合的问题。对于平行、交叉施工单位多，工序交接频繁且工期紧迫的情况，现场协调会甚至需要每天召开。在会上通报和检查当天的工程进度，确定薄弱环节，部署当天的赶工任务，以便为次日施工创造条件。对于某些未曾预料的突发变故或问题，监理工程师还可以通过发布紧急协调指令，督促有关单位采取应急措施维护施工的正常秩序。

7) 签发工程进度款支付凭证

监理工程师应对施工单位申报的已完工程量进行核实，在质量监理人员通过检查验收后，签发工程进度款支付凭证。

知 识 链 接

工程进度款支付凭证由总监理工程师签发。首先由承包单位申报工程进度款支付申请，在专业监理工程师对完成的经过检验合格的符合设计图纸规定内的工程量予以确认，并且各种验收质保资料齐全后，由总监理工程师签发。

进度支付款项应当包括以下内容。

(1) 经过确认核实的完成工程量对应的工程量清单或报价单的相应价格计算的应支付的工程款。

(2) 设计变更应调整的合同价款。

(3) 本期应当扣回的工程预付款。

(4) 根据合同允许的调整合同价款原因应补偿承包单位的款项和应扣减的款项。

(5) 经过监理工程师批准的承包单位的索赔款项。

在建设工程施工过程中，其工期的延长分为工程延误和工程延期两种。虽然它们都使工程延期，但由于性质不同，因而建设单位与承包单位所承担的责任也就不同。如果是属于工程延误，则由此造成的一切损失由承包单位承担，同时，建设单位还有权对承包单位施行误期违约罚款。而如果是属于工程延期，则承包单位不仅有权要求延长工期，而且有权向建设单位提出赔偿费用的要求以弥补由此造成的额外损失。因此，监理工程师是否将施工过程中工期的延长批准为工程延期，对建设单位和承包单位都十分重要。监理工程师应按照合同的有关规定，公正地区分工程延误和工程延期，并合理地批准工程延期时间。

(1) 工程延误与工程延期。

① 工程延误。工程延误是由于施工单位自身原因造成施工期延长的时间。当出现工程延误时，监理工程师有权要求施工单位采取有效的措施加快施工进度。如果经过一段时间后，实际进度没有明显改进，仍落后于计划进度，而且显然将影响工程按期竣工时，监理工程师应要求施工单位修改进度计划，并提交监理工程师重新确认。监理工程师对修改后的施工进度计划的确认，而不是对工程延期的确认，这并不能解除施工单位应负的一切责任，施工单位需要承担赶工的全部额外开支和误期损失赔偿。

② 工程延期。工程延期是由于非施工单位原因造成合同工期延长的时间。监理工程师应根据合同规定，审批工程延期时间。经监理工程师核实批准的工程延期时间应纳入合同工期，作为合同工期的一部分，即新的合同工期应等于原订的合同工期加上监理工程师批准的工程延期时间。

(2) 工程延期的申报与审批。由于以下原因导致工程延期的，承包单位有权提出延长工期的申请，监理工程师应按合同规定，批准工程延期时间。

① 监理工程师发出工程变更指令而导致工程量增加。

② 合同所涉及的任何可能造成工程延期的原因，如延期交图、工程暂停、对合格工程的剥离检查及不利的外界条件等。

③ 异常恶劣的气候条件。

④ 由建设单位造成的任何延误、干扰或障碍。

⑤ 除承包单位自身以外的其他任何原因。

监理工程师在审批工程延期时应遵循下列原则。

① 合同条件。监理工程师批准的工程延期必须符合合同条件。也就是说，导致工期拖延的原因确实属于承包单位自身以外的，否则不能批准为工程延期。这是监理工程师审批工程延期的一条根本原则。

② 影响工期。发生延期事件的工程部位，无论其是否处在施工进度计划的关键线路上，只有当所延长的时间超过其相应的总时差而影响到工期时，才能批准工程延期。如果延期事件发生在非关键线路上，且延长的时间并未超过总时差时，即使符合批准为工程延期的合同条件，也不能批准工程延期。

③ 实际情况。批准的工程延期必须符合实际情况。为此，承包单位应对延期事件发生后的各类有关细节进行详细记载，并及时向监理工程师提交详细报告。与此同时，监理工程师也应对施工现场进行详细考察和分析，并做好有关记录，以便为合理确定工程延期时间提供可靠依据。

（3）工程延期的控制。监理工程师应做好以下工作，以减少或避免工程延期事件的发生。

① 选择合适的时机下达工程开工令。监理工程师在下达工程开工令之前，应充分考虑建设单位的前期准备工作是否充分。特别是征地、拆迁问题是否已解决，设计图纸能否及时提供，以及付款方面有无问题等，以避免由于上述问题缺乏准备而造成工程延期。

② 提醒建设单位履行施工承包合同中所规定的职责。在施工过程中，监理工程师应经常提醒建设单位履行自己的职责，提前做好施工场地及设计图纸的提供工作，并能及时支付工程进度款，以减少或避免由此而造成的工程延期。

③ 妥善处理工程延期事件。当延期事件发生以后，监理工程师应根据合同规定进行妥善处理。既要尽量减少工程延期时间及其损失，又要在详细调查研究的基础上合理批准工程延期时间。此外，建设单位在施工过程中应尽量减少干预、多协调，以避免由于建设单位的干扰和阻碍而导致延期事件的发生。

特 别 提 示

对工程延期问题，往往涉及承包单位对工期和费用的索赔，监理工程师应当公正地处理。分清责任，收集资料，对照施工单位进度计划，分析延误事件的影响，对关键工作以及工期的影响做出判断，合理确定给予的工期延长。

（4）工程延误的处理。如果由于承包单位自身的原因造成工期拖延，而承包单位又未按照监理工程师的指令改变延期状态时，通常可以采用下列手段进行处理。

① 拒绝签署付款凭证。当承包单位的施工活动不能使监理工程师满意时，监理工程师有权拒绝承包单位的支付申请。因此，当承包单位的施工进度拖后且又不采取积极措施时，监理工程师可以采取拒绝签署付款凭证的手段来制约承包单位。

② 误期损失赔偿。拒绝签署付款凭证一般是监理工程师在施工过程中制约承包单位延误工期的手段，而误期损失赔偿则是当承包单位未能按合同规定的工期完成合同范围内的工作时对其的处罚。如果承包单位未能按合同规定的工期和条件完成整个工程，则应向建设单位支付投标书附件中规定的金额，作为该项违约的损失赔偿费。

③ 取消承包资格。如果承包单位严重违反合同，又不采取补救措施，则建设单位为了保证合同工期，有权取消其承包资格。例如，承包单位接到监理工程师的开工通知后，无正当理由推迟开工时间，或在施工过程中无任何理由要求延长工期，施工进度缓慢，又无视监理工程师的书面警告等，都有可能受到取消承包资格的处罚。

8) 向建设方提供进度报告

监理工程师应随时整理进度资料，并做好工程记录，定期向建设单位提交工程进度报告。

9) 督促施工单位整理技术资料

监理工程师要根据工程进展情况，督促施工单位及时整理有关技术资料。

10) 审批竣工申请报告，协助组织竣工验收

工程完工后，监理工程师应在审批施工单位自行检查验收的基础上组织对工程项目预验收，并在预验收通过后出具工程质量评估报告，然后协助建设单位组织工程项目的竣工验收，填写竣工验收报告书。

11) 整理工程进度资料

在工程完工以后，监理工程师应将工程进度资料收集起来，进行归类、编目和建档，以便为今后其他类似工程项目的进度控制提供参考。

12) 处理争议和索赔

在工程完工后，监理工程师应将工程进度资料收集起来，进行归类、编目和建档，以便为工程延期的最终审批和处理争议索赔提供依据。在工程结算过程中，监理工程师要处理有关争议和索赔的问题。

13) 工程移交

监理工程师应督促施工单位办理工程移交手续，颁发工程移交证书。在工程移交后的保修期内，还要处理与验收后质量问题的原因及责任等争议问题，并督促责任单位及时进行修理。

2. 施工进度的动态检查

在施工进度计划的实施过程中，由于各种因素的影响，常常会打乱原始计划的安排而出现进度偏差。因此，监理工程师必须对施工进度计划的执行情况进行动态检查，并分析进度偏差产生的原因，以便为施工进度计划的调整提供必要的信息。

1) 施工进度的检查方式

在建设工程施工过程中，监理工程师可以通过以下方式获得其实际进展情况。

(1) 定期地、经常地收集由承包单位提交的有关进度报表资料。工程施工进度报表资料不仅是监理工程师实施进度控制的依据，同时也是其核对工程进度款的依据。施工、承包单位应按时填写完后提交给监理工程师核查。

(2) 由驻地监理人员现场跟踪检查建设工程的实际进展情况。为了避免施工单位超报已完工程量，驻地监理人员有必要进行现场实地检查和监督。

除上述两种方式外，由监理工程师定期组织现场施工负责人召开现场会议，也是获得建

设工程实际进展情况的一种方式。通过这种面对面的交谈，监理工程师可以从中了解施工过程中的潜在问题，以便及时采取相应的措施加以预防。

2）施工进度的检查方法

施工进度检查的主要方法是对比法，即将经过整理的实际进度数据与计划进度数据进行比较，从中发现是否出现进度偏差以及进度偏差的大小。

通过检查分析，如果进度偏差比较小，应在分析其产生原因的基础上采取有效措施，解决矛盾，排除障碍，继续执行原进度计划；如果经过努力，确实不能按原计划实现时，再考虑对原计划进行必要的调整，即适当延长工期或改变施工速度。

应用案例 3-4

在蓝天大厦建设工程施工阶段，总监理工程师编制了监理规划，为了有效地进行造价控制，特派一名监理工程师定期进行造价计划值与实际值的比较。当实际值偏离计划值时，就分析其产生偏差的原因，并采取相应的纠偏措施，以使造价超支尽可能减小。监理工程师在工程结束后总结本次监理过程出现投资偏差的原因有当地工人工资的涨价、设计错误、增加了施工内容、赶工、施工期法规的变化、施工方案不当、建设单位未及时提供场地、建设手续不全、利率变化、基础加固处理以及施工中使用代用材料等。

问题：

（1）产生投资偏差的原因有哪些？

（2）监理工程师对投资偏差进行分析的目的是什么？

（3）以上发生的偏差属于哪一种原因？

（4）纠偏的主要对象是什么？

（5）针对以上原因，哪些原因引起的偏差是主要纠偏对象？

【解析】

（1）归纳起来，产生投资偏差的原因有物价上涨、设计原因、业主原因、施工原因、客观原因。

（2）监理工程师对投资偏差进行分析的目的是为了有针对性地采取纠偏措施，从而实现投资的动态控制和主动控制。

（3）当地工人工资的涨价、利率变化属于物价上涨原因。设计错误属于设计原因。增加施工内容、建设单位未及时提供场地、建设手续不全属于业主原因。赶工、施工方案不当、施工中使用代用材料属于施工原因。施工期法规的变化、基础加固处理属于客观原因。

（4）纠偏的主要对象是业主原因和设计原因造成的投资偏差。

（5）主要纠偏的对象是设计错误、增加施工内容、建设单位未及时提供场地、建设手续不全。

应用案例 3-5

海建施工单位承包了一项建设工程项目的施工任务。施工单位进场后进行施工准备工作，开工前向监理单位提交了该项目的施工组织设计和基础施工方案。监理工程师审核后，分析了基础施工方案可能出现的问题及其后果，提出了修改建议，然后以书面形式回复施工单位并报建设单位。

【专业监理工程师的职责】

施工单位认为监理方所提建议合理，同意修改原施工方案，提交了新的施工方案。同时，施工单位申请开工。开工后，监理工程师发现施工单位并未按照新施工方案组织施工，现场组织不力。施工单位坚持按照原方案进行施工，施工质量明显不符合规范要求，现场出现不安全现象。针对以上情况，监理工程师针对施工单位提出的开工申请，检查施工单位的开工报审表及相关资料和施工准备情况，判断是否已具备开工条件；若已具备开工条件，报总监理工程师签发开工报审表，并报建设单位备案。

问题：

(1) 按照监理规范规定，针对施工单位提出的开工申请，专业监理工程师需要审查哪些资料？

(2) 在施工中，监理工程师发现施工单位没有按施工单位施工，监理工程师应该怎么做？

【解析】

(1) 按照监理规范规定，专业监理工程师需要审查以下资料。

① 施工许可证已获政府主管部门批准。

② 征地、拆迁工作能满足工程进度的需要。

③ 施工组织设计已获总监理工程师批准。

④ 承包单位现场管理人员已到位，机具、施工人员已进场，主要工程材料已落实。

⑤ 进场道路及水、电、通信等已满足开工要求。

(2) 在施工中，监理工程师发现施工单位没有按照新的施工方案组织施工，应当发出监理通知，要求施工单位按新施工方案施工，避免出现施工质量问题。同时向建设单位报告，召开现场协调会，要求施工单位整改，发备忘录。

施工单位没按照施工方案施工，并且出现不安全现象，监理工程师依据《建筑工程安全生产管理条例》，在实施监理过程中，发现存在安全事故隐患的，应当要求施工单位整改；情况严重的，应当要求施工单位暂时停止施工，并及时报告建设单位。施工单位拒不整改或者不停止施工的，工程监理单位应当及时向有关主管部门报告。

应用案例 3-6

正兴监理单位承担了海洋花园工程的施工阶段监理任务，该工程由甲施工单位总承包。甲施工单位前段时间选择了经建设单位同意并经监理单位进行资质审查合格的乙施工单位作为分包单位。施工过程中发生了以下事件。

(1) 专业监理工程师在熟悉图纸时发现，基础工程部分设计内容不符合国家有关工程质量标准和规范。总监理工程师随即致函设计单位要求改正并提出更改建议方案。设计单位研究后，口头同意了总监理工程师的更改方案，总监理工程师随即将更改的内容写成监理指令通知甲施工单位执行。

(2) 施工过程中，专业监理工程师发现乙施工单位分包工程部分存在质量隐患，为此，总监理工程师同时向甲、乙两施工单位发出了整改通知。甲施工单位回函称：乙施工单位施工的工程是经建设单位同意进行分包的，本单位不承担该部分工程的质量责任。

(3) 专业监理工程师在巡视时发现，甲施工单位在施工中使用未经报验的建筑材料，若继续施工，该部分将被隐蔽。因此，立即向甲施工单位下达了暂停施工的指令(因甲施工单位的工作对乙施工单位有影响，乙施工单位也被迫停工)。同时，指示甲施工单位将该材料进行检验，并报告了总监理工程师。总监理工程师对该工序停工予以确认，并在合同约定的时间内报告了建设单位。检验报告出来后，证实材料合格，可以使用，总监理工程师随即指令施工单位恢复了正常施工。

(4) 乙施工单位就上述停工自身遭受的损失向甲施工单位提出补偿要求，而甲施工单位称：此次停工是执行监理工程师的指令，乙施工单位应向建设单位提出索赔。

(5) 对上述施工单位的索赔，建设单位称：本次停工是监理工程师失职造成的，且事先未经建设单位同意。因此，建设单位不承担任何责任，由于停工造成施工单位的损失应由监理单位承担。

问题：

分析上述背景资料，其中存在哪些问题？

【解析】

针对上述背景资料来分析存在的问题，主要有以下几项。

(1) 总监理工程师不应直接致函设计单位。监理人员无权进行设计变更，监理单位发现问题应向建设单位报告，由建设单位向设计单位提出变更要求。

(2) 甲施工单位回函所称乙施工单位出现的问题与甲单位无关的说法是不妥当的，因为乙施工单位是甲单位的分包单位，分包单位的任何违约行为导致工程损害或给建设单位造成的损失，总承包单位应承担连带责任。但是总监理工程师签发的整改通知同时下发给甲、乙两个施工单位是不妥的，应该只签发给甲施工单位，因乙施工单位与建设单位没有直接合同关系，由甲单位负责行使管理权。

(3) 签发《工程暂停令》是总监理工程师的权利，并且要经得建设单位同意。专业监理工程师无权签发《工程暂停令》，专业监理工程师发现施工中存在需要暂停工的事由，应先报告总监理工程师，由总监理工程师签发工程暂停令。

(4) 甲施工单位的说法不正确，因为乙施工单位与建设单位没有合同关系，乙施工单位的损失应由甲施工单位承担。并且乙施工单位与建设单位的一切活动，均由总承包单位甲来完成。所以，乙施工单位的损失应由甲施工单位补偿，如果涉及向建设单位索赔的情况，也是由甲施工单位进行索赔。

(5) 建设单位的说法不正确，监理工程师所做的，是按照监理规范的规定，在合同授权内正常履行职责，代表建设单位行使管理权，施工单位所受的损失不应由监理单位承担。

🔧➤ 应用案例 3-7

一实施监理的工程项目，设备调试时，总监理工程师发现施工单位未按技术规程要求进行调试，存在较大的质量和安全隐患，立即签发了工程暂停令，并要求施工单位整改。

施工单位用了 2 天时间整改后被指令复工。对此次停工，施工单位向总监理工程师提交了费用索赔和工程延期的申请，强调设备调试为关键工作，停工 2 天导致窝工，建设单位应给予工期顺延和费用补偿，理由是虽然施工单位未按技术规程调试但并未出现质量和安全事故，停工 2 天是监理单位要求的。

问题：

(1) 在本案例中，监理工程师的做法是否正确？为什么？

(2) 有什么情况下，监理工程师有权责令施工单位停工整改？

【解析】

(1) 在本案例中，监理工程师的做法是正确的。施工单位的费用索赔和工程延期要求不应该被批准，暂停施工的原因是施工单位未按技术规程要求操作。施工单位存在以下情况，总监理工程师有权下达工程暂停令，直到问题改正后，由总监理工程师下达复工令。

(2) 为了保证工程质量，出现下述情况之一者，监理工程师报请总监理工程师批准，有权责令施工单位立即停工整改。

① 工序完成后未经检验即进行下道工序者。

② 工程质量下降，经指出后未采取有效措施整改，或采取措施不力、效果不好，继续作业者。

③ 擅自使用未经监理工程师认可或批准的工程材料。

④ 擅自变更设计图纸。

【建设工程监理
的进度控制】

089

⑤ 擅自将工程分包。

⑥ 擅自让未经同意的分包单位进场作业。

⑦ 没有可靠的质量保证措施而贸然施工，已出现质量下降的征兆。

⑧ 其他对质量有重大影响的情况。

应用案例3-8

日照市一幢商用楼工程项目，建设单位A与施工单位B和监理单位C分别签订了施工承包合同和施工阶段委托监理合同。该工程项目的主体工程为钢筋混凝土框架式结构，设计要求混凝土抗压强度达到C20。在主体工程施工至第3层时，钢筋混凝土柱浇筑完毕拆模后，监理工程师发现，第3层全部80根钢筋混凝土柱的外观质量很差，不仅蜂窝、麻面严重，而且表面的混凝土质地酥松，用锤轻敲即有混凝土碎块脱落。经检查，施工单位提交的从9根柱施工现场取样的混凝土强度试验结果表明，混凝土抗压强度值均达到或超过了设计要求值，其中最大值达到C30的水平，监理工程师对施工单位提交的试验报告结果十分怀疑。

问题：

(1) 在上述情况下，作为监理工程师，应当按什么步骤处理？

(2) 常见的工程质量问题产生的原因主要有哪几个方面？

(3) 工程质量问题的处理方式有哪些？质量事故处理应遵循什么程序进行？质量事故分为几类？如有一造价8 000万元的高层建筑，主体工程完成封顶后，装修过程中发现建筑物整体倾斜、无法控制，最后人工控制爆破炸毁。这一质量事故属于哪一类？

(4) 工程质量事故处理的依据包括哪几个方面？质量事故处理方案有哪几类？事故处理的基本要求是什么？事故处理验收结论通常有哪几种？如果上述质量问题经检验证明抽验结果质量严重不合格(最高<C18，最低仅为C8)，而且施工单位提交的试验报告结果不是根据施工现场取样，而是在试验室按设计配合比做出的试样试验结果，应当如何处理？

【解析】

(1) 该质量事故发生后，监理工程师可按下述步骤处理。

① 监理工程师应首先指令施工单位暂停施工。

② 如果自己具有相应的技术实力及设备，可通知施工单位，在其参加下进行如下工作：从已浇筑的柱体上钻孔取样进行抽样检验和试验，也可以请具有权威性的第三方检测机构进行抽检和试验，或要求施工单位在有监理单位现场见证的情况下，重新见证取样和试验。

③ 根据抽检结果判断质量问题的严重程度，必要时需通过建设单位请原设计单位及质量监督机构参加对该质量问题的分析判断。

④ 根据判断的结果及质量问题产生的原因决定处理方式或处理方案。

⑤ 指令施工单位进行处理，监理单位应跟踪监督。

⑥ 处理后施工单位自检合格后，监理工程师复检合格加以确认。

⑦ 明确质量责任，按责任归属承担责任。

(2) 常见的工程质量问题可能的成因有以下几点。

① 违背建设程序。

② 违反法规行为。

③ 地质勘察失真。

④ 设计差错。

⑤ 施工管理不到位。

⑥ 使用不合格的原材料、制品及设备。

⑦ 自然环境因素。

⑧ 使用不当。

(3) 工程质量问题的处理方式、处理程序和质量事故分类与判断如下所述。

① 工程质量问题的处理,根据其性质及严重程度的不同可有以下处理方式。

(a) 当施工引起的质量问题尚处于萌芽状态时,应及时制止,并要求施工单位立即改正。

(b) 当施工引起的质量问题已出现,立即向施工单位发出《监理通知》,要求其进行补救处理。当其采取保证质量的有效措施后,向监理单位填报《监理通知回复单》。

(c) 某工序分项工程完工后,如出现不合格项,监理工程师应填写《不合格项处置记录》,要求施工单位整改,并对其补救方案进行确认,跟踪其处理过程,对处理结果进行验收,不合格则不允许进入下道工序或分项工程施工。

(d) 在交工使用后保修期内,发现施工质量问题时,监理工程师应及时签发《监理通知》,指令施工单位进行保修(修补、加固或返工处理)。

② 质量事故处理的一般程序如下所述。

(a) 质量事故发生后,总监理工程师签发《工程暂停令》,暂停有关部分的工程施工。要求施工单位采取措施,防止扩大,保护现场,上报有关主管部门,并于24小时内写出书面报告。

(b) 监理工程师应积极协助上级有关主管部门组织成立的事故调查组工作,提供有关的证据。若监理单位有责任,则应回避。

(c) 总监理工程师接到事故调查组提出的技术处理意见后,可征求建设单位意见,组织有关单位研究并委托原设计单位完成技术处理方案,予以审核签认。

(d) 处理方案核签后,监理工程师应要求施工单位制定详细的施工方案,报监理审批后监督其实施处理。

(e) 施工单位处理完工自检后报验结果,组织各方检查验收,必要时进行处理鉴定。

③ 质量事故可分为以下4类。

(a) 一般质量事故,指直接经济损失在5 000元及其以上且不满5万元者,或者是影响使用功能和结构安全,造成永久质量缺陷者。

(b) 严重质量事故,指具备下述条件之一者:直接经济损失达5万元及其以上且不满10万元者;严重影响使用功能或结构安全、存在重大质量隐患者;事故性质恶劣或造成2人以下重伤者。

(c) 重大质量事故,指具备下述条件之一者:工程倒塌或报废;造成人员死亡或重伤3人以上;直接经济损失10万元以上。重大质量事故又分为4级:死亡30人以上或直接经济损失300万元以上为一级;死亡10人以上29人以下或直接经济损失100万元以上(300万元以下)为二级;死亡3人以上9人以下,或重伤20人以上,或经济损失30万元以上(不满100万元)为三级;死亡2人以下,或重伤3人以上19人以下,或经济损失10万元以上(不满30万元)为四级。

(d) 特别重大事故,一次死亡30人及其以上,或直接经济损失达500万元及其以上,或其他性质特别严重的事故。

④ 本问题中所述情况属于特别重大事故。

(资料来源: http: //www.huaheng.net/jian zhugong/jlgcsmoniti/56431.html.)

(4) 关于工程质量事故处理的依据、处理方案类型、处理的基本要求和处理验收结论的问题答案如下所述。

① 工程质量事故处理的依据有4个方面：质量事故的实况资料；具有法律效力的工程承包合同、设计委托合同、材料或设备购销合同及监理合同、分包合同等文件；有关的技术文件、档案；相关的建设法规。

② 质量事故处理方案的类型有修补处理、返工处理、不做专门处理。不做专门处理的条件是：不影响结构安全和使用；可以经过后续工序弥补；经法定单位鉴定合格；经检测鉴定达不到设计要求，但经原设计单位核算能满足结构、安全及使用功能。

③ 事故处理的基本要求是满足设计要求和用户期望、保证结构安全可靠、不留任何隐患并且符合经济合理的原则。

④ 事故处理验收结论可以有：事故已排除，可继续施工；隐患消除，结构安全有保证；修补处理后能满足使用；基本满足使用要求，但有附加限制的使用条件；对耐久性的结论；外观影响的结论；短期内难做结论的可提出进一步观测检验意见。

⑤ 根据本问题所述检验结果，应当全部返工处理。由此产生的经济损失及工期延误应由施工单位承担责任。监理工程师在对施工单位抽样检验的环节中失职，应对建设单位承担一定的失职责任。

应用案例 3-9

为了加强我国与世界各国的政治、经济交往与合作，决定由政府出资在渤海市修建一个高标准、高质量、供国际高层人员集会活动的国际会议中心。该工程项目位于该市环境幽雅、风景优美的地区。该工程项目已通过招标确定由某承包公司 A 总承包并签订了施工合同，还与监理公司 B 签订了委托监理合同。监理机构在该工程项目实施中遇到了以下几种情况。

(1) 该地区地质情况不良，且极为复杂多变，施工可能十分困难，为了保证工程质量，总承包单位 A 决定将基础工程施工发包给一个专业基础工程公司 C。

(2) 整个工程质量标准要求极高，建设单位要求监理机构要严把所使用的主要材料、设备进场的质量关。

(3) 建设单位还要求监理机构对于主要的工程施工，无论是钢筋混凝土主体结构，还是精美的装饰工程，都要求严格把好每一道工序施工质量关，要达到合同规定的高标准和高的质量保证率。

(4) 建设单位要求必须确保所使用的混凝土拌合料、砂浆材料和钢筋混凝土承重结构及承重焊缝的强度达到质量要求的标准。

(5) 在修建沟通该会议中心与该市市区和主干高速公路相衔接的高速公路支线的初期，监理工程师发现发包该路基工程的施工队填筑路基的质量没有达到规定的质量要求。监理工程师指令暂停施工，并要求返工重做。但是承包单位对此拖延，拒不进行返工，并通过有关方面"劝说"监理单位同意不进行返工，双方僵持不下持续很久，影响了工程正常进展。

(6) 在进行某层钢筋混凝土楼板浇筑混凝土施工过程中，土建监理工程师得悉该层楼板钢筋施工虽已经过监理工程师检查认可签证，但其中设计预埋的电气暗管却未通知电气监理工程师检查签证。此时混凝土已浇筑了全部工程量的1/5。

问题：

(1) 监理工程师进行施工过程质量控制的手段主要有哪几个方面？

(2) 针对上述几种情况，监理工程师应当分别运用什么手段以保证质量？请逐项做出回答。

(3) 为了确保作业质量，在出现什么情况下，总监理工程师有权行使质量控制权、下达停工令，及时进行质量控制？

【解析】

(1) 监理工程师进行施工过程质量控制的手段主要有以下5个方面。

① 通过审核有关技术文件、报告或报表等手段进行控制。

② 通过下达指令文件和一般管理文书的手段进行控制(一般以通知的方式下达)。

③ 通过进行现场监督和检查的手段进行控制(包括旁站监督、巡视检查和平行检验)。

④ 通过规定质量监控工作程序,要求按规定的程序工作和活动。

⑤ 利用支付控制权的手段进行控制。

(2) 针对本案例所提出的 6 种情况,监理工程师应采用以下手段进行控制(逐项对应解答)。

① 首先通过审核分包单位的资质证明文件控制分包单位的资质(审核文件、报告的手段);然后通过审查总承包单位提交的施工方案(实际为分包单位提出的基础施工方案),控制基础施工技术,以保证基础施工质量。

② 保证进场材料、设备的质量可采取以下手段。

(a) 通过审查进场材料、设备的出厂合格证、材质化验单、试验报告等文件、报表、报告进行控制。

(b) 通过平行检验方式进行现场监督检查控制。

③ 通过规定质量监控程序,严把每道工序的施工质量关;通过现场巡视及旁站监督,严把施工过程关。

④ 通过旁站监督和见证取样,控制混凝土拌合料、砂浆及承重结构质量。

⑤ 通过下达暂停施工的指令,中止不合格填方继续扩大;通过停止支付工程款的手段,促使承包单位返工。

⑥ 通过下达暂停施工指令的手段,防止质量问题恶化与扩大;通过下达质量通知单进行调查、检查,提出处理意见;通过审查与批准处理方案,下达返工或整改的指令,进行质量控制。

(3) 在出现下列情况下,总监理工程师有权下达停工令,并及时进行质量控制。

① 施工中出现质量异常,承包单位未能扭转异常情况者。

② 隐蔽工程未依法检验确认合格,擅自封闭者。

③ 已发生质量问题迟迟不做处理,或如不停工,质量情况可能继续发展。

④ 未经监理工程师审查同意,擅自变更设计或修改图纸。

⑤ 未经合法审查或审查不合格的人员进入现场施工。

⑥ 使用的材料、半成品未经检查认可,或检查认为不合格的进入现场并使用。

⑦ 擅自使用未经监理单位审查认可或资质不合格的分包单位进场施工。

应用案例 3-10

安泰开发公司一项旧城改造工程现场工作分两个阶段,第一阶段拆除旧建筑物,第二阶段建新楼房,并与监理单位签订了监理合同。施工单位进场后进行了施工准备工作,开工前向监理方提交了该工程的施工组织设计。监理工程师审核后,以书面形式回复施工单位并报建设单位。

问题:

(1) 对需要拆除的工程,建设单位应当在拆除工程施工 15 天前,将哪些资料报送建设行政主管部门备案?

(2) 监理工程师审查、施工组织设计时应掌握的原则是什么?

【拆除工程】

(3) 工程质量事故处理方案有哪几类?监理工程师处理质量事故的依据是什么?

【解析】

(1) 对需要拆除的工程,在拆除工程施工 15 天前,建设单位应报送建设行政主管部门备案的资料有施工单位资质等级证明,拟拆除建筑物、构筑物及可能危及毗邻建筑的说明,拆除施工组织方案,堆放、清除废弃物的措施。

（2）监理工程师审查、施工组织设计时应掌握以下原则。

① 施工组织设计的编制、审查和批准应符合规定的程序。

② 施工组织设计应符合国家的技术政策，充分考虑承包合同规定的条件、施工现场条件及法规条件的要求，突出"质量第一，安全第一"的原则。

③ 施工组织设计的针对性：承包单位是否了解并掌握了本工程的特点及难点，施工条件是否分析充分。

④ 施工组织设计的可操作性：承包单位是否有能力执行并保证工期和质量目标，该施工组织设计是否切实可行。

⑤ 技术方案的先进性：施工组织设计采用的技术方案和措施是否先进适用，技术是否成熟。

⑥ 质量管理和技术管理，质量保证措施是否健全且切实可行。

⑦ 安全、环保、消防和文明施工措施是否切实可行并符合有关规定。

⑧ 在满足合同和法规要求的前提下，对施工组织设计的审查应尊重承包单位的自主技术决策和管理决策。

（3）处理方案有3类：修补处理、返工处理、不做处理。处理质量事故的依据有质量事故的实况资料，有关合同及合同文件，有关技术文件、档案和资料以及相关的法律法规。

本单元小结

本单元详细介绍了目标控制的概念、流程、基本环节，分析了控制的类型及其相互关系，对建设工程三大目标的相互关系、目标的确定、控制任务和控制措施进行了分析。

建设工程的目标控制主要包括质量控制、造价控制及进度控制三大目标，每个目标都要进行系统控制、全过程控制和全方位控制。本单元讲述了施工阶段三大目标控制的具体目标，结合案例对每个目标控制的工作内容、方法和控制要点进行了详细的分析。三大目标的相互关系是既对立又统一的，在实际工作中这三大目标应当进行综合控制。

技能训练题

一、单项选择题

1. 关于建设工程三大目标之间对立关系的说法，正确的是（　　）。
   A. 提高项目功能，可能减少运行费用
   B. 缩短建设工期，可能提早发挥投资效益
   C. 提高工程质量，能减少返工，保证建设工期
   D. 减少工程投资，可能会降低项目功能

2. 在预先分析各种风险因素及其导致目标偏差可能性的基础上，拟订和采取有针对性的预防措施，从而减少乃至避免目标偏离的控制方式是（　　）。
   A. 闭环控制　　　B. 反馈控制　　　C. 主动控制　　　D. 被动控制

3. 下列对建设工程目标控制的要求中，属于进度全方位控制的是（　　）。
   A. 对整个建设工程所有目标进行控制
   B. 在工程建设的早期就编制进度计划
   C. 对整个建设工程所有工作内容的进度进行控制
   D. 确保基本质量目标的实现以免影响进度目标

4. 某工程原定 2013 年 9 月 20 日竣工，因承包人原因，致使工程延至 2013 年 10 月 20 日竣工。但在 2013 年 10 月因法规的变化导致工程造价增加 120 万元，工程合同价款应（　　）。

  A. 调增 60 万元   B. 调增 90 万元 C. 调增 120 万元   D. 不予调整

5. 对已进场经检验不合格的工程材料，项目监理机构应要求施工单位将该批材料（　　）。

  A. 就地封存

  B. 重新试验检测，合格后方可使用

  C. 限期撤出施工现场

  D. 降低标准使用

二、多项选择题

1. 对建设工程三大目标之间的统一关系进行分析时，应注意的主要问题有（　　）。

  A. 对造价、进度、质量目标进行定性分析

  B. 将造价、进度、质量目标分别进行分析论证

  C. 掌握客观规律，充分考虑制约因素

  D. 对未来的、可能的收益不宜过于乐观

  E. 将目标规划和计划结合起来

2. 下列关于被动控制的说法，正确的有（　　）。

  A. 被动控制的作用之一是可以降低偏差发生的概率

  B. 被动控制可以降低目标偏离的严重程度

  C. 被动控制表现为一个循环过程

  D. 被动控制是一种面对现实的控制

  E. 被动控制是一种前馈控制

3. 对建设工程造价进行全方位控制时，应注意的主要问题有（　　）。

  A. 认真分析建设工程的其造价构成的特点

  B. 根据各项费用的特点选择适当的控制方式

  C. 对造价、进度、质量目标进行协同控制

  D. 强调建设工程早期控制的重要性

  E. 抓主要矛盾、对造价控制有所侧重

4. 下列对建设工程目标控制的要求中，属于建设工程质量系统控制的要求有（　　）。

  A. 确保基本质量目标的实现

  B. 避免不断提高质量目标的倾向

  C. 确保政府质量监督的有效性

  D. 避免仅对施工阶段进行质量控制

  E. 发挥质量控制对投资目标和进度目标的积极作用

5. 施工阶段建设工程造价控制的主要任务是通过（　　）来努力实现实际发生的费用不超过计划造价。

  A. 控制工程付款   B. 协调各有关单位关系

  C. 控制工程变更费用 D. 预防及处理费用索赔 E. 挖掘节约投资潜力

三、简答题

1. 建设工程三大目标之间的关系是什么？

2. 建设工程监理对质量造价、进度控制的目标是什么？

3．项目监理机构在施工阶段对质量控制的任务是什么？

4．项目监理机构在施工阶段对造价控制的任务是什么？

5．项目监理机构在施工阶段对进度控制的任务是什么？

四、案例题

某建设工程项目，建设单位与施工总承包单位按《建设工程施工合同》签订了施工承包合同，并委托某监理公司承担施工阶段的监理任务。施工总承包单位将桩基工程分包给一家专业施工单位。开工前发现以下问题：

（1）总监理工程师组织监理人员熟悉设计文件时发现部分图纸设计不当，即通过计算修改了该部分图纸，并直接签发给施工总承包单位。

（2）在工程定位放线期间，总监理工程师又指派测量监理员复核施工总承包单位报送的原始基准点、基准线和测量控制点。

（3）总监理工程师审查了分包单位直接报送的资格报审表等相关资料。

（4）在合同约定开工日期的前 5 天，施工总承包单位书面提交了延期 10 天的开工申请，总监理工程师不予批准。

钢筋混凝土在施工过程中监理人员发现以下问题。

（1）按合同约定由建设单位负责采购的一批钢筋虽然供货方提供了质量合格证，但在使用前的抽检试验中材质检验不合格。

（2）在钢筋绑扎完毕后，施工总承包单位未通知监理人员检查就准备浇筑混凝土。

（3）该部位施工完毕后，混凝土浇筑时留置的混凝土试块试验结果没有达到设计要求的强度。

竣工验收时，总承包单位完成了自查、自评工作，填写了工程竣工报验单，并将全部竣工资料报送项目监理机构，申请竣工验收。总监理工程师认为施工过程中均按要求进行了验收，即签署了竣工报验单，并向建设单位提交了质量评估报告。建设单位收到监理单位提交的质量评估报告后，即将该工程正式投入使用。

问题：

1．总监理工程师在开工前所处理的几项工作是否妥当？请进行评价，并说明理由。如果有不妥当之处，写出正确的做法。

2．对施工过程中出现的问题，监理人员应分别如何处理？

3．指出工程竣工验收时，总监理工程师在执行验收程序方面的不妥之处，写出正确的做法。

4．建设单位收到监理单位提交的质量评估报告，即将该工程正式投入使用的做法是否正确？并说明理由。

【单元 3 技能训练题参考答案】

单元 4 建设工程监理合同管理

教学目标

掌握项目监理机构合同管理的主要职责；熟悉建设工程监理合同的概念及合同文件构成；熟悉建设工程监理合同履行的相关内容及要求；了解建设工程项目监理费的构成和监理费的计算方法；掌握施工监理服务收费基准价的计算方法和设计阶段相关服务收费的计算方法。

教学要求

能 力 目 标	知 识 要 点	权重
掌握监理机构合同管理的主要职责	工程暂停及复工、工程变更、索赔及施工合同争议、解除	10%
熟悉建设工程监理合同的组成	建设工程监理合同管理的概念、特点、监理合同示范文本的构成	20%
熟悉建设工程监理合同的履行	监理人的义务、委托人的义务、违约责任、合同的生效、变更与终止	25%
了解工程项目监理费的构成和监理费的计算方法	工程项目监理费的构成、监理费的计算方法	5%
掌握施工监理服务收费基准价的计算方法和设计阶段相关服务收费的计算方法	工程监理服务收费基价、工程监理服务收费基准价、计费额、相关服务计费	40%

【单元 4 学习指导(视频)】

引 例

某建设单位投资建设一栋28层综合办公大楼,由于本市仅有一家监理公司具备本项目的施工监理资质,且该监理公司曾承揽过类似工程的监理任务,所以建设单位就指定该监理公司实施监理工作并签订了书面合同。在合同的通用条款中详细填写了委托监理任务,其监理任务如下所述。

(1) 由监理单位择优选择施工承包人。

(2) 对工程项目进行详细可行性研究。

(3) 对工程设计方案进行成本效益分析,提出质量保证措施等。

(4) 负责检查工程设计、材料和设备质量。

(5) 进行质量、成本、计划和进度控制。

同时合同的有关条款还约定:由监理人员负责工程建设的所有外部关系的协调(因监理公司已建立了一定的业务关系),建设单位不派工地常驻代表,全权委托总监理工程师处理一切事务。在监理过程中,监理员告诉承包单位有关设计单位申明的秘密,其目的是为了更好地实施施工;在施工过程中,建设单位和承包单位发生争议,总监理工程师以建设单位的身份,与承包单位进行协商。

(1) 指出背景材料中的不妥之处,并说明理由。

(2) 下面列举了监理合同双方当事人所履行的义务。请将下面的义务进行区分,分清哪些是建设单位的义务?哪些是监理单位的义务?

① 编制监理实施细则。

② 主持监理例会并根据工程需要主持或参加专题会议。

③ 审查施工承包人提交的施工组织设计。

④ 在合同中明确监理人、总监理工程师和授予项目监理机构的权限。

⑤ 在合同履行过程中,及时向监理人提供最新的与工程有关的资料。

⑥ 检查施工承包人工程质量、安全生产管理制度及组织机构和人员资格。

⑦ 检查施工承包人的试验室。

⑧ 审核施工分包人资质条件。

⑨ 为监理人完成监理与相关服务提供必要的条件。

⑩ 按监理合同约定,向监理人支付酬金。

⑪ 审查工程开工条件,对条件具备的签发开工令。

⑫ 审核施工承包人提交的工程款支付申请。

⑬ 审查施工承包人提交的采用新材料、新工艺、新技术、新设备的论证材料及相关验收标准。

在对本单元进行系统的学习后,就会掌握建设工程监理合同的内容,就会学会正确地订立合同和履行合同,上述问题自然而然地就解决了。

4.1 项目监理机构合同管理职责

建设工程实施过程中会涉及许多合同,如勘察设计合同、施工合同、监理合同、咨询合同、材料设备采购合同等。合同管理是在市场经济体制下组织建设工程实施的基本手段,也是项目监理机构控制建设工程质量、造价、进度三大目标的重要手段。

《建设工程监理规范》规定，项目监理机构应依据建设工程监理合同的约定进行施工合同管理，处理工程暂停及复工、工程变更、索赔及施工合同争议、解除等事宜。施工合同终止时，项目监理机构应协助建设单位按施工合同的约定处理施工合同终止的有关事宜。

【《建设工程监理规范》】

1. **工程暂停及复工处理**

1）签发工程暂停令的情形

项目监理机构发现下列情况之一时，总监理工程师应及时签发工程暂停令。

（1）建设单位要求暂停施工且工程需要暂停施工的。

（2）施工单位未经批准擅自施工或拒绝项目监理机构管理的。

（3）施工单位未按审查通过的工程设计文件施工的。

（4）施工单位违反工程建设强制性标准的。

（5）施工存在重大质量、安全事故隐患或发生质量、安全事故的。

总监理工程师在签发工程暂停令时，可根据停工原因的影响范围和影响程度，确定停工范围，并应按施工合同和建设工程监理合同的约定签发工程暂停令。总监理工程师签发工程暂停令，应事先征得建设单位同意，在紧急情况下未能事先报告时，应在事后及时向建设单位做出书面报告。

2）工程暂停相关事宜

暂停施工事件发生时，项目监理机构应如实记录所发生的情况。总监理工程师应会同有关各方按施工合同约定，处理因工程暂停引起的与工期、费用有关的问题。因施工单位原因暂停施工时，项目监理机构应检查、验收施工单位的停工整改过程、结果。

3）复工审批或指令

当暂停施工原因消失、具备复工条件时，施工单位提出复工申请的，项目监理机构应审查施工单位报送的工程复工报审表及有关材料，符合要求后，总监理工程师应及时签署审查意见，并应报建设单位批准后签发工程复工令；施工单位未提出复工申请的，总监理工程师应根据工程实际情况指令施工单位恢复施工。

2. **工程变更处理**

1）施工单位提出的工程变更处理程序

项目监理机构可按下列程序处理施工单位提出的工程变更。

（1）总监理工程师组织专业监理工程师审查施工单位提出的工程变更申请，提出审查意见。对涉及工程设计文件修改的工程变更，应由建设单位转交原设计单位修改工程设计文件。必要时，项目监理机构应建议建设单位组织设计、施工等单位召开论证工程设计文件的修改方案的专题会议。

（2）总监理工程师组织专业监理工程师对工程变更费用及工期影响做出评估。

（3）总监理工程师组织建设单位、施工单位等共同协商确定工程变更费用及工期变化，会签工程变更单。

（4）项目监理机构根据批准的工程变更文件监督施工单位实施工程变更。

项目监理机构可在工程变更实施前与建设单位、施工单位等协商确定工程变更的计价原则、计价方法或价款。建设单位与施工单位未能就工程变更费用达成协议时，项目监理机构可提出一个暂定价格并经建设单位同意,作为临时支付工程款的依据。工程变更款项最终结算时,应以建设单位与施工单位达成的协议为依据。

2)建设单位要求的工程变更处理职责

项目监理机构可对建设单位要求的工程变更提出评估意见,并应督促施工单位按会签后的工程变更单组织施工。

发生工程变更,无论是由设计单位或建设单位或施工单位提出的,均应经过建设单位、设计单位、施工单位和工程监理单位的签认,并通过总监理工程师下达变更指令后,施工单位方可进行施工。

工程变更需要修改工程设计文件,涉及消防、人防、环保、节能、结构等内容的,应按规定经有关部门重新审查。

3. 工程索赔处理

工程索赔包括费用索赔和工程延期申请。项目监理机构应及时收集、整理有关工程费用、施工进度的原始资料,为处理工程索赔提供证据。项目监理机构应以法律法规、勘察设计文件、施工合同文件、工程建设标准、索赔事件的证据等为依据处理工程索赔。

1)费用索赔处理

项目监理机构可按下列程序处理施工单位提出的费用索赔。

(1)受理施工单位在施工合同约定的期限内提交的费用索赔意向通知书。

(2)收集与索赔有关的资料。

(3)受理施工单位在施工合同约定的期限内提交的费用索赔报审表。

(4)审查费用索赔报审表。需要施工单位进一步提交详细资料时,应在施工合同约定的期限内发出通知。

(5)与建设单位和施工单位协商一致后,在施工合同约定的期限内签发费用索赔报审表,并报建设单位。

项目监理机构批准施工单位费用索赔应同时满足下列条件。

(1)施工单位在施工合同约定的期限内提出费用索赔。

(2)索赔事件是因非施工单位原因造成,且符合施工合同约定。

(3)索赔事件造成施工单位直接经济损失。

当施工单位的费用索赔要求与工程延期要求相关联时,项目监理机构可提出费用索赔和工程延期的综合处理意见,并应与建设单位和施工单位协商。

因施工单位原因造成建设单位损失,建设单位提出索赔时,项目监理机构应与建设单位和施工单位协商处理。

2)工程延期及工期延误

施工单位提出工程延期要求符合施工合同约定时,项目监理机构应予以受理。

当影响工期事件具有持续性时,项目监理机构应对施工单位提交的阶段性工程临时延期报审表进行审查,并应签署工程临时延期审核意见后报建设单位。当影响工期事件结束后,项目监理机构应对施工单位提交的工程最终延期报审表进行审查,并应签署工程最终延期审核意见后报建设单位。项目监理机构在做出工程临时延期批准和工程最终延期批准前,均应与建设单位和施工单位协商。

项目监理机构批准工程延期应同时满足下列条件。

(1) 施工单位在施工合同约定的期限内提出工程延期。

(2) 因非施工单位原因造成施工进度滞后。

(3) 施工进度滞后影响到施工合同约定的工期。

施工单位因工程延期提出费用索赔时，项目监理机构可按施工合同约定进行处理。发生工期延误时，项目监理机构应按施工合同约定进行处理。

4. 施工合同争议的处理

(1) 项目监理机构处理施工合同争议时应进行下列工作。

① 了解合同争议情况。

② 及时与合同争议双方进行磋商。

③ 提出处理方案后，由总监理工程师进行协调。

④ 当双方未能达成一致时，总监理工程师应提出处理合同争议的意见。

(2) 在处理施工合同争议过程中，对未达到施工合同约定的暂停履行合同条件的，应要求施工合同双方继续履行合同。

(3) 在施工合同争议的仲裁或诉讼过程中，项目监理机构应按仲裁机关或法院要求提供与争议有关的证据。

5. 施工合同解除的处理

(1) 因建设单位原因导致施工合同解除时，项目监理机构应按施工合同约定与建设单位和施工单位协商确定施工单位应得款项，并签发工程款支付证书。

(2) 因施工单位原因导致施工合同解除时，项目监理机构应按施工合同约定，确定施工单位应得款项或偿还建设单位的款项，与建设单位和施工单位协商后，书面提交施工单位应得款项或偿还建设单位款项的证明。

(3) 因非建设单位、施工单位原因导致施工合同解除时，项目监理机构应按施工合同约定处理合同解除后的有关事宜。

4.2 建设工程监理合同的管理

4.2.1 建设工程监理合同的含义

1. 建设工程监理合同的概念

建设工程监理合同是指委托人(建设单位)与监理人(工程监理单位)就委托的建设工程监理与相关服务内容签订的明确双方义务和责任的协议。其中，委托人是指委托工程监理与相关服务的一方及其合法的继承人或受让人；监理人是指提供监理与相关服务的一方，及其合法的继承人。

2. 建设工程监理合同的特点

建设工程监理合同是一种委托合同，除具有委托合同的共同特点外，还具有以下特点。

（1）建设工程监理合同当事人双方应是具有民事权利能力和民事行为能力、具有法人资格的企事业单位及其他社会组织，个人在法律允许的范围内也可以成为合同当事人。接受委托的监理人必须是依法成立、具有工程监理资质的企业，其所承担的工程监理业务应与企业资质等级和业务范围相符合。

（2）建设工程监理合同委托的工作内容必须符合法律法规、有关工程建设标准、工程设计文件、施工合同及物资采购合同。

（3）建设工程监理合同的标的是服务。工程建设实施阶段所签订的勘察设计合同、施工合同、物资采购合同、委托加工合同的标的物是产生新的信息成果或物质成果，而监理合同的履行不产生物质成果，而是由监理工程师凭借自己的知识、经验、技能受委托人委托为其所签订的施工合同、物资采购合同等的履行实施监督管理。

3. 《建设工程监理合同(示范文本)》(GF—2012—0202)的组成

为了规范建设工程监理合同，住房和城乡建设部及国家工商行政管理总局于 2012 年 3 月发布了《建设工程监理合同(示范文本)》(GF—2012—0202)，该合同示范文本由"协议书""通用条件""专用条件"、附录 A 和附录 B 组成。

【建设工程监理合同范本】

1）协议书

协议书明确了委托人和监理人，明确了双方约定的委托建设工程监理与相关服务的工程概况(工程名称、工程地点、工程规模、工程概算投资额或建筑安装工程费)；总监理工程师(姓名、身份证号、注册号)；签约酬金(监理酬金、相关服务酬金)；服务期限(监理期限、相关服务期限)；双方对履行合同的承诺及合同订立的时间、地点、份数等。

协议书还明确了建设工程监理合同的组成文件。

（1）协议书。

（2）中标通知书(适用于招标工程)或委托书(适用于非招标工程)。

（3）投标文件(适用于招标工程)或监理与相关服务建议书(适用于非招标工程)。

（4）专用条件。

（5）通用条件。

（6）附录：①附录 A 相关服务的范围和内容；②附录 B 委托人派遣的人员和提供的房屋、资料、设备。

建设工程监理合同签订后，双方依法签订的补充协议也是建设工程监理合同文件的组成部分。协议书是一份标准的格式文件，经当事人双方在空格处填写具体规定的内容并签字盖章后，即发生法律效力。

2）通用条件

通用条件涵盖了建设工程监理合同中所用的词语定义与解释，监理人的义务，委托人的义务，签约双方的违约责任，酬金支付，合同的生效、变更、暂停、解除与终止，争议解决及其他诸如外出考察费用、检测费用、咨询费用、奖励、守法诚信、保密、通知、著作权等方面的约定。通用文件适用于各类建设工程监理，各委托人、监理人都应遵守通用条件中的规定。

3）专用条件

由于通用条件适用于各行业、各专业建设工程监理，因此，其中的某些条款规定得比较笼统，需要在签订具体建设工程监理合同时，结合地域特点、专业特点和委托监理的工程特点，对通用条件中的某些条款进行补充、修改。

4）附录

附录包括两部分，即附录 A 和附录 B。

（1）附录 A。如果委托人委托监理人完成相关服务时，应在附录 A 中明确约定委托的工作内容和范围。委托人根据工程建设管理需要，可以自主委托全部内容，也可以委托某个阶段的工作或部分服务内容。如果委托人仅委托建设工程监理，则不需要填写附录 A。

（2）附录 B。委托人为监理人开展正常监理工作派遣的人员和无偿提供的房屋、资料、设备，应在附录 B 中明确约定派遣或提供的对象、数量和时间。

4.2.2 建设工程监理合同履行

1. 监理人的义务

1）监理的范围和工作内容

（1）监理的范围。建设工程监理范围可能是整个建设工程，也可能是建设工程中一个或若干施工标段，还可能是一个或若干施工标段中的部分工程（如土建工程、机电设备安装工程、玻璃幕墙工程、桩基工程等）。合同双方需要在专用条件中明确建设工程监理的具体范围。

（2）监理工作内容。对于强制实施监理的建设工程，通用条件约定了 22 项属于监理人需要完成的基本工作，也是确保建设工程监理取得成效的重要基础。

① 收到工程设计文件后编制监理规划，并在第一次工地会议 7 天前报委托人。根据有关规定和监理工作需要，编制监理实施细则。

② 熟悉工程设计文件，并参加由委托人主持的图纸会审和设计交底会议。

③ 参加由委托人主持的第一次工地会议；主持监理例会并根据工程需要主持或参加专题会议。

④ 审查施工承包人提交的施工组织设计，重点审查其中的质量安全技术措施、专项施工方案与工程建设强制性标准的符合性。

⑤ 检查施工承包人工程质量、安全生产管理制度及组织机构和人员资格。

⑥ 检查施工承包人专职安全生产管理人员的配备情况。

⑦ 审查施工承包人提交的施工进度计划，核查施工承包人对施工进度计划的调整。

⑧ 检查施工承包人的试验室。

⑨ 审核施工分包人资质条件。

⑩ 查验施工承包人的施工测量放线成果。

⑪ 审查工程开工条件，对条件具备的签发开工令。

⑫ 审查施工承包人报送的工程材料、构配件、设备的质量证明资料，抽检进场的工程材料、构配件的质量。

⑬ 审核施工承包人提交的工程款支付申请，签发或出具工程款支付证书，并报委托人审核、批准。

⑭ 在巡视、旁站和检验过程中，发现工程质量、施工安全存在事故隐患的，要求施工承包人整改并报委托人。

⑮ 经委托人同意，签发工程暂停令和复工令。

⑯ 审查施工承包人提交的采用新材料、新工艺、新技术、新设备的论证材料及相关验收标准。

⑰ 验收隐蔽工程、分部分项工程。

⑱ 审查施工承包人提交的工程变更申请，协调处理施工进度调整、费用索赔、合同争议等事项。

⑲ 审查施工承包人提交的竣工验收申请，编写工程质量评估报告。

⑳ 参加工程竣工验收，签署竣工验收意见。

㉑ 审查施工承包人提交的竣工结算申请并报委托人。

㉒ 编制、整理建设工程监理归档文件并报委托人。

(3) 相关服务的范围和内容。委托人需要监理人提供相关服务(如勘察阶段、设计阶段、保修阶段服务及其他专业技术咨询、外部协调工作等)的，其范围和内容应在附录 A 中约定。

2) 项目监理机构和人员

(1) 项目监理机构。监理人应组建满足工作需要的项目监理机构，配备必要的检测设备。项目监理机构的主要人员应具有相应的资格条件。

项目监理机构应由总监理工程师、专业监理工程师和监理员组成，且专业配套、人员数量满足监理工作需要。总监理工程师必须由注册监理工程师担任，必要时可设总监理工程师代表。配备必要的检测设备，是保证建设工程监理效果的重要基础。

(2) 项目监理机构人员的更换。

① 在建设工程监理合同履行过程中，总监理工程师及重要岗位监理人员应保持相对稳定，以保证监理工作正常进行。

② 监理人可根据工程进展和工作需要调整项目监理机构人员。需要更换总监理工程师时，应提前 7 天向委托人书面报告，经委托人同意后方可更换；监理人更换项目监理机构其他监理人员，应以不低于现有资格与能力为原则，并应将更换情况通知委托人。

③ 监理人应及时更换有下列情形之一的监理人员：有严重过失行为的；有违法行为不能履行职责的；涉嫌犯罪的；不能胜任岗位职责的；严重违反职业道德的；专用条件约定的其他情形。

④ 委托人可要求监理人更换不能胜任本职工作的项目监理机构人员。

3) 履行职责

监理人应遵循职业道德准则和行为规范，严格按照法律法规、工程建设有关标准及监理合同履行职责。

(1) 委托人、施工承包人及有关各方意见和要求的处置。在建设工程监理与相关服务范围内，项目监理机构应及时处置委托人、施工承包人及有关各方的意见和要求。当委托人与施工承包人及其他合同当事人发生合同争议时，项目监理机构应充分发挥协调作用，与委托人、施工承包人及其他合同当事人协商解决。

(2) 证明材料的提供。委托人与施工承包人及其他合同当事人发生合同争议的，首先应通过协商、调解等方式解决。如果协商、调解不成而通过仲裁或诉讼途径解决的，监理人应按仲裁机构或法院要求提供必要的证明材料。

(3) 合同变更的处理。监理人应在专用条件约定的授权范围(工程延期的授权范围、合同价款变更的授权范围)内，处理委托人与承包人所签订合同的变更事宜。如果变更超过授权范围，应以书面形式报委托人批准。

在紧急情况下，为了保护财产和人身安全，项目监理机构可不经请示委托人而直接发布指令，但应在发出指令后的 24 小时内以书面形式报委托人。这样，项目监理机构就拥有一定的现场处置权。

(4) 承包人人员的调换。施工承包人及其他合同当事人的人员不称职，会影响建设工程的顺利实施。为此，项目监理机构有权要求施工承包人及其他合同当事人调换其不能胜任本职工作的人员。

与此同时，为限制项目监理机构在此方面有过大的权利，委托人与监理人可在专用条件中约定项目监理机构指令施工承包人及其他合同当事人调换其人员的限制条件。

4) 其他义务

(1) 提交报告。项目监理机构应按专用条件约定的种类、时间和份数向委托人提交监理与相关服务的报告，包括监理规划、监理月报，还可根据需要提交专项报告等。

(2) 文件资料。在监理合同履行期内，项目监理机构应在现场保留工作所用的图纸、报告及记录监理工作的相关文件。工程竣工后，应当按照档案管理规定将监理有关文件归档。

建设工程监理工作中所用的图纸、报告是建设工程监理工作的重要依据，记录建设工程监理工作的相关文件是建设工程监理工作的重要证据，也是衡量建设工程监理效果的主要依据之一。发生工程质量、生产安全事故时，也是判别建设工程监理责任的重要依据。项目监理机构应设专人负责建设工程监理文件资料管理工作。

(3) 使用委托人的财产。在建设工程监理与相关服务过程中，委托人派遣的人员以及提供给项目监理机构无偿使用的房屋、资料、设备应在附录 B 中予以明确。监理人应妥善使用和保管，并在合同终止时将这些房屋、设备按专用条件约定的时间和方式移交委托人。

2. 委托人的义务

1) 告知

委托人应在其与施工承包人及其他合同当事人签订的合同中明确监理人、总监理工程师和授予项目监理机构的权限。

如果监理人、总监理工程师以及委托人授予项目监理机构的权限有变更，委托人也应以书面形式及时通知施工承包人及其他合同当事人。

2) 提供资料

委托人应按照附录 B 约定，无偿、及时向监理人提供工程有关资料。在建设工程监理合同履行过程中，委托人应及时向监理人提供最新的与工程有关的资料。

3) 提供工作条件

委托人应为监理人实施监理与相关服务提供必要的工作条件。

(1) 派遣人员并提供房屋、设备。委托人应按照附录 B 约定，派遣相应的人员，如果所派遣的人员不能胜任所安排的工作，监理人可要求委托人调换。

委托人还应按照附录 B 约定，提供房屋、设备，供监理人无偿使用。如果在使用过程中所发生的水、电、煤、油及通信费用等需要监理人支付的，应在专用条件中约定。

(2) 协调外部关系。委托人应负责协调工程建设中所有外部关系，为监理人履行合同提供必要的外部条件。这里的外部关系是指与工程有关的各级政府建设主管部门、建设工程安全质量监督机构，以及城市规划、卫生防疫、人防、技术监督、交警、乡镇街道等管理部门之间的关系，还有与工程有关的各管线单位等之间的关系。如果委托人将工程建设中所有或部分外部关系的协调工作委托监理人完成的，则应与监理人协商，并在专用条件中约定或签订补充协议，支付相关费用。

4) 授权委托人代表

委托人应授权一名熟悉工程情况的代表，负责与监理人联系。委托人应在双方签订合同后 7 天内，将其代表的姓名和职责书面告知监理人。当委托人更换其代表时，也应提前 7 天通知监理人。

5) 委托人意见或要求

在建设工程监理合同约定的监理与相关服务工作范围内，委托人对承包人的任何意见或要求应通知监理人，由监理人向承包人发出相应指令。

6) 答复

对于监理人以书面形式提交委托人并要求做出决定的事宜，委托人应在专用条件约定的时间内给予书面答复。逾期未答复的，视为委托人认可。

7) 支付

委托人应按合同(包括补充协议)约定的额度、时间和方式向监理人支付酬金。

3. 违约责任

1) 监理人的违约责任

监理人未履行监理合同义务的，应承担相应的责任。

(1) 违反合同约定造成的损失赔偿。因监理人违反合同约定给委托人造成损失的，监理人应当赔偿委托人损失。赔偿金额的确定方法在专用条件中约定。监理人承担部分赔偿责任的，其承担赔偿金额由双方协商确定。

监理人的违约情况包括不履行合同义务的故意行为和未正确履行合同义务的过错行为。

监理人不履行合同义务的情形包括以下几种。

① 无正当理由单方解除合同。

② 无正当理由不履行合同约定的义务。

监理人未正确履行合同义务的情形包括以下几种。

① 未完成合同约定范围内的工作。

② 未按规范程序进行监理。

③ 未按正确数据进行判断而向施工承包人及其他合同当事人发出错误指令。

④ 未能及时发出相关指令，导致工程实施进程发生重大延误或混乱。

⑤ 发出错误指令，导致工程受到损失等。

当合同协议书是根据《建设工程监理与相关服务收费管理规定》(发改价格〔2007〕670 号)约定酬金的，则应按专用条件约定的百分比方法计算监理人应承担的赔偿金额：

赔偿金＝直接经济损失×正常工作酬金÷工程概算投资额(或建筑工程安装费)

(2) 索赔不成立时的费用补偿。监理人向委托人的索赔不成立时，监理人应赔偿委托人由此发生的费用。

2) 委托人的违约责任

委托人未履行本合同义务的，应承担相应的责任。

(1) 违反合同约定造成的损失赔偿。委托人违反合同约定造成监理人损失的，委托人应予以赔偿。

(2) 索赔不成立时的费用补偿。委托人向监理人的索赔不成立时，应赔偿监理人由此引起的费用。这与监理人索赔不成立的规定对等。

(3) 逾期支付补偿。委托人未能按合同约定的时间支付相应酬金超过 28 天，应按专用条件约定支付逾期付款利息。

逾期付款利息应按专用条件约定的方法计算(拖延支付天数应从应支付日算起)：

逾期付款利息＝当期应付款总额×银行同期贷款利率×拖延支付天数

3) 除外责任

因非监理人的原因，且监理人无过错，发生工程质量事故、安全事故、工期延误等造成的损失，监理人不承担赔偿责任。这是由于监理人不承包工程的实施，因此，在监理人无过错的前提下，由于第三方原因使建设工程遭受损失的，监理人不承担赔偿责任。

因不可抗力导致监理合同全部或部分不能履行时，双方各自承担其因此而造成的损失、损害。不可抗力是指合同双方当事人均不能预见、不能避免、不能克服的客观原因引起的事件，根据《合同法》第一百一十七条"因不可抗力不能履行合同的，根据不可抗力的影响，部分或者全部免除责任"的规定，按照公平、合理原则，合同双方当事人应各自承担其因不可抗力而造成的损失、损害。

因不可抗力导致监理人现场的物质损失和人员伤害，由监理人自行负责。如果委托人投保的"建筑工程一切险"或"安装工程一切险"的被保险人中包括监理人，则监理人的物质损害也可从保险公司获得相应的赔偿。

监理人应自行投保现场监理人员的意外伤害保险。

4. 合同的生效、变更与终止

1) 建设工程监理合同生效

建设工程监理合同属于无生效条件的委托合同，因此，合同双方当事人依法订立后合同即生效。也就是说，委托人和监理人的法定代表人或其授权代理人在协议书上签字并盖单位章后合同生效。除非法律另有规定或者专用条件另有约定。

2) 建设工程监理合同变更

在建设工程监理合同履行期间，由于主观或客观条件的变化，当事人任何一方均可提出变更合同的要求，经过双方协商达成一致后可以变更合同。例如，委托人提出增加监理或相关服务工作的范围或内容；监理人提出委托工作范围内工程的改进或优化建议等。

(1) 建设工程监理合同履行期限延长、工作内容增加。除不可抗力外，因非监理人原因导致监理人履行合同期限延长、内容增加时，监理人应将此情况与可能产生的影响及时通知委托人。增加的监理工作时间、工作内容应视为附加工作。附加工作酬金的确定方法在专用条件中约定。

附加工作分为延长监理或相关服务时间、增加服务工作内容两类。延长监理或相关服务时间的附加工作酬金，应按下式计算：

$$附加工作酬金=合同期限延长时间(天)×正常工作酬金÷$$
$$协议书约定的监理与相关服务期限(天)$$

增加服务工作内容的附加工作酬金，由合同双方当事人根据实际增加的工作内容协商确定。

(2) 建设工程监理合同暂停履行、终止后的善后服务工作及恢复服务的准备工作。监理合同生效后，如果实际情况发生变化使得监理人不能完成全部或部分工作时，监理人应立即通知委托人。其善后工作以及恢复服务的准备工作应为附加工作，附加工作酬金的确定方法在专用条件中约定。监理人用于恢复服务的准备时间不应超过 28 天。

建设工程监理合同生效后，出现致使监理人不能完成全部或部分工作的情况可能包括以下几种。

① 因委托人原因致使监理人服务的工程被迫终止。

② 因委托人原因致使被监理合同终止。

③ 因施工承包人或其他合同当事人原因致使被监理合同终止，实施工程需要更换施工承包人或其他合同当事人。

④ 不可抗力原因致使被监理合同暂停履行或终止等。

在上述情况下，附加工作酬金按下式计算：

$$附加工作酬金=善后工作及恢复服务的准备工作时间(天)×正常工作酬金÷$$
$$协议书约定的监理与相关服务期限(天)$$

(3) 相关法律法规、标准颁布或修订引起的变更。在监理合同履行期间，因法律法规、标准颁布或修订导致监理与相关服务的范围、时间发生变化时，应按合同变更对待，双方通过协商予以调整。增加的监理工作内容或延长的服务时间应视为附加工作。若致使委托范围内的工作相应减少或服务时间缩短，也应调整监理与相关服务的正常工作酬金。

(4) 工程投资额或建筑安装工程费增加引起的变更。协议书中约定的监理与相关服务酬金是按照国家颁布的收费标准确定时，其计算基数是工程概算投资额或建筑安装工程费。因非监理人原因造成工程投资额或建筑安装工程费增加时，监理与相关服务酬金的计算基数便发生变化，因此，正常工作酬金应做相应调整。调整额按下式计算：

$$正常工作酬金增加额=工程投资额或建筑安装工程费增加额×$$
$$正常工作酬金÷工程概算投资额(或建筑安装工程费)$$

如果是按照《建设工程监理与相关服务收费管理规定》约定的合同酬金，增加监理范围调整正常工作酬金时，若涉及专业调整系数、工程复杂程度调整系数变化，则应按实际委托的服务范围重新计算正常监理工作酬金额。

(5) 因工程规模、监理范围的变化导致监理人的正常工作量的减少。在监理合同履行期间，工程规模或监理范围的变化导致正常工作减少时，监理与相关服务的投入成本也相应减少，因此，也应对协议书中约定的正常工作酬金做出调整。减少正常工作酬金的基本原则是按减少工作量的比例从协议书约定的正常工作酬金中扣减相同比例的酬金。

如果是按照《建设工程监理与相关服务收费管理规定》约定的合同酬金，减少监理范围后调整正常工作酬金时，如果涉及专业调整系数、工程复杂程度调整系数变化，则应按实际委托的服务范围重新计算正常监理工作酬金额。

3) 建设工程监理合同暂停履行与解除

除双方协商一致可以解除合同外，当一方无正当理由未履行合同约定的义务时，另一方可以根据合同约定暂停履行合同直至解除合同。

(1) 解除合同或部分义务。在合同有效期内，由于双方无法预见和控制的原因导致合同全部或部分无法继续履行或继续履行已无意义，经双方协商一致，可以解除合同或监理人的部分义务。在解除之前，监理人应按诚信原则做出合理安排，将解除合同导致的工程损失减至最小。

除不可抗力等原因依法可以免除责任外，因委托人原因致使正在实施的工程取消或暂停等，监理人有权获得因合同解除导致损失的补偿。补偿金额由双方协商确定。

解除合同的协议必须采取书面形式，协议未达成之前，监理合同仍然有效，双方当事人应继续履行合同约定的义务。

(2) 暂停全部或部分工作。委托人因不可抗力影响、筹措建设资金遇到困难、与施工承包人解除合同、办理相关审批手续、征地拆迁遇到困难等导致工程施工全部或部分暂停时，应书面通知监理人暂停全部或部分工作。监理人应立即安排停止工作，并将开支减至最小。除不可抗力外，由此导致监理人遭受的损失应由委托人予以补偿。

暂停全部或部分监理或相关服务的时间超过 182 天，监理人可自主选择继续等待委托人恢复服务的通知，也可向委托人发出解除全部或部分义务的通知。若暂停服务仅涉及合同约定的部分工作内容，则视为委托人已将此部分约定的工作从委托任务中删除，监理人不需要再履行相应义务；如果暂停全部服务工作，按委托人违约对待，监理人可单方解除合同。监理人可发出解除合同的通知，合同自通知到达委托人时解除。委托人应将监理与相关服务的酬金支付至合同解除日。

委托人因违约行为给监理人造成损失的，应承担违约赔偿责任。

(3) 监理人未履行合同义务。当监理人无正当理由未履行合同约定的义务时，委托人应通知监理人限期改正。委托人在发出通知后 7 天内没有收到监理人书面形式的合理解释，即监理人没有采取实质性改正违约行为的措施，则可进一步发出解除合同的通知，自通知到达监理人时合同解除。委托人应将监理与相关服务的酬金支付至限期改正通知到达监理人之日。

监理人因违约行为给委托人造成损失的，应承担违约赔偿责任。

(4) 委托人延期支付。委托人按期支付酬金是其基本义务。监理人在专用条件约定的支付日的 28 天后未收到应支付的款项，可发出酬金催付通知。

委托人接到通知 14 天后仍未支付或未提出监理人可以接受的延期支付安排，监理人可向委托人发出暂停工作的通知并可自行暂停全部或部分工作。暂停工作后 14 天内监理人仍未获得委托人应付酬金或委托人的合理答复，监理人可向委托人发出解除合同的通知，自通知到达委托人时合同解除。

委托人应对支付酬金的违约行为承担违约赔偿责任。

（5）不可抗力造成合同暂停或解除。因不可抗力致使合同部分或全部不能履行时，一方应立即通知另一方，可暂停或解除合同。根据《合同法》，双方受到的损失、损害各负其责。

（6）合同解除后的结算、清理、争议解决。无论是协商解除合同，还是委托人或监理人单方解除合同，合同解除生效后，合同约定的有关结算、清理条款仍然有效。单方解除合同的解除通知到达对方时生效，任何一方对对方解除合同的行为有异议，仍可按照约定的合同争议条款采用调解、仲裁或诉讼的程序保护自己的合法权益。

4）监理合同终止

以下条件全部成就时，监理合同即告终止。

（1）监理人完成合同约定的全部工作。

（2）委托人与监理人结清并支付全部酬金。

工程竣工并移交并不满足监理合同终止的全部条件。上述条件全部成就时，监理合同有效期终止。

知识链接

（1）引例背景材料中的不妥之处如下所述。

① 在合同的通用条款中填写委托监理任务不妥，应在"专用条款"中填写。

② 由监理单位择优选择施工承包单位不妥，监理单位应协助建设单位选择施工承包单位。

③ 进行可行性研究不妥，不需要进行可行性研究，这是前期立项的委托服务任务工作。

④ 进行成本效益分析、提出质量保证措施不妥，不需要进行分析，这是可行性研究的内容。

⑤ 指定监理公司不妥，应以招标方式进行确定。

⑥ 监理人负责外部关系协调不妥，应该是委托人负责。

⑦ 建设单位不派工地常驻代表不妥，应该派工地常驻代表。

⑧ 监理员告诉有关设计方面的秘密不妥，应该是监理单位不得泄露设计单位申明的秘密。

⑨ 总监理工程师以建设单位的身份参与调解不妥，应该是总监理工程师以独立的身份进行调解。

（2）引例中属于建设单位的义务有（4）、（5）、（9）、（10）；属于监理单位的义务有（1）、（2）、（3）、（6）、（7）、（8）、（11）、（12）、（13）。

4.2.3 建设工程项目监理费

1. 工程项目监理费的内容

建设工程监理费是指建设单位依据监理合同支付给工程监理单位的监理报酬，即监理合同酬金。监理合同酬金主要包括正常工作酬金、附加工作酬金、合理化建议奖励金额及费用。

1）正常工作酬金

正常工作指监理合同订立时通用条件和专用条件中约定的监理人的工作。正常工作酬金是指监理人完成正常工作，委托人应给付监理人并在协议书中载明的签约酬金额，包括建设工程监理酬金和相关服务阶段酬金，相关服务阶段包括勘察阶段、设计阶段、保修阶段及其他咨询或外部协调等服务阶段酬金。

正常工作酬金增加额按下列方法确定：

正常工作酬金增加额=工程投资额或建筑安装工程费增加额×正常工作酬金

÷工程概算投资额(或建筑安装工程费)

因工程规模、监理范围的变化导致监理人的正常工作量减少时，按减少工作量的比例从协议书约定的正常工作酬金中扣减相同比例的酬金。

2）附加工作酬金

附加工作是监理本合同约定的正常工作以外监理人的工作。附加工作酬金是指监理人完成附加工作，委托人应给付监理人的金额。

除不可抗力外，因非监理人原因导致本合同期限延长时，增加的监理工作时间、工作内容视为附加工作。附加工作酬金按下列方法确定：

附加工作酬金=本合同期限延长时间(天)×正常工作酬金÷

协议书约定的监理与相关服务期限(天)

合同生效后，实际情况发生变化使得监理人不能完成全部或部分监理工作时，对于善后工作及恢复服务的准备工作视为附加工作。附加工作酬金按下列方法确定：

附加工作酬金=善后工作及恢复服务的准备工作时间(天)×正常工作酬金÷

协议书约定的监理与相关服务期限(天)

3）合理化建议奖励金额

监理人在服务过程中提出的合理化建议，使委托人获得经济效益的，双方在专用条件中约定奖励金额的确定方法。奖励金额在合理化建议被采纳后，与最近一期的正常工作酬金同期支付。合理化建议的奖励金额按下列方法确定：

奖励金额=工程投资节省额×奖励金额的比率(奖励金额的比率由双方在专用条件中约定)

4）费用

费用包括外出考察费用、检测费用和咨询费用。

外出考察费用是指经委托人同意，监理人员外出考察发生的费用由委托人审核后支付。检测费用是指委托人要求监理人进行的材料和设备检测所发生的费用，由委托人支付，支付时间在专用条件中约定。咨询费用是指经委托人同意，根据工程需要由监理人组织的相关咨询论证会以及聘请相关专家等发生的费用由委托人支付，支付时间在专用条件中约定。

2. 工程项目监理费的构成

建设工程监理费由监理直接成本、监理间接成本、税金和利润构成。

1）直接成本

直接成本，是指监理企业履行委托监理合同时所发生的成本，主要包括以下内容。

（1）监理人员和监理辅助人员的工资、奖金、津贴、补助、附加工资等。

（2）用于监理工作的常规检测工器具、计算机等办公设施的购置费和其他仪器、机械的租赁费。

（3）用于监理人员和监理辅助人员的其他专项开支，包括办公费、通信费、差旅费、书报费、文印费、会议费、劳保费、保险费、医疗费、休假探亲费等。

（4）其他费用。

2）间接成本

间接成本，是指全部业务经营开支及非工程监理的特定开支，具体包括以下内容。

（1）管理人员、行政人员以及后勤人员的工资、奖金、补助和津贴。

（2）经营性业务开支，包括为招揽监理业务而发生的广告费、宣传费、有关合同的公证费等。

（3）办公费，包括办公用品、报刊、会议、文印、上下班交通费等。

（4）业务培训费，图书、资料购置费。

（5）公用设施使用费，包括办公使用的水、电、气、环卫、保安等费用。

（6）附加费，包括劳动统筹、医疗统筹、福利基金、工会经费、人身保险、住房公积金特殊补助等。

（7）其他费用。

3）税金

税金，是指按照国家规定，工程监理单位应缴纳的各种税金总额，如营业税、所得税、印花税等。

4）利润

利润，是指工程监理单位的监理活动收入扣除直接成本、间接成本和各种税金之后的余额。

 特 别 提 示

我国自 2007 年 5 月 1 日起施行《建设工程监理与相关服务收费管理规定》。原国家物价局与原建设部联合发布的《关于发布工程建设监理费有关规定的通知》（〔1992〕价费字 479 号）同时废止。国务院有关部门及各地制定的相关规定与本规定相抵触的，以本规定为准。

4.3 工程监理与相关服务收费管理规定

【《建设工程监理与相关服务收费管理规定》】

为规范建设工程监理及相关服务收费行为，维护委托方和受托方合法权益，促进建设工程监理行业健康发展，国家发展和改革委员会、原建设部于 2007 年 3 月发布了《建设工程监理与相关服务收费管理规定》，明确了建设工程监理与相关服务收费标准。

4.3.1 工程监理及相关服务收费的一般规定

建设工程监理与相关服务是指监理人接受发包人的委托，提供建设工程项目施工阶段的质量、进度、费用控制管理和安全、合同、信息等方面协调管理服务，以及勘察、设计、设备监造、保修等阶段的相关工程服务。

建设工程监理与相关服务收费为建设工程施工阶段的工程监理(以下简称"施工监理")服务收费与勘察、设计、设备监造、保修等阶段的监理与相关服务(以下简称"其他阶段的相关服务")收费之和。

建设工程监理及相关服务收费根据工程项目的性质不同,分别实行政府指导价或市场调节价。依法必须实行监理的工程,监理收费实行政府指导价;其他工程的监理收费与相关服务收费实行市场调节价。

实行政府指导价的建设工程监理收费,其基准价根据《建设工程监理与相关服务收费标准》计算,浮动幅度为上下 20%。建设单位和工程监理单位应当根据建设工程的实际情况在规定的浮动幅度内协商确定收费额。实行市场调节价的建设工程监理与相关服务收费,由建设单位和工程监理单位协商确定收费额。

建设工程监理与相关服务收费,应当体现优质优价的原则。在保证工程质量的前提下,由于建设工程监理与相关服务节省投资、缩短工期、取得显著经济效益的,建设单位可根据合同约定奖励工程监理单位。

4.3.2 施工监理与相关服务计费方式

1. 施工监理服务计费方式

铁路、水运、公路、水电、水库工程的施工监理服务收费按建筑安装工程费分档定额计费方式计算收费。其他工程的施工监理服务收费按照工程概算投资额分档定额计费方式计算收费。

1)施工监理服务收费

施工监理服务收费按照下列公式计算:

施工监理服务收费=施工监理服务收费基准价×(1+浮动幅度值)

施工监理服务收费基准价=施工监理服务收费基价×专业调整系数×

工程复杂程度调整系数×高程调整系数

施工监理收费基准价是按照本收费标准计算出的施工监理基准收费额,发包人与监理人根据项目的实际情况,在规定的浮动幅度范围内协商确定施工监理收费合同额。

施工监理收费基价是完成国家法律法规、行业规范规定的施工阶段基本监理服务内容的酬金。施工监理收费基价按《施工监理收费基价表》(表 4-1)中确定,计费额处于两个数值区间的,采用直线内插法确定施工监理收费基价。

表 4-1 施工监理收费基价表　　　　　　　　单位:万元

序号	计费额	收费基价
1	500	16.5
2	1 000	30.1
3	3 000	78.1

(续)

序号	计费额	收费基价
4	5 000	120.8
5	8 000	181.0
6	10 000	218.6
7	20 000	393.4
8	40 000	708.2
9	60 000	991.4
10	80 000	1 255.8
11	100 000	1 507.0
12	200 000	2 712.5
13	400 000	4 882.6
14	600 000	6 835.6
15	800 000	8 658.4
16	1 000 000	10 390.1

注：计费额大于 1 000 000 万元的，以计费额乘以 1.039%的收费率计算收费基价，其他未包含的其收费由双方协商议定。

2）施工监理收费调整系数

施工监理收费标准的调整系数包括专业调整系数、工程复杂程度调整系数和高程调整系数。

专业调整系数是对不同专业建设工程项目的施工监理工作复杂程度和工作量差异进行调整的系数。计算施工监理收费时，专业调整系数在《施工监理收费专业调整系数表》（表 4-2）中查找确定。

表 4-2　建设工程监理服务收费专业调整系数

工程类型	专业调整系数
1.　矿山采选工程	
黑色、有色、黄金、化学、非金属及其他矿采选工程	0.9
选煤及其他煤炭工程	1.0
矿井工程、铀矿采选工程	1.1
2.　加工冶炼工程	
冶炼工程	1.0
船舶水工工程	1.0
各类加工、冶炼工程	1.0
核加工工程	1.2
3.　石油化工工程	
石油工程	0.9
化工、石化、化纤、医药工程	1.0
核化工工程	1.3
4.　水利电力工程	
风力发电、其他水利工程	0.9
火电工程、送变电工程	1.0
核电、水电、水库工程	1.2

(续)

工程类型	专业调整系数
5. 交通运输工程	
机场场道、机场空管和助航灯光工程	0.9
铁路、公路、城市道路、轻轨工程	1.0
水运、地铁、桥梁、隧道、索道工程	1.1
6. 建筑市政工程	
邮电、电信、广电工艺工程	0.9
建筑、人防、市政工程	1.0
园林绿化工程	0.8
7. 农业林业工程	
农业工程	0.9
林业工程	0.9

工程复杂程度调整系数是对同一专业不同建设工程项目的施工监理复杂程度和工作量差异进行调整的系数。工程复杂程度分为一般、较复杂和复杂 3 个等级，其调整系数分别为：一般（Ⅰ级）0.85；较复杂（Ⅱ级）1.0；复杂（Ⅲ级）1.15。计算施工监理收费时，工程复杂程度在相应章节的《工程复杂程度表》中查找确定。

高程调整系数是指在海拔高程超过 2 000m 地区进行施工监理工作时进行调整的系数，具体如下：海拔高程 2 001m 以下的为 1；海拔高程 2 001～3 000m 为 1.1；海拔高程 3 001～3 500m 为 1.2；海拔高程 3 501～4 000m 为 1.3；海拔高程 4 001m 以上的，高程调整系数由发包人和监理人协商确定。

3）施工监理服务收费的计费额

施工监理服务收费以工程概算投资额分档定额计费方式收费的，其计费额为工程概算中的建筑安装工程费、设备购置费和联合试运转费之和。对设备购置费和联合试运转费占工程概算投资额 40%以上的工程项目，其建筑安装工程费全部计入计费额，设备购置费和联合试运转费按 40%的比例计入计费额。但其计费额不应小于建筑安装工程费与其相同且设备购置费和联合试运转费等于工程概算投资额 40%的工程项目的计费额。

工程中有利用原有设备并进行安装调试服务的，以签订建设工程监理合同时同类设备的当期价格作为建设工程监理服务收费的计费额；工程中有缓配设备的，应扣除签订建设工程监理合同时同类设备的当期价格作为建设工程监理服务收费的计费额；工程中有引进设备的，按照购进设备的离岸价格折换成人民币作为建设工程监理服务收费的计费额。

建设工程监理服务收费以建筑安装工程费分档定额计费方式收费的，其计费额为工程概算中的建筑安装工程费。作为建设工程监理服务收费计费额的工程概算投资额或建筑安装工程费均指每个监理合同中约定的工程项目范围的投资额。

4）建设工程监理部分发包与联合承揽服务收费的计算

发包人将施工监理服务中的某一部分工作单独发包给监理人，按照其占施工监理服务工作量的比例计算施工监理服务收费，其中质量控制和安全生产监督管理服务收费不宜低于施工监理服务收费总额的 70%。

建设工程项目施工监理服务由两个或者两个以上监理人承担的，各监理人按照其占施工监理服务工作量的比例计算施工监理服务收费。发包人委托其中一个监理人对建设工程项目施工监理服务总负责的，该监理人按照各监理人合计监理服务收费额的 4%～6%向发包人收取总体协调费。

2. 相关服务计费方式

相关服务收费一般按相关服务工作所需工日和表 4-3 的规定收费。

表 4-3　建设工程监理与相关服务人员人工日费用标准

建设工程监理与相关服务人员职级	工日费用标准/元
一、高级专家	1 000～1 200
二、高级专业技术职称的监理与相关服务人员	800～1 000
三、中级专业技术职称的监理与相关服务人员	600～800
四、初级及以下专业技术职称监理与相关服务人员	300～600

注：本表适用于提供短期服务的人工费用标准。

应用案例 4-1

某住宅工程，在施工图设计阶段招标委托施工阶段监理，按《建设工程监理合同(示范文本)》(GF—2012—0202)签订了工程监理合同，该合同未委托相关服务工作，实施中发生以下事件。

事件 1: 建设单位要求监理单位参与项目设计管理和施工招标工作，提出要监理单位尽早编制监理规划，与施工图设计同时进行，要求在施工招标前向建设单位报送监理规划。

事件 2: 总监理工程师委托总监理工程师代表组织编制监理规划，要求项目监理机构中专业监理工程师和监理员全员参与编制，并要求由总监理工程师代表审核批准后尽快报送建设单位。

【监理规划编制的程序与依据】

事件 3: 编制的监理规划中提出"四控制"的基本工作任务，分别设有"工程质量控制""工程造价控制""工程进度控制"和"安全生产控制"等章节内容；并提出对危险性较大的分部分项工程，应按照当地工程安全生产监督机构的要求，编制《安全监理专项方案》。

事件 4: 在深基坑开挖工程准备会议上，建设单位要求项目监理机构尽早提交《深基坑工程监理实施细则》，并要求施工单位根据该细则尽快编制《深基坑工程施工方案》。

事件 5: 工程某部位大体积混凝土工程施工前，土建专业监理工程师编制了《大体积混凝土工程监理实施细则》，经总监理工程师审批后实施。实施中由于外部条件变化，土建专业监理工程师对监理实施细则进行了补充，考虑到总监理工程师比较繁忙，拟报总监理工程师代表审批后继续实施。

问题：

(1) 事件 1 中，建设单位的要求有何不妥？试说明理由。

(2) 事件 2 中，总监理工程师的做法有何不妥？试说明理由。

(3) 指出事件 3 中监理规划的不正确之处，写出正确做法。

(4) 事件 4 中，建设单位的做法是否妥当？试说明理由。

(5) 指出事件 5 中项目监理机构做法的不妥之处？试说明理由。

【解析】

(1) 建设单位要求监理单位参与项目设计管理和施工招标工作不妥，因为该工作内容属于相关服务范围，而工程监理合同未委托相关服务工作；建设单位提出编制监理规划与施工图设计同时进行不妥，因监理规划应针对建设工程实际情况编制，故应在收到工程设计文件后开始编制监理规划。

(2) 总监理工程师委托总监理工程师代表组织编制监理规划不妥，因为违反《建设工程监理规范》对总监理工程师职责的规定；由总监理工程师代表审核批准监理规划不妥，根据《建设工程监理规范》，监理规划应在总监理工程师签字后由监理单位技术负责人审核批准，方可报送建设单位。

(3) 监理规划中"四控制"的提法不妥，"安全生产控制"的章节名称不正确，应为"安全生产管理的监理工作"；监理规划中"安全监理"的提法不妥，针对危险性较大的分部分项工程，编制《安全监理专项方案》的做法不正确，应按《建设工程监理规范》的要求，编制监理实施细则。

(4) 建设单位要求项目监理机构先于施工单位专项施工方案编制监理实施细则的做法不妥，因为专项施工方案是监理实施细则的编制依据之一。

(5) 项目监理机构对监理实施细则进行了补充后，拟报总监理工程师代表审批后继续实施的考虑不妥。根据《建设工程监理规范》，总监理工程师不得将审批监理实施细则的职责委托给总监理工程师代表，监理实施细则补充、修改后，仍应由总监理工程师审批后方可实施。

应用案例 4-2

某新建高档宾馆，总建筑面积 43 200m²，地下 1 层，地上 5 层，建筑物高度 23.7m，工程概算为 28 000 万元，建筑安装工程费 19 094 万元，其中含高档装修工程费 7 776 万元，设备购置费及联合试运转费合计为 1 670 万元，建筑物所在地海拔高度为 2 035m。发包人委托监理人承担施工阶段监理和设计阶段的相关服务工作。发包人要求监理人在设计阶段提供相关服务的工作内容有：①协助业主编制设计要求；②选择设计单位；③组织评选设计方案；④对各设计单位进行协调管理；⑤审查设计进度计划并监督实施；⑥核查设计大纲和设计深度；⑦协助审核设计概算。

问题：

(1) 计算施工监理服务收费基准价。

(2) 计算设计阶段相关服务收费。

【解析】

(1) 计算施工监理服务收费。

施工监理服务收费基准价=施工监理服务收费基价×专业调整系数×工程复杂程度调整系数×高程调整系数

① 计算施工监理服务收费基价。

(a) 确定工程概算投资额：

$$工程概算投资额=建筑安装工程费+设备购置费+联合试运转费$$
$$=19\ 094+1\ 670=20\ 764（万元）$$

(b) 确定设备购置费和联合试运转费占工程概算投资额的比例：

$$（设备购置费+联合试运转费）÷工程概算投资额=1\ 670÷20\ 764=8\%$$

(c) 确定施工监理服务收费的计费额：因设备购置费和联合试运转费占工程概算投资额的比例未达到 40%，故施工监理服务收费计费额=建筑安装工程费+设备购置费+联合试运转费

$$=19\ 094+1\ 670=20\ 764（万元）$$

② 计算施工监理服务收费基价，根据表 2-1，采用内插法计算结果：

$$施工监理服务收费基价=393.4+\frac{708.2-393.4}{40\ 000-20\ 000}×(20\ 764-20\ 000)≈405.43（万元）$$

③ 确定专业调整系数，建筑工程专业调整系数为 1.0。

【建设工程监理相关费用的计算】

④ 确定工程复杂程度调整系数，虽然建筑物高度为 23.7m，但由于本工程含高档装修，其工程复杂程度为 II 级，复杂程度调整系数 1.0。

⑤ 确定高程调整系数，该建设工程项目所处位置海拔高程 2 035m，大于 2 001m，小于 3 000m，高程调整系数为 1.1。

⑥ 计算施工监理服务收费基准价：

施工监理服务收费基准价=施工监理服务收费基价×专业调整系数×工程复杂程度调整系数
×高程调整系数=405.43×1.0×1.0×1.1=445.97（万元）

该建设工程项目的施工监理服务收费基准价 445.97 万元。若该建设工程项目属于依法必须实行监理的，监理人和发包人应在此基础上，根据标准规定，在上下 20%浮动范围内，协商确定该建设工程项目的施工监理服务收费合同额。

（2）计算设计阶段相关服务收费。根据发包人要求监理人在设计阶段提供相关服务的工作内容，监理人拟委派 8 人，服务期限 3 个月。所派人员中有高级专家 2 名，高级工程师 3 名，工程师 2 名(含资料员)，助理工程师 1 名。经发包人与监理人共同确定所需工日及人工日费用见表 4-4。

表 4-4　设计阶段相关服务收费

序号	人员职级	人数	所需工日	工日费用/元
1	高级专家	2	2×8=16	1 200
2	高级工程师	3	3×36=108	900
3	工程师	2	2×67.5=135	700
4	助理工程师	1	1×67.5=67.5	300

设计阶段相关服务收费=1 200×16+900×108+700×135+300×67.5=231 150(元)

本单元小结

本单元对项目监理机构合同管理职责、建设工程监理合同管理和建设工程监理与相关服务收费标准进行了较详细的介绍。通过建设工程监理合同管理的学习，了解工程建设监理服务合同与其他委托合同的区别；熟悉工程建设监理服务合同文件的组成；掌握工程监理服务合同当事人的权利和义务、合同履行及违约事项、有关监理费的约定。通过建设工程监理与相关服务收费标准学习，掌握施工监理服务收费基准价的计算方法和设计阶段相关服务收费的计算方法。

技能训练题

一、单项选择题

1.《建设工程监理合同(示范文本)》的附录 A 是用来明确约定(　　)的。
    A. 相关服务工作内容和范围　　　　　B. 项目监理机构改人员及其职责
    C. 项目监理设备配置数量和时间　　　D. 监理服务酬金及支付时间

2. 根据《建设工程监理合同(示范文本)》，对于非招标的监理工程，除专用条件另有约定外，下列合同文件解释顺序正确的是( )。

A. 通用条件—协议书—委托书　　　　B. 委托书—通用条件—协议书

C. 委托书—协议书—通用条件　　　　D. 协议书—委托书—通用条件

3. 根据《建设工程监理合同(示范文本)》，工程监理单位需要更换总监理工程师时，应提前( )天书面报告建设单位。

A. 3　　　　　　B. 5　　　　　　C. 7　　　　　　D. 14

4. 工程监理单位在工程设计阶段为建设单位提供相关服务时，主要服务内容是( )。

A. 编制工程设计任务书　　　　　　B. 编制工程设计方案

C. 报审有关工程设计文件　　　　　　D. 协助建设单位组织评审工程设计成果

5. 实行政府指导价的建设工程监理收费，其基准价根据《建设工程监理与相关服务收费标准》计算，浮动幅度为上下( )。

A. 20%　　　　　B. 15%　　　　　C. 10%　　　　　D. 30%

二、多项选择题

1. 根据《建设工程监理合同(示范文本)》，需要在协议书中约定的内容有( )。

A. 监理合同文件组成　　B. 总监理工程师　　C. 监理与相关服务酬金支付方式

D. 合理化建议奖励金额的确定方法　　　　E. 监理与相关服务期限

2. 根据《建设工程监理合同(示范文本)》，监理人需要完成的基本工作内容有( )。

A. 主持工程竣工验收　　　　　　B. 编制工程竣工结算报告

C. 检查施工承包人的试验室　　　　D. 验收隐蔽工程、分部分项工程

E. 主持召开第一次工地会议

3. 根据《建设工程监理合同(示范文本)》，附录 B 需要约定的内容有( )。

A. 委托人派遣的人员　　B. 相关服务范围和内容　　C. 相关服务酬金

D. 委托人提供的设备　　E. 委托人提供的房屋

4. 施工监理收费标准的调整系数包括( )。

A. 专业调整系数　　　　B. 工程复杂程度调整系数　　C. 高程调整系数

D. 附加系数　　　　　　E. 浮动系数

5. 根据《建设工程监理合同(示范文本)》，需要在专用条件中约定的监理人义务包括( )。

A. 监理的范围和内容　　B. 监理相关服务依据

C. 项目监理机构和人员　　D. 履行职责　　　　　E. 提交报告

三、简答题

1. 建设工程监理合同的特点是什么？

2.《建设工程监理合同(示范文本)》由哪几部分构成？

3.《建设工程监理合同(示范文本)》规定的监理人的基本工作内容有哪些？

4.《建设工程监理与相关服务收费标准》所规定的建设工程监理服务计费方式有哪些？

5.《建设工程监理与相关服务收费标准》所规定的建设工程监理相关服务费用标准是什么？

四、案例题

1. 河北宏正监理公司与建设单位签订一项监理委托合同(其中包括材料采购监理),建设单位提出的合同草拟内容如下。

(1) 除非因建设单位原因发生的时间延误外,任何时间延误,监理单位应付相当于施工单位罚款的20%给建设单位。如工期提前,监理单位可得到相当于施工单位工期提前奖励20%的奖金。

(2) 如果工程图纸出现设计质量问题,监理单位应付给建设单位相当于设计单位设计费20%的赔偿。

(3) 在施工期间,每发生一起施工人员重伤事故,监理单位应受罚款1.5万元;发生一起死亡事故,监理单位应受罚款3万元。

(4) 凡是由于监理工程师发生的差错、失误而造成的重大经济损失,监理单位应当付给建设单位一定比例(取费费率)的赔偿费;如不发生差错、失误,监理单位可得到全部监理费。

监理单位对上述合同条款中不妥之处提出了修改意见,最后确定了建设工程监理合同条件,包括监理的范围与内容、双方的权利与义务、监理费用的计取与支付、违约责任以及双方约定的其他事项等。

问题:

(1) 监理单位对合同提出修改意见后,合同条款是否完善?为什么?

(2) 原草案中的条款有哪些地方不妥?为什么?

2. 望海小区住宅工程,合同价为2 500万元,工期为两年,建设单位委托某监理公司实施施工阶段监理,建设单位与监理单位签订了监理合同。

签订的监理合同中有以下内容。

(1) 监理单位是本工程的最高管理者。

(2) 监理单位应维护建设单位的利益。

(3) 建设单位与监理单位实行合作监理,即建设单位具有监理工程师资格的人参与监理工作。

(4) 建设单位参与监理的人员同时作为建设单位代表,负责与监理单位联系。

(5) 上述建设单位代表可以向承包单位下达指令。

(6) 监理单位仅进行质量控制,进度与造价控制由建设单位行使。

(7) 由于监理单位的努力,使建设单位工期提前,监理单位与建设单位分享利益。

问题:

监理合同有何不妥之处?为什么?

【单元4 技能训练题参考答案】

单元 5 建设工程安全生产与环境管理

教学目标

　　了解建设工程职业健康安全管理体系标准；了解建设工程环境管理体系标准；理解国家在建设工程安全生产管理和环境管理方面的法律法规；熟悉施工阶段安全生产监理工作的程序和内容；掌握《建设工程安全生产管理条例》中监理单位安全生产的监理责任和管理工作内容；掌握施工现场文明施工和环境保护方面的相关要求和工作措施；能够做到理论联系实际，解决实际工程中安全生产监理和环境保护问题。

教学要求

能 力 目 标	知 识 要 点	权重
了解建设工程职业健康安全管理体系	职业健康安全管理体系标准	10%
了解建设工程环境管理体系	环境管理体系标准	10%
理解建设工程安全生产管理和环境管理方面的法律法规	国家安全生产法、建筑法、环境保护法、建设工程安全管理条例	15%
掌握安全监理工作控制措施、内容及程序	安全监理工作程序、内容、方法和措施	30%
掌握建设工程施工现场文明施工的要求和工作措施	施工现场文明施工及其相关要求	20%
熟悉建设环境保护方面的要求和工作措施	施工现场环境保护及其相关要求	15%

【单元 5 学习指导(视频)】

由北京建工一建工程建设有限公司总承包、安阳诚成建设劳务有限责任公司劳务分包、北京华清技科工程管理有限公司监理的北京市海淀区清华大学附属中学体育馆及宿舍楼工程(以下简称"清华附中工程")。该工程总建筑面积 20 660m²，包括地上 5 层、地下 2 层。地上分体育馆和宿舍楼两栋单体，地下为车库及人防区。该工程 2014 年 12 月 29 日 8 时 20 分许施工作业人员在基坑内绑扎钢筋过程中，筏板基础钢筋体系发生坍塌，造成 10 人死亡、4 人受伤。

该工程在基础底板施工过程中发生的重大安全事故关系到施工安全的一系列重大问题，监理工程师应该如何处理？同时监理工程师应该吸取哪些血的教训？通过系统地学习本单元的内容，这些问题就不难解决了。

5.1 建设工程职业健康安全与环境管理

5.1.1 建设工程职业健康安全与环境管理基本知识

1. 建设工程职业健康安全与环境管理的目的

职业健康安全管理的目的是在生产活动中，通过开展职业健康安全生产管理活动，对影响安全生产的具体因素的状态进行控制，使生产因素中的不安全行为和状态减少或消除，且不引发事故，最终保证生产活动中人员的健康和安全。

对于建设工程项目，职业健康安全管理的目的是防止和减少生产安全事故、保护产品生产人员的健康与安全、保障人民群众的生命和财产免受损失；控制影响工作场所内员工、临时工作人员、合同方人员、访问人员和其他有关部门人员健康和安全的条件和因素；考虑和避免因管理不当对员工的健康和安全造成的危害。

环境保护是我国的一项基本国策。对环境管理的目的就是保护生态环境，使社会的经济发展与人类的生存环境相协调。

对于建设工程项目，环境保护主要是指保护和改善施工现场的环境。建筑生产企业应当遵照国家和地方的相关法律法规以及行业和企业自身的要求，积极采取措施控制建筑施工现场的各种粉尘、废水、废气、固体废弃物以及噪声、振动对环境的污染和危害，同时要注意对资源的节约和避免资源的浪费。

2. 建设工程职业健康安全与环境管理的特点

1) 复杂性

建设工程产品的生产活动涉及大量的露天作业，受气候条件、工程地质和水文地质、地理条件和地域资源等不可控因素的影响很大。生产人员、工具和设备的交叉、流动作业，受不同外部环境的影响因素多，因此健康安全与环境管理很复杂，稍有考虑不周就容易出现问题。

2）多变性

一方面是建设工程项目施工现场材料、设备和工具的流动性大；另一方面是建筑技术的进步，工程项目不断采用新材料、新设备和新工艺，这都相应地加大了其管理难度。因此，不同的建设工程项目要根据各自的实际情况，制订对应的健康安全与环境管理计划，不可相互套用。

3）协调性

建设工程项目涉及的工种很多，包括大量的高处作业、地下作业、用电作业、爆破作业、施工机械、起重作业等危险性较大的分部、分项工程，并且各工种经常需要交叉或平行作业。因此，在管理中要求各参建单位和各专业人员横向配合和协调，共同注意产品生产接口部分的健康安全和环境管理的协调性。

4）持续性

建设工程项目一般具有建设周期长的特点，从设计、实施直至投产使用阶段，诸多环节(工序)环环相扣。前一环节的隐患，很容易在后续的环节中暴露出来，也就很容易酿成安全事故。

5）经济性

建设工程产品的时代性、社会性与多样性决定环境管理的经济性。环境管理注重包括工程使用期内的成本，如能耗、水耗、维护、保养、改建更新的费用。同时，环境管理要求节约资源，以减少资源消耗来降低环境污染。

3. 建设工程职业健康安全与环境管理的要求

1）工程决策阶段

建设单位应按照有关建设工程法律法规的规定和强制性标准的要求，办理各种有关安全与环境保护方面的审批手续。对需要进行环境影响评价或安全预评价的建设工程项目，应组织或委托有相应资质的单位进行建设工程项目环境影响评价和安全预评价。

2）工程设计阶段

设计单位和注册建筑师等执业设计人员应当对其设计负责。设计单位应按照有关建设工程法律法规的规定和强制性标准的要求，进行环境保护设施和安全设施的设计，执业设计人员要注意防止因设计环节出现缺陷而导致生产安全事故的发生或对环境造成不良影响。

在进行工程设计时，设计单位应当考虑施工安全和防护需要，对涉及施工安全的重点部分和环节在设计文件中应进行注明，并对防范生产安全事故提出指导意见。

对于采用新结构、新材料、新设备、新工艺的建设工程和特殊结构的建设工程，设计单位应在设计中提出保障施工作业人员安全和预防生产安全事故的措施建议。

在工程总概算中，应明确工程安全环保设施费用、安全施工和环境保护措施费等。

3）工程施工阶段

建设单位在申请领取施工许可证时，应当提供建设工程有关安全施工措施的资料。对于依法批准开工报告的建设工程，建设单位应当自开工报告批准之日起 15 日内，将保证安全施工的措施报送建设工程所在地的县级以上人民政府建设行政主管部门或者其他有关部门备案。对于应当拆除的工程,建设单位应当在拆除工程施工 15 日前,将拆除施工单位资质等级证明,拟拆除建筑物、构筑物及可能涉及毗邻建筑的说明,拆除施工组织方案,堆放、清除废弃物的措施的资料报送建设工程所在地的县级以上人民政府建设行政主管部门或者其他有关部门备案。

建设工程实行总承包的,由总承包单位对施工现场的安全生产负总责并自行完成工程主体结构的施工。分包单位应当接受总承包单位的安全生产管理。分包单位不服从管理导致安全生产事故的,由分包单位承担主要责任,总承包单位对分包工程的安全生产承担连带责任。

建设工程施工单位在其经营生产的活动中必须对本单位的安全生产负全面责任。施工单位的代表人是企业安全生产的第一负责人,项目经理是施工项目安全生产的主要负责人。施工单位应当具备安全生产的资质条件,取得安全生产许可证的施工单位应设立安全机构,配备合格的安全管理人员,提供必要的资源;要建立健全职业健康安全管理体系以及有关的安全生产责任制和各项安全生产规章制度。对施工项目要编制切合实际的安全生产计划,制定职业健康安全保障措施;实施安全教育培训制度,不断提高全体员工的安全意识和安全生产素质。

4)项目验收试运行阶段

建设工程项目竣工后,建设单位应向审批建设工程项目环境影响报告书、环境影响报告或者环境影响登记表的环境保护行政主管部门申请,对环保设施进行竣工验收。环保行政主管部门应在收到申请环保设施竣工验收之日起 30 日内完成验收。验收合格后,才能投入生产和使用。

对于需要试生产的建设工程项目,建设单位应当在项目投入试生产之日起 3 个月内向环保行政主管部门申请对其项目配套的环保设施进行竣工验收。

5.1.2 职业健康安全管理体系标准与环境管理体系标准

1. 职业健康安全管理体系标准

职业健康安全管理体系是企业总体管理体系的一部分。作为我国推荐性标准的职业健康安全管理体系标准,目前被企业普遍采用,用以建立职业健康安全管理体系。该标准体系覆盖了国际上的 OHSAS 18000 体系标准,即《职业健康安全管理体系 要求》(GB/T 28001—2011)和《职业健康安全管理体系 实施指南》(GB/T 28002—2011)。

【《职业健康安全管理体系 要求》】

根据《职业健康安全管理体系规范》的定义,职业健康安全是指影响工作场所内的员工、临时工作人员、合同方人员、访问人员和其他人员健康安全的条件和因素。为了适应现代职业健康安全的需要,该标准体系在确定职业健康安全管理体系模式时,强调按系统理论管理职业健康安全及其相关事务,以达到预防和减少生产事故和劳动疾病的目的。具体采用系统化的戴明模型,即通过策划(Plan)、行动(Do)、检查(Check)和改进(Act) 4 个环节构成一个动态循环并螺旋上升的系统化管理模式。

2. 环境管理体系标准

20 世纪 80 年代,联合国组建了世界环境与发展委员会,提出了"可持续发展"的科学发展观点。国际标准化制定的 ISO 14000 体系标准，被我国等同采用，即《环境管理体系　要求及使用指南》(GB/T 24001—2016)和《环境管理体系　原则、体系和支持技术通用指南》(GB/T 24004—2004)。

在《环境管理体系要求及使用指南》中，认为环境是指组织运行活动的外部存在，包括空气、水、土地、自然资源、植物、动物、人，以及它(他)们之间的相互关系。该定义是以组织运行活动为主体，其外部存在主要是指人类认识到的、直接或间接影响人类生存的各种自然因素及它(他)们之间的相互关系。

3. 职业健康安全管理体系与环境管理体系标准的比较

根据《职业健康安全管理体系规范》和《环境管理体系　要求及使用指南》，职业健康安全管理和环境管理都是组织管理体系的一部分，其管理的主体是组织，管理的对象是一个组织的活动、产品和服务中能与职业健康安全发生相互作用的不健康、不安全的条件和因素，以及能与环境发生相互作用的要素。两个管理体系所需要满足的对象和管理侧重点有所不同，但两者的管理原理基本相同。

1) 职业健康安全管理体系和环境管理体系的相同点

(1) 管理目标基本一致。一是分别从职业健康安全和环境方面，改进管理绩效；二是增强顾客和相关方的满意程度；三是减小风险降低成本；四是提高组织的信誉和形象。

(2) 管理原理基本相同。两者均强调了预防为主、系统管理、持续改进和 PDCA 循环原理；都强调了为制定、实施、实现、评审和保持响应的方针所需要的组织活动、策划活动、职责、程序、过程和资源。

(3) 不规定具体绩效标准。两者都不规定具体的绩效标准，它们只是组织实现目标的基础、条件和组织保证。

2) 职业健康安全管理体系和环境管理体系的不同点

(1) 需要满足的对象不同。建立职业健康安全管理体系的目的是消除或减小因组织的活动而使员工和其他相关方可能面临的职业健康安全风险，即主要目标是使员工和其他相关方对职业健康安全条件满意。建立环境管理体系的目的是针对众多相关方和社会对环境保护的不断的需要，即主要目标是使公众和社会对环境保护满意。

(2) 管理的侧重点有所不同。职业健康安全管理体系通过对危险源的辨识，评价风险，控制风险，改进职业健康安全绩效，满足员工和相关方的要求。环境管理体系通过对环境产生不利影响的因素的分析，进行环境管理，满足相关法律法规的要求。

5.1.3 职业健康安全管理体系与环境管理体系的建立

1. 领导决策

最高管理者亲自决策，以便获得各方面的支持或在体系建立过程中所需的资源保证。

2. 成立工作组

最高管理者或授权管理者代表成立工作小组负责建立体系。工作小组的成员要覆盖组织的主要职能部门，组长最好由管理者代表担任，以保证小组对人力、资金、信息的获取。

3. 培训人员

培训人员的目的是使有关人员了解建立体系的重要性，了解标准的主要思想和内容。

4. 初始状态评审

初始状态评审是对组织过去和现在的职业健康安全与环境的信息、状态进行收集、调查分析、识别和获取现有的适用的法律法规和其他要求，进行危险源辨识、风险评价、环境因素识别和重要环境因素评价。评审的结果将作为确定职业健康安全与环境方针、制定管理方案、编制体系文件的基础。

5. 方针、目标、指标和管理方案制定

方针是组织对其职业健康安全与环境行为的原则和意图的声明，也是组织自觉承担其责任和义务的承诺。方针不仅为组织确定了总的指导方向和行为准则，而且是评价一切后续活动的依据，并为更加具体的目标和指标提供一个框架。

目标、指标是组织为了实现其在职业健康安全与环境方针中所体现出的管理理念及其对整体绩效的期许和原则，与企业的总目标相一致。

管理方案是实现目标、指标的行动方案。为保证职业健康安全与环境管理体系目标的实现，需结合年度管理目标和企业客观实际情况，策划制定职业健康安全与环境管理方案，管理方案中应明确旨在实现目标、指标的相关部门的职责、方法、时间表以及资源的要求。

6. 管理体系策划与设计

管理体系策划与设计是依据制定的方针、目标和指标、管理方案确定组织机构职责和筹划各种运行程序。

7. 体系文件编写

体系文件包括管理手册、程序文件和作业文件 3 个层次。

8. 文件的审查、审批和发布

文件编写完成后应进行审查，经审查、修改、汇总后进行审批，然后发布。

5.1.4　职业健康安全管理体系与环境管理体系的运行

1. 管理体系的运行

体系运行是指按照已建立体系的要求实施，其实施的重点是围绕培训意识和能力，信息交流，文件管理，执行控制程序，监测，不符合、纠正和预防措施，记录等活动推进体系的运行工作。

2. 管理体系的维持

1）内部审核

内部审核是组织对其自身的管理体系进行的审核，是对体系是否正常进行以及是否达到了规定的目标所做的独立的检查和评价，是管理体系自我保证和自我监督的一种机制。

内部审核要明确提出审核的方式方法和步骤，形成审核日程计划，并发至相关部门。

2）管理评审

管理评审是由组织的最高管理者对管理体系的系统评价，判断组织的管理体系面对内部情况的变化和外部环境是否充分适应有效，由此决定是否对管理体系做出调整，包括方针、目标、机构和程序等。

3）合规性评价

合规性评价包括项目组级评价和公司级评价两个层级。

项目组级评价，由项目经理组织有关人员对施工中应遵守的法律法规和其他要求的执行情况进行一次合规性评价。当某个阶段的施工时间超过半年时，合规性评价不少于1次。项目工程结束时应针对整个项目工程进行系统的合规性评价。

公司级评价每年进行一次，制订计划后由管理者代表组织企业相关部门和项目组，对公司应遵守的法律法规和其他要求的执行情况进行合规性评价。

各级合规性评价后，对不能充分满足要求的相关活动或行为，通过管理方案或纠正措施等方式进行逐步改进。上述评价和改进的结果，应形成必要的记录和证据，作为管理评审的输入。在管理评审时，最高管理者应结合上述合规性评价的结果、企业的客观管理实际、相关法律法规和其他要求，系统评价体系运行过程中对适用法律法规和其他要求的遵守执行情况，并由相关部门或最高管理者提出改进要求。

5.2 建设工程安全生产管理

5.2.1 工程监理企业在安全生产管理中的定位

2004年2月1日施行的《建设工程安全生产管理条例》（以下简称《安全管理条例》）明确了工程监理企业在安全生产管理中的地位。

《安全管理条例》第十四条规定："工程监理单位应当审查施工组织设计中的安全技术措施或者专项施工方案是否符合工程建设强制性标准。工程监理单位在实施监理过程中，发现存在安全事故隐患的，应当要求施工单位整改；情况严重的，应当要求施工单位暂时停止施工，并及时报告建

【《建设工程安全生产管理条例》】

设单位。施工单位拒不整改或者不停止施工的，工程监理单位应当及时向有关主管部门报告。工程监理单位和监理工程师应当按照法律、法规和工程建设强制性标准实施监理，并对建设工程安全生产承担监理责任。"

各级建设行政主管部门据此颁布了一系列文件规定，以明确监理单位安全监理的工作职责和工作范围。

建设工程安全生产监理的主要任务是贯彻落实国家有关安全生产的方针、政策，督促施工单位按照建筑施工安全生产的法规和标准组织施工，落实各项安全生产的技术措施，消除施工中的冒险性、盲目性和随意性，消除隐患、杜绝各类伤亡事故的发生，实现安全生产。

5.2.2 建设主体的安全生产管理责任

在建设工程实施过程中，建设单位、勘察单位、设计单位及其他有关单位、施工单位、监理单位都有自己的安全生产管理责任，这里重点介绍监理单位的安全生产管理责任。

1. 建筑法律法规对监理单位安全生产的责任规定

监理单位违反《安全管理条例》有关建设工程安全生产监理规定，有下列行为之一的，应承担《安全管理条例》第五十七条规定的法律责任，即责令限期改正；预期未改正的，责令停业整顿，并处 10 万元以上 30 万元以下的罚款；情节严重的，降低资质等级，直至吊销资质证书；造成重大安全事故，构成犯罪的，对直接责任人员追究刑事责任；造成损失的，依法承担赔偿责任。

（1）监理单位应对施工组织设计中的安全技术措施或专项施工方案、计算书进行审查，并在规定的时间内提出审查意见。未进行审查，安全技术措施或专项施工方案未经监理单位审查签字认可，施工单位擅自施工的，监理单位未及时下达工程暂停令并书面报告建设单位。

（2）监理单位发现存在安全事故隐患的，没有及时下达书面指令要求施工单位进行整改或停止施工。

（3）施工单位拒绝按照监理单位的要求进行整改或者停止施工的，监理单位没有及时将情况向当地建设主管部门或工程项目的行业主管部门报告。

（4）监理单位未依照法律、法规和工程建设强制性标准实施监理的。

2. 建筑法律法规对其他单位和人员的安全生产责任规定

监理单位履行了《安全管理条例》有关建设工程安全监理规定的职责，施工单位未执行监理指令继续施工或发生安全事故的，应依法追究监理单位以外的其他相关单位和人员的法律责任。

3. 落实监理单位安全生产监理责任的具体工作

（1）健全监理单位安全监理责任制。监理单位法定代表人应对本企业监理工程项目的安全监理全面负责；总监理工程师要对工程项目的安全监理负责，并根据工程项目特点，明确监理人员的安全监理职责。

（2）完善监理单位安全生产管理制度。在健全审查核验制度、检查验收制度和督促整改制度的基础上，完善工地例会制度及资料归档制度。

（3）建立监理人员安全生产教育培训制度。总监理工程师和安全监理人员需经安全生产教育培训后方可上岗，其教育培训情况记入个人继续教育档案。

4. 项目监理机构的人员岗位安全职责

1）总监理工程师的职责

（1）审查分包单位的安全生产许可证，并提出审查意见。

（2）审查施工组织设计中的安全技术措施。

（3）审查专项施工方案。

（4）参与工程安全事故的调查。

（5）组织编写并签发安全监理工作阶段报告、专题报告和项目安全监理工作总结。

（6）组织监理人员定期对工程项目进行安全检查。

（7）核查承包单位的施工机械、安全设施的验收手续。

（8）发现存在安全事故隐患的，应当要求施工单位限期整改。

（9）发现存在情况严重的安全事故隐患的，应当要求施工单位暂停施工并及时报告建设单位。

（10）施工单位拒不整改或拒不停工的，应及时向政府有关部门报告。

2）专业监理工程师的安全监理职责

（1）审查施工组织设计中专业安全技术措施，并向总监提出报告。

（2）审查本专业专项施工方案，并向总监提出报告。

（3）核查本专业的施工机械、安全设施的验收手续，并向总监提出报告。

（4）检查现场安全物资(材料、设备、施工机械、安全防护用具等)的质量证明文件及其情况。

（5）检查并督促承办单位建立健全并落实施工现场安全管理体系和安全生产管理制度。

（6）监督承包单位按照法律法规、工程建设强制性标准和审查的施工组织设计、专项施工方案组织施工。

（7）发现存在安全事故隐患的，应当要求施工单位整改，情况严重的安全隐患，应当要求施工单位暂停施工，并向总监理工程师报告。

（8）督促施工单位做好逐级安全技术交底工作。

3）监理员的安全岗位职责

（1）检查承包单位施工机械、安全设施的使用、运行状况并做好检查记录。

（2）按设计图纸和有关法律法规、工程建设强制性标准对承包单位的施工生产进行检查和记录。

（3）担任旁站工作。

5.2.3 监理工程师在安全生产管理中的主要工作

施工阶段安全生产监理工作流程如图 5.1 所示。

建设工程施工阶段安全监理工作应按以下程序进行。

首先，监理单位按照《建设工程监理规范》和相关行业监理规范要求，编制含有安全监理内容的监理规划和监理实施细则。

在施工准备阶段，审查施工承包单位编制的施工组织设计的安全技术措施、专项施工方案[落地式脚手架施工方案、吊篮脚手施工方案(含设计计算书)、模板工程施工方案(支撑系统设计计算书和混凝土输送安全措施)]；施工用电施工组织设计；塔式起重机安装与拆卸方案；核查高危作业安全施工作业方案及应急救援预案；审查电工、焊工、架子工、起重机械工、塔式起重机司机及指挥人员等特种作业人员资格；审查专业分包和劳务分包单位的建筑企业资质和安全生产许可证；督促施工承包单位建立健全施工现场安全管理体系；督促施工承包单位做好逐级安全技术交底工作。

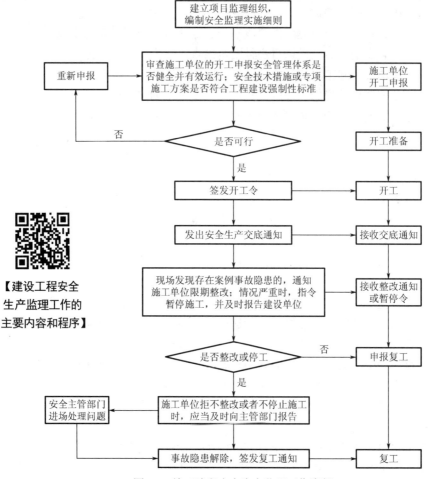

图 5.1　施工阶段安全生产监理工作流程

【建设工程安全生产监理工作的主要内容和程序】

在施工阶段，监理单位应对施工现场安全生产情况进行巡视检查，对发现的各类安全事故隐患，应书面通知施工单位，并督促其立即整改；情况严重的，监理单位应及时下达工程暂停令，要求施工单位停工整改，并同时报告建设单位。安全事故隐患消除后，监理单位应检查整改结果，签署复查或复工意见。

特别提示

监理单位在实施监理过程中发现的重大安全隐患，应及时督促施工单位进行治理，施工单位不能认真治理或拒不治理的，应及时报告建设单位和当地住房和城乡建设安全生产主管部门。

1. 高空作业情况的检查

为防止高空坠落事故的发生，监理工程师应重点巡视现场，检查施工组织设计中的安全措施是否落实。

（1）架设是否牢固。

（2）高空作业人员是否系安全带。

(3) 是否采用防滑、防冻、防寒、防雷等措施，遇到恶劣天气不得高空作业。

(4) 有无尚未安装栏杆的平台、雨篷、挑檐。

(5) 孔、洞、口、坎、井等部位是否设置防护栏杆，洞口下是否设置安全防护网。

(6) 作业人员从安全通道上下楼，不得从架子攀登，不得随货运机和提升机上下。

2. 安全用电的检查

(1) 是否实行"一机一闸一漏一箱"制，是否满足分级、分段漏电保护。

(2) 电源的进线、总配电箱的装设位置和线路走向是否合理。

(3) 室内、室外电线、电缆架设高度是否满足规范要求。

(4) 检查、维护是否带电作业，是否挂标志牌。

(5) 配电箱和电器设备之间的距离是否符合规范要求。

(6) 相关环境下用电电压是否合格。

(7) 电缆埋地是否合格。

(8) 闸箱三相五线制的连接是否正确。

3. 脚手架和模板情况检查

(1) 脚手架设计方案(图)是否齐全、完整、可行。

(2) 脚手架设计计算书是否齐全完整，脚手架设计方案(图)是否齐全完整可行。

(3) 脚手架施工方案、使用安全措施、拆除方案是否齐全完整，脚手架设计计算书是否齐全完整。

(4) 脚手架用材料质量是否合格，节点连接是否牢固，脚手架与建筑物连接是否牢固、可靠。

(5) 脚手架安装、拆除施工人员是否持证上岗，队伍是否具有相应资质。

(6) 模板结构设计计算书的荷载取值是否符合工程实际，计算方法是否正确。

(7) 模板设计中安全措施是否周全，模板施工方案是否经过审批。

4. 交叉作业检查

(1) 交叉作业时的安全防护措施是否完整齐全。

(2) 安全防护棚的设置是否满足安全要求。

(3) 安全防护棚的搭设方案是否完整齐全。

5. 施工机械使用情况检查

施工过程中违规操作、机械故障等，会造成人员的伤亡，因此监理工程师应当对机械的安全使用情况进行检查验收。对不合格的机械设备，应责令施工单位清理出场；对没有资质的操作人员，应停止其操作行为。验收检查主要有以下方面。

(1) 塔机的基础方案中对地基与基础的要求。

(2) 机械上的各种安全防护装置和警示牌是否齐全。

(3) 塔机使用中的检查、维修管理。

（4）操作人员的从业资格及安全防护情况。

（5）机械使用中的班前检查制度。

（6）起重机的安全使用制度。

（7）塔机安装、拆卸方案是否合理。

6. 安全防护情况检查

监理工程师对安全防护情况的检查主要有以下几点。

（1）安全管理费用是否到位，是否设置专职安全人员。

（2）施工现场周围环境的防护措施是否健全，如高压线、地下电缆、运输道路等。

（3）不同工种的安全防护装置是否到位，如安全帽、安全带、防护网、防护罩、绝缘鞋等。

竣工后，监理单位应将有关安全生产的技术文件、验收记录、监理规划、监理实施细则、监理月报、监理会议纪要及相关书面通知等按规定立卷归档。

2016 年 11 月房屋市政工程生产安全事故情况通报

1. 总体情况

2016 年 11 月，全国共发生房屋市政工程生产安全事故 46 起、死亡 54 人，比去年同期事故起数增加 6 起，同比上升 15.00%，死亡人数持平（图 5.2）。

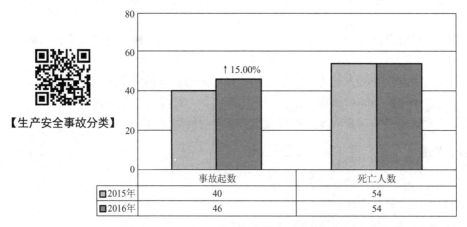

【生产安全事故分类】

	事故起数	死亡人数
2015年	40	54
2016年	46	54

图 5.2　2016 年 11 月事故起数和死亡人数与 2015 年同期对比

2016 年 11 月，全国有 20 个地区发生房屋市政工程生产安全事故，分别是北京（3 起、3 人）、天津（2 起、2 人）、山西（1 起、1 人）、吉林（1 起、1 人）、江苏（7 起、7 人）、安徽（4 起、4 人）、福建（2 起、4 人）、江西（3 起、4 人）、山东（3 起、4 人）、河南（3 起、4 人）、广东（2 起、2 人）、广西（2 起、2 人）、海南（1 起、1 人）、重庆（2 起、2 人）、四川（2 起、3 人）、贵州（3 起、5 人）、陕西（1 起、1 人）、甘肃（1 起、1 人）、青海（2 起、2 人）、新疆（1 起、1 人）。

2016 年 1—11 月，全国共发生房屋市政工程生产安全事故 612 起、死亡 709 人，比 2015 年同期事故起数增加 188 起，死亡人数增加 177 人，同比分别上升 44.34% 和 33.27%（图 5.3 和图 5.4）。

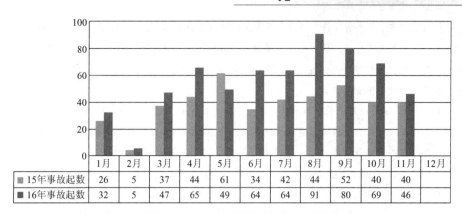

图 5.3 2016 年 1—11 月事故起数与 2015 年同期对比

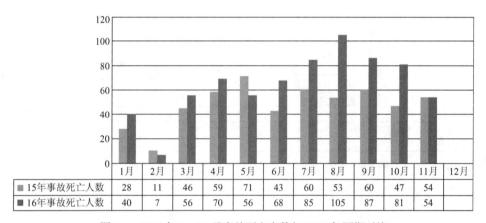

图 5.4 2016 年 1—11 月事故死亡人数与 2015 年同期对比

2. 较大事故情况

2016 年 11 月，全国共发生房屋市政工程生产安全较大事故 2 起、死亡 6 人，比 2015 年同期事故起数减少 2 起、死亡人数减少 7 人，同比分别下降 50.00%和 53.80%（图 5.5）。

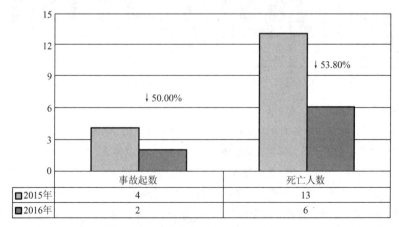

图 5.5 2016 年 11 月较大事故起数和死亡人数与 2015 年同期对比

2016 年 11 月，贵州、福建各发生 1 起房屋市政工程生产安全较大事故，具体情况如下。

2016 年 11 月 7 日,贵州省六盘水市水城县大河经济开发区鱼塘西路隧道工程在开挖过程中发生局部坍塌事故,造成 3 名施工人员死亡。该工程建设单位是六盘水大河经济开发建设有限公司;施工总承包单位是深圳市铁汉生态环境股份有限公司;隧道施工分包单位是广东省南兴建筑工程有限公司;监理单位是四川省兴旺建设工程项目管理有限责任公司。

11 月 18 日,福建省福州市长乐市潭头污水处理厂厂外管网工程(污水主干管部分)39 号沉井发生倾斜事故,造成 3 名施工人员死亡。该工程建设单位是长乐市潭头污水处理设施建设管理指挥部办公室;施工总承包单位是福建开辉市政建设有限公司;监理单位是筑力(福建)建设发展有限公司。

2016 年 1—11 月,全国共发生房屋市政工程生产安全较大事故 26 起、死亡 91 人,比 2015 年同期事故起数增加 5 起(同比上升 23.81%),死亡人数增加 9 人(同比上升 10.98%)(图 5.6 和图 5.7)。

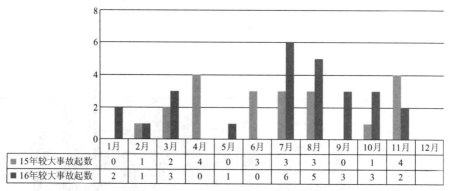

	1月	2月	3月	4月	5月	6月	7月	8月	9月	10月	11月	12月
15年较大事故起数	0	1	2	4	0	3	3	3	0	1	4	
16年较大事故起数	2	1	3	0	1	0	6	5	3	3	2	

图 5.6　2016 年 1—11 月较大事故起数与 2015 年同期对比

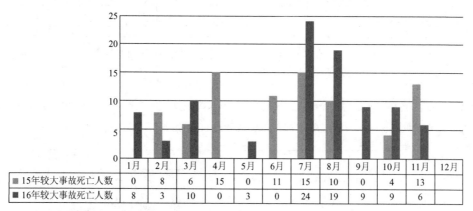

	1月	2月	3月	4月	5月	6月	7月	8月	9月	10月	11月	12月
15年较大事故死亡人数	0	8	6	15	0	11	15	10	0	4	13	
16年较大事故死亡人数	8	3	10	0	3	0	24	19	9	9	6	

图 5.7　2016 年 1—11 月较大事故死亡人数与 2015 年同期对比

3. 较大事故督办情况

2016 年 1—11 月,根据《房屋市政工程生产安全和质量事故查处督办暂行办法》(建质〔2011〕66 号)和《住房城乡建设质量安全事故和其他重大突发事件督办处理办法》(建法〔2015〕37 号)规定,我部对今年发生的较大事故实施督办。其中,新疆巴音郭楞蒙古自治州"7·2"事故、浙江杭州"7·8"事故、山东烟台"7·15"坠落事故、内蒙古乌兰察布"7·16"事故、重庆九龙坡"7·29"事故、河北石家庄"8·7"事故、四川南充"8·22"事故、贵州黔西南州"8·25"事故、山东临沂"8·30"事故、吉林长春"9·13"事故、辽宁沈阳"9·15"事故、湖北黄冈"9·18"事故等 12 起较大事故发生地住房城乡建设主管部门尚未按要求报送较大事故调查报告、政府批复及处罚文件等材料。

5.3　建设工程环境管理

　　文明施工是指保持施工现场良好的作业环境、卫生环境和工作秩序。因此，文明施工也是保护环境的一项重要措施。文明施工主要包括规范施工现场的场容，保持作业环境的整洁卫生；科学组织施工，使生产有序进行；减少施工对周围居民和环境的影响；遵守施工现场文明施工的规定和要求，保证职工的安全和身体健康。

　　文明施工可以适应现代化施工的客观要求，有利于员工的身心健康，有利于培养和提高施工队伍的整体素质，促进企业综合管理水平的提高，提高企业的知名度和市场竞争力。

　　1. 建设工程现场文明施工的要求

　　根据我国相关标准，文明施工的要求主要包括现场围挡、封闭管理、施工场地、材料堆放、现场住宿、现场防火、治安综合治理、施工现场标牌、生活设施、保健急救、社区服务11项内容。总体上应符合以下要求。

　　(1) 有整套的施工组织设计或施工方案，施工总平面布置紧凑，施工场地规划合理，符合环保、市容、卫生的要求。

　　(2) 有健全的施工组织管理机构和指挥系统，岗位分工明确；工序交叉合理，交接责任明确。

　　(3) 有严格的成品保护措施和制度，大小临时设施和各种材料构件、半成品按平面布置堆放整齐。

　　(4) 施工场地平整，道路畅通，排水设施得当，水电线路整齐，机具设备状况良好，使用合理。施工作业符合消防和安全要求。

　　(5) 搞好环境卫生管理，包括施工区、生活区环境卫生和食堂卫生管。

　　(6) 文明施工应贯穿施工结束后的清场。

　　实现文明施工，不仅要抓好现场的场容管理，而且还要做好现场材料、机械、安全、技术、保卫、消防和生活卫生等方面的工作。

　　2. 建设工程现场文明施工的措施

　　1) 加强现场文明施工的组织措施

　　(1) 建立文明施工的管理组织。应确立项目经理为现场文明施工的第一责任人，以各专业工程师、施工质量、安全、材料、保卫、后勤等现场项目经理部人员为成员的施工现场文明管理组织，共同负责本工程现场文明施工工作。

（2）健全文明施工的管理制度。包括建立各级文明施工岗位责任制、将文明施工工作考核列入经济责任制，建立定期的检查制度，实行自检、互检、交接检制度，建立奖惩制度，开展文明施工立功竞赛，加强文明施工教育培训等。

2）落实现场文明施工的各项管理措施

（1）施工平面布置。施工现场总平面图是现场管理、实现文明施工的依据。施工现场总平面图应对施工机械设备设置、材料和构配件的堆场、现场加工场地，以及现场临时运输道路、临时供水供电线路和其他临时设施进行合理配置，并随工程实施的不同阶段进行场地布置和调整。

（2）现场围挡、标牌。施工现场必须实行封闭管理，设置进出口大门，制定门卫制度，严格执行外来人员进场登记制度；沿工地四周连续设置围挡，市区主要路段和其他涉及市容景观路段的工地设置围挡的高度不低于 2.5m，其他工地的围挡高度不低于 1.8m，围挡材料要求坚固、稳定、统一、整洁、美观；施工现场必须设有"五牌一图"，即工程概况牌、管理人员名单及监督电话牌、消防保卫(防火责任)牌、安全生产牌、文明施工牌和施工现场平面图；施工现场应合理悬挂安全生产宣传和警示牌，标牌悬挂牢固可靠，特别是主要施工部位、作业点和危险区域以及主要通道口都必须有针对性地悬挂醒目的安全警示牌。

（3）施工场地。施工场地应积极推行硬地坪施工，作业区、生活区主干道地面必须用一定厚度的混凝土硬化，场内其他次道路地面也应硬化处理；施工现场道路畅通、平坦、整洁，无散落物；施工现场设置排水系统，排水畅通，不积水；严禁泥浆、污水、废水外流或堵塞下水道和排水河道；施工现场适当地方设置吸烟处，作业区内禁止随意吸烟；积极美化施工现场环境，根据季节变化，适当进行绿化布置。

（4）材料堆放、周转设备管理。建筑材料、构配件、料具必须按施工现场总平面布置图堆放，布置合理；建筑材料、构配件及其他料具等必须做到安全、整齐堆放(存放)，不得超高，堆料分门别类，悬挂标牌，标牌应统一制作，标明名称、品种、规格数量等；建立材料收发管理制度，仓库、工具间材料堆放整齐，易燃易爆物品分类堆放，有专人负责，确保安全；施工现场建立清扫制度，落实到人，做到工完、料尽、场地清，车辆进出场应有防泥带出措施；建筑垃圾及时清运，临时存放现场的也应集中堆放整齐，悬挂标牌；不用的施工机具和设备应及时出场；施工设施、大模、砖夹等集中堆放整齐，大模板成对放稳、角度正确；钢模及零配件、脚手扣件分类、分规格集中存放；竹木杂料分类堆放、规则成方，不散不乱，不作他用。

（5）现场生活设施。施工现场作业区与办公、生活区必须明显划分，确因场地狭窄不能划分的，要有可靠的隔离栏防护措施；宿舍内确保主体结构安全，设施完好；宿舍周围环境应保持整洁、安全；宿舍内应有保暖、消暑、防煤气中毒、防蚊虫叮咬等措施，严禁使用煤气灶、煤油炉、电饭煲、"热得快"、电炒锅、电炉等器具；食堂应有良好的通风和洁卫措施，保持卫生整洁，炊事员持健康证上岗；建立现场卫生责任制，设卫生保洁员；施工现场应设固定的男、女简易淋浴室和厕所，并要保证结构稳定、牢固和防风雨，并实行专人管理、及时清扫，保持整洁，要有灭蚊蝇滋生措施。

（6）现场消防、防火管理。现场建立消防管理制度，建立消防领导小组，落实消防责任制和责任人员，做到思想重视、措施跟上、管理到位；定期对有关人员进行消防教育、落实消防措施；现场必须有消防平面布置图，临时设施按消防条例有关规定搭设，做到标准规范；

易燃易爆物品堆放间、油漆间、木工间、总配电室等消防防火重点部位要按规定设置灭火器和消防沙箱，并有专人负责，对违反消防条例的有关人员进行严肃处理；施工现场用明火做到严格按动用明火规定执行，审批手续安全。

（7）医疗急救的管理。开展卫生防病教育，准备必要的医疗设施，配备经过培训的急救人员，有急救措施、急救器材和保健医药箱。在现场办公室的显著位置张贴急救车和有关医院的电话号码等。

（8）社区服务的管理。建立施工不扰民的措施。现场不得焚烧有毒、有害物质等。

（9）治安管理。建立现场治安保卫领导小组，由专人管理；新入场的人员做到及时登记，做到合法用工；按照治安管理条例和施工现场的治安管理规定搞好各项管理工作；建立门卫值班管理制度，严禁无证人员和其他闲杂人员进入施工现场。

3）建立检查考核制度

对于建设工程文明施工，国家和各地大多制定了标准或规定，也有比较成熟的经验。在实际工作中，项目应结合相关标准和规定建立文明施工考核制度，推进各项文明施工措施的落实。

4）抓好文明施工建设工作

（1）建立宣传教育制度。现场宣传安全生产、文明施工、国家大事、社会形势、企业精神、好人好事等。

（2）坚持以人为本，加强管理人员和班组文明建设。教育职工遵纪守法，提高企业整体管理水平和文明素质。

（3）主动与有关单位配合，积极开展共建文明活动，树立企业良好的社会形象。

5.3.2 建设工程施工现场环境保护

建设工程项目必须满足有关环境保护法律法规的要求，在施工过程中注意环境保护，对企业发展、员工健康和社会文明有重要意义。

环境保护是按照法律法规、各级主管部门和企业的要求，保护和改善作业现场的环境，控制现场的各种粉尘、废水、废气、固体废弃物、噪声、振动等对环境的污染和危害。环境保护也是文明施工的重要内容之一。

1. 建设工程施工现场环境保护的要求

（1）根据《环境保护法》和《环境影响评价法》的有关规定，建设工程项目对环境保护的基本要求如下所述。

① 涉及依法划定的自然保护区、风景名胜区、生活饮用水水源保护区及其他需要特别保护的区域时，应当符合国家有关法律法规及该区域内建

【《中华人民共和国环境保护法》】

设工程项目环境管理的规定，不得建设污染环境的工业生产设施；建设的工程项目设施的污染物排放不得超过规定的排放标准。

② 开发利用自然资源的项目，必须采用措施保护生态环境。

③ 建设工程项目选址、选线、布局应当符合区域、流域规划和城市总体规划。

④ 应满足项目所做区域环境质量、相应环境功能区划和生态功能区划标准或要求。

⑤ 拟采取的污染防治措施应确保污染物排放达到国家和地方规定的排放标准，满足污

染物总量控制要求；涉及可能产生放射性污染的，应采取有效预防和控制放射性污染措施。

⑥ 建设工程应当采用节能、节水等有利于环境与资源保护的建筑设计方案、建筑材料、装修材料、建筑构配件及设备。建筑材料和装修材料必须符合国家标准。禁止生产、销售和使用有毒、有害物质超过国家标准的建筑材料和装修材料。

⑦ 尽量减少建设工程施工中所产生的干扰周围生活环境的噪声。

⑧ 应采取生态保护措施，有效预防和控制生态破坏。

⑨ 对环境可能造成重大影响、应当编制环境影响报告书的建设工程项目，可能严重影响项目所在地居民生活环境质量的建设工程项目，以及存在重大意见分歧的建设工程项目，环保部门可以举行听证会，听取有关单位、专家和公众的意见，并公开听证结果，说明对有关意见采纳或不采纳的理由。

⑩ 建设工程项目中防治污染的设施，必须与主体工程同时设计、同时施工、同时投产使用。防治污染的设施必须经原审批环境影响报告书的环境保护行政主管部门验收合格后，该建设工程项目方可投入生产或者使用。

⑪ 禁止引进不符合我国环境保护规定要求的设备。

⑫ 任何单位不得将产生严重污染的生产设备转移给没有污染防治能力的单位使用。

(2)《中华人民共和国海洋环境保护法》规定：在进行海岸工程建设和海洋石油勘探开发时，必须依照法律的规定，防止对海洋环境的污染损害。

2. 建设工程施工现场环境保护的措施

工程建设过程中的污染主要包括对施工场界内的污染和对周围环境的污染。对施工场界内的污染防治属于职业健康安全问题，而对周围环境的污染防治是环境保护的问题。

建设工程环境保护措施主要包括大气污染的防治、水污染的防治、噪声污染的防治、固体废物的处理以及文明施工措施等。

1) 大气污染的防治

大气污染物的种类有数千种，已发现有危害作用的有 100 多种，其中大部分是有机物。大气污染物通常以气体状态和粒子状态存在于空气中。建设工程施工现场空气污染的防治措施主要有以下 10 个方面。

(1) 施工现场垃圾渣土要及时清理出现场。

(2) 高大建筑物清理施工垃圾时，要使用封闭式的容器或者其他措施处理高空废弃物，严禁凌空随意抛撒。

(3) 施工现场道路应指定专人定期洒水清扫，形成制度，防止道路扬尘。

(4) 对于细颗粒散体材料(如水泥、粉煤灰、白灰等)的运输、储存要注意遮盖、密封，防止和减少飞扬。

(5) 车辆开出工地要做到不带泥沙，基本做到不洒土、不扬尘，减少对周围环境的污染。

(6) 除设有符合规定的装置外，禁止在施工现场焚烧油毡、橡胶、塑料、皮革、树叶、枯草、各种包装物等废气物品以及其他会产生有毒、有害烟尘和恶臭气体的物质。

(7) 机动车都要安装减少尾气排放的装置，确保符合国家标准。

(8) 工地茶炉应尽量采用电热水器。若只能使用烧煤茶炉和锅炉时，应选用消烟除尘型茶炉和锅炉，大灶应选用消烟节能回风炉灶，使烟尘降至允许排放范围为止。

（9）大城市市区的建设工程已不容许搅拌混凝土。在容许设置搅拌站的工地，应将搅拌站封闭严密，并在进料仓上方安装除尘装置，采用可靠措施控制工地粉尘污染。

（10）拆除旧建筑物时，应适当洒水，防止扬尘。

2）水污染的防治

水污染物的来源主要包括 3 个方面：一是指各种工业废水向自然水体的排放等工业污染源；二是食物废渣、食油、粪便、合成洗涤剂、杀虫剂、病原微生物等生活污染源；三是指化肥、农药等农业污染源。

建设工程施工现场废水和固体废物随水流流入水体部分，包括泥浆、水泥、油漆、各种油类、混凝土添加剂、重金属、酸碱盐、非金属无机毒物等。建设工程施工过程中水污染的防治措施主要有以下 6 个方面。

（1）禁止将有毒有害废弃物作土方回填。

（2）施工现场搅拌站废水，现制水磨石的污水、电石(碳化钙)的污水必须经沉淀池沉淀合格后再排放，最好将沉淀水用于工地洒水降尘或采用措施回收利用。

（3）现场存放油料，必须对库房地面进行防渗处理，如采用防渗混凝土地面、铺油毡等措施。使用时，要采用防止油料跑、冒、滴、漏的措施，以免污染水体。

（4）施工现场 100 人以上的临时食堂，污水排放时可设置简易有效的隔油池，定期清理，防止污染。

（5）工地临时厕所、化粪池应采取防渗漏措施。中心城市施工现场的临时厕所可采用水冲式厕所，并有防蝇、灭蛆措施，防止污染水体和环境。

（6）化学用品、外加剂等要妥善保管，库内存放，防止污染环境。

3）噪声污染的防治

噪声的来源包括 4 个方面：一是交通噪声(如汽车、火车、飞机等)；二是工业噪声(如鼓风机、汽轮机、冲压设备等)；三是建筑施工的噪声(如打桩机、推土机、混凝土搅拌机等发出的声音)；四是社会生活噪声(如高音喇叭、收音机等)。为防止噪声扰民，应控制人为强噪声。

根据国家标准《建筑施工场界环境噪声排放标准》(GB 12523—2011)的要求，建筑施工过程中场界环境噪声不得超过表 5-1 的排放限值。在工程施工中，要特别注意不得超过国家标准的限值，尤其是夜间禁止打桩作业。

【《建筑施工场界环境噪声排放标准》】

表 5-1　建筑施工场界环境噪声排放限值　　　　　单位：dB(A)

昼间	夜间
70	55

噪声控制技术可从声源控制、传播途径的控制、接收者的防护措施等方面来考虑。

（1）声源控制。声源上降低噪声，这是防止噪声污染的最根本的措施；尽量采用低噪声设备和加工工艺代替高噪声设备与加工工艺，如低噪声振捣器、风机、电动空压机、电锯等；在声源处安装消声器消声，即在通风机、鼓风机、压缩机、燃气机、内燃机及各类排气放空装置等进出风管的适当位置设置消声器。

(2) 传播途径的控制。

① 吸声：利用吸声材料(大多由多孔材料制成)或由吸声结构形成的共振结构(金属或木质薄板钻孔制成的空腔体)吸收声能，降低噪声。

② 隔声：应用隔声机构，阻碍噪声向空间传播，将接受者与噪声声源分隔。隔声结构包括隔声室、隔声罩、隔声屏障、隔声墙等。

③ 消声：利用消声器阻止传播，允许气流通过的消声降噪是防治空气动力性噪声的主要装置，如对空气压缩机、内燃机产生的噪声等。

(3) 接收者的防护措施。让处于噪声环境下的人员使用耳塞、耳罩等防护用品，减少相关人员在噪声环境中的暴露时间，以减轻噪声对人体的危害。

(4) 严格控制人为噪声。严禁在施工现场高声喊叫、无故甩打模板、乱吹哨等，限制高音喇叭的使用，最大限度地减少噪声扰民。

(5) 控制强噪声作业的时间。凡在人口稠密区进行强噪声作业时，要严格控制作业时间，一般 22 时到次日 6 时之间停止强噪声作业，确系特殊情况必须昼夜施工时，尽量采取降低噪声措施，并会同建设单位找当地居委会、村委会或当地居民协调，出安民告示，求得群众谅解。

4) 固体废物的处理

建设工程施工工地上常见的固体废物，包括 5 个方面：一是建筑渣土，包括砖瓦、碎石、渣土、混凝土碎块、废钢铁、碎玻璃、废屑、废弃装饰材料等；二是废弃的散装大宗建筑材料，包括水泥、石灰等；三是生活垃圾，包括炊厨废物、丢弃食品、废纸、生活用具、玻璃、陶瓷碎片、废电池、废日用品、废塑料制品、煤灰渣、废交通工具等；四是设备、材料等的包装材料；五是生活粪便。

固体废物处理的基本思想是采取资源化、减量化和无害化的处理，对固体废物产生的全过程进行控制。固体废物的主要处理方法如下所述。

(1) 回收利用。回收利用是对固体废物进行资源化、减量化的重要手段之一。粉煤灰在建设工程领域的广泛应用就是对固体废弃物进行资源化利用的典型范例。又如，发达国家炼钢原料中有 70% 是利用回收的废钢铁，所以，钢材可以看成是可再生利用的建筑材料。

(2) 减量化处理。减量化是对已经产生的固体废物进行分选、破碎、压实浓缩、脱水等减少其最终处置量，减低处理成本，减少对环境的污染。在减量化处理的过程中，也包括和其他处理技术相关的工艺方法，如焚烧、热解、堆肥等。

(3) 焚烧。焚烧用于不适合再利用且不宜直接予以填埋处置的废物，除有符合规定的装置外，不得在施工现场熔化沥青和焚烧油毡、油漆，亦不得焚烧其他产生有毒有害和恶臭气体的废弃物。垃圾焚烧处理应使用符合环境要求的处理装置，避免对大气的二次污染。

(4) 稳定和固化。利用水泥、沥青等胶结材料，将松散的废物胶结包裹起来，减少有害物质从废物中向外迁移、扩散，使得废物对环境的污染减少。

(5) 填埋。填埋是固体废物经过无害化、减量化处理的废物残渣集中到填埋场进行处置。禁止将有毒有害废弃物现场填埋，填埋场应利用天然或人工屏障。尽量使需处理的废物与环境隔离，并注意废物的稳定性和长期安全性。

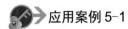 **应用案例 5-1**

某工厂建设工地，傍晚木工班长带全班人员在高空 15~20m 处安装模板，并向全班人员交代系好安全带。当晚天色转暗，照明灯具已损坏，安全员不在现场，管理人员只在作业现场的危险区悬挂了警示牌。在作业期间，某木工身体状况不佳，为接同伴递来的木方，卸下安全带后，水平移动 2m，不料脚下木架断裂，其人踩空直接坠落到地面，高度为 15m，经抢救无效死亡。另两人也因此从高空坠落，其中一人伤重死亡，另一人重伤致残。

问题：

(1) 对高空作业人员，有哪些基本安全作业要求？

(2) 你认为该工地施工作业环境存在哪些安全隐患？

(3) 应如何加强施工单位安全管理工作？

(4) 安全检查有哪几类？

(5) 根据我国有关安全事故的分类，该事故属于哪一类？

【应用案例 5-1 解析】

 **应用案例 5-2**

某工程的建设单位 A 委托监理单位 B 承担施工阶段监理任务，总承包单位 C 合同约定选择了设备安装单位 D 分包设备安装及钢结构安装工程，在合同履行过程中，发生了以下事件。

事件 1：监理工程师检查主体结构施工时，发现总承包单位 C 在未向项目监理机构报审危险性较大的预制构件起重吊装专项施工方案的情况下已自行施工，且现场没有管理人员。于是，总监理工程师下达了《监理工程师通知单》。

事件 2：监理工程师在现场巡视时，发现设备安装分包单位违章作业，有可能导致发生重大质量及安全事故。总监理工程师口头要求总承包单位 C 暂停分包单位施工，但总承包单位 C 未予执行。总监理工程师随即向总承包单位 C 下达了《工程暂停令》，总承包单位 C 在向设备安装分包单位转发《工程暂停令》前，发生了设备安装质量及安全事故，重伤 4 人。

事件 3：为满足钢结构吊装施工的需要，D 施工单位向设备租赁公司租用了一台大型塔式起重机，并进行塔式起重机安装，安装完成后由 C、D 施工单位对该塔式起重机共同进行验收，验收合格后投入使用，并到有关部门登记。

事件 4：钢结构工程施工中，专业监理工程师在现场发现 D 施工单位使用的高强度螺栓未经报验，存在严重的质量隐患，即向 D 施工单位签发了《工程暂停令》，并报告了总监理工程师。总承包单位 C 得知后也要求 D 施工单位立刻停工整改。D 施工单位为赶工期，边施工边报验，项目监理机构及时报告了有关主管部门。报告发出的当天，发生了因高强度螺栓不符合质量标准导致的钢梁高空坠落事故，造成 2 人重伤，直接经济损失 4.6 万元。

事件 5：总承包单位 C 项目监理安排技术员兼施工现场安全员，并安排其负责编制深基坑支护与降水工程专项施工方案，项目监理对该施工方案进行安全验算后，即组织现场施工，并将施工方案及验算结果报送项目监理机构。

问题：

(1) 根据《安全管理条例》，事件 1 中起重吊装专项方案需经哪些人签字后方可实施？

(2) 指出事件 1 中总监理工程师的做法是否妥当？说明理由。

(3) 事件 2 中总监理工程师是否可以口头要求暂停施工？为什么？

【应用案例 5-2 解析】

(4) 就事件 2 中所发生的质量、安全事故，指出建设单位、监理单位、总承包单位和设备安装分包单位各自应承担的责任，试说明理由。

(5) 指出事件 3 中塔式起重机验收中的不妥之处。

(6) 指出事件 4 中专业监理工程师做法的不妥之处，试说明理由。

(7) 指出事件 5 中总承包单位 C 项目监理做法的不妥之处，写出正确做法。

拓展讨论

党的二十大报告提出，坚持精准治污、科学治污、依法治污，持续深入打好蓝天、碧水、净土保卫战。加强污染物协同控制，基本消除重污染天气。结合建设工程施工现场环境保护，谈一谈如何精准治污、科学治污、依法治污，说一说蓝天、碧水、净土的重要性。

本单元小结

为了保证劳动者在劳动生产过程中的健康安全和保护人类的生存环境，必须加强职业健康安全与环境管理工作。在我国，通常把职业健康安全管理称为安全生产管理。工程监理单位和监理工程师必须熟悉我国有关建设工程安全生产管理和环境保护管理方面的法律法规和相关标准。在履行建设工程监理合同之时，要正确认识自己在安全生产和环境保护方面的监理责任，在实际监理工作中像重视工程质量监理一样开展安全生产监理工作和环境保护监理工作。

技能训练题

一、单项选择题

1. 根据《安全管理条例》，工程监理单位和监理工程师应按照法律、法规和( )实施监理，并对建设工程安全生产承担管理责任。

    A. 工程监理合同   B. 建设工程合同

    C. 设计文档   D. 工程建设强制性标准

2. 根据《安全管理条例》，工程监理单位的安全生产管理职责是( )。

    A. 发现存在安全事故隐患时，应要求施工单位暂时停止施工

    B. 委派专职安全生产管理人员对安全生产进行现场监督检查

    C. 发现存在安全事故隐患时，应立即报告建设单位

    D. 审查施工组织设计中的安全技术措施或专项施工方案是否符合工程建设强制性标准

3. 对达到一定规模的危险性较大的分部分项工程，施工单位应编制专项施工方案，并附具安全验算结果，该方案经( )后实施。

    A. 专业监理工程师审核、总监理工程师签字

    B. 施工单位技术负责人、总监理工程师签字

    C. 建设单位、施工单位、监理单位签字

    D. 专家论证、施工单位技术负责人签字

4. 根据《安全管理条例》，针对( )编制的专项施工方案，施工单位还应组织专家进

行论证、审查。

    A．起重吊装工程   B．高大模板工程

    C．脚手架工程   D．拆除、爆破工程

  5．根据《安全管理条例》的规定，下列关于分包工程的安全生产责任的表述中，正确的是（   ）。

    A．分包单位承担全部责任   B．总承包单位承担全部责任

    C．分包单位承担主要责任   D．总承包单位和分包单位承担连带责任

二、多项选择题

  1．根据《安全管理条例》，工程施工单位应当在危险性较大的分部分项工程的施工组织设计中编制（   ）。

    A．施工总平面图   B．安全技术措施   C．专项施工方案

    D．临时用电方案   E．施工总进度计划

  2．根据《安全管理条例》，施工单位应组织专家对（   ）的专项施工方案进行论证、审查。

    A．深基坑工程   B．地下暗挖工程   C．脚手架工程

    D．设备安装工程   E．高大模板工程

  3．根据《安全管理条例》，施工单位应当编制专项施工方案的分部分项工程有（   ）。

    A．基坑支护与降水工程   B．土方开挖工程   C．起重吊装工程

    D．主体结构工程   E．模板工程和脚手架工程

  4．根据《安全管理条例》，施工单位应该在（   ）处危险部位设置明显的安全警示标志。

    A．施工现场入口   B．十字路口   C．脚手架

    D．分叉路口   E．电梯井口

  5．根据《安全管理条例》，施工单位的（   ）等特种作业人员，必须按照国家专门规定经过专门的安全作业培训，并取得特种作业操作资格证书后，方可上岗作业。

    A．垂直运输机械作业人员   B．钢筋作业人员   C．爆破作业人员

    D．登高架设作业人员   E．起重信号工

三、简答题

  1．简述建设工程职业健康安全管理与环境管理的特点。

  2．简述建设工程职业健康安全管理与环境管理的区别和联系。

  3．简述监理工程师在工程安全生产管理方面的监理工作内容。

  4．简述监理工程师在工程安全生产管理方面的安全监理责任。

  5．简述监理工程师在工程安全生产管理方面的监理工作方法。

四、案例题

  某写字楼，位于市中心区域，建筑面积 26 698m²，地下 1 层，地上 9 层，檐高 31.5m。建筑采用框架-剪力墙结构，筏板基础，基础埋深 7.8m，底板厚度 1 100mm，混凝土强度等级 C30，抗渗等级 P8。室内地面铺设实木地板，工程精装修交工。2014 年 3 月 15 日开工，外墙结构及装修施工均采用钢管扣件式双排落地脚手架。

事件 1：施工中，某工人在中厅高空搭设脚手架时随手将扳手放在脚手架上，脚手架受振动后扳手从上面滑落，顺着楼板预留洞口（平面尺寸 0.25m×0.50m）砸到在地下室正在施工的李姓工人头部。由于李姓工人认为在室内的楼板下作业没有危险，故没有戴安全帽，被砸成重伤。

事件 2：工程施工至结构 5 层时，该地区发生了持续两个小时的暴雨，并伴有短时 6～7 级大风。风雨结束后，施工项目负责人组织有关人员对现场脚手架进行检查验收，排除隐患后恢复了施工生产。

事件 3：2014 年 9 月 26 日，地方建设行政主管部门检查项目施工人员三级教育情况，质询项目经理部的教育内容。施工项目负责人回答："进行了国家和地方安全生产方针、企业安全规章制度、工地安全制度、工程可能存在的不安全因素 4 项内容的教育。"受到了地方建设行政主管部门的严厉批评。

事件 4：2014 年 10 月 20 日 7 时 30 分左右，因通道和楼层自然采光不足，瓦工陈某不慎从 9 层未设门槛的管道井竖向洞口处坠落至地下一层混凝土底板上，当场死亡。

问题：

1. 作为监理工程师，研究确定对本工程项目进行安全监理的工作内容。

2. 编制处理安全事故、安全隐患的监理工作程序。

【单元 5 技能训练题参考答案】

单元 **6** 建筑节能管理

【单元6学习指导(视频)】

我国建筑物的能耗占全国能耗的30%以上,目前我国能源利用效率比国际先进水平落后约10%,国内主要用能产品的单位产品能耗比发达国家高出率达25%~90%,加权平均高出40%左右。高能耗造成能源的极大浪费,环境的极大污染,生态的极大破坏,节能降耗不仅关系到国民经济的持续发展,也关系到子孙后代的生存与幸福,是关系国计民生的大事。《节约能源法》第三十五条规定,建筑工程的建设、设计、施工和监理单位应遵守建筑节能标准。不符合建筑节能标准的建筑工程,建设主管部门不得批准开工建设;已开工建设的,应责令停止施工、限期改正;已经建成的,不得销售或使用。建设主管部门应当加强对在建建筑工程执行建筑节能标准情况的监督检查。第七十九条规定,建设单位违反建筑节能标准的,由建设主管部门责令改正,处20万元以上50万元以下罚款。设计、施工、监理单位违反建筑节能标准的,由建设主管部门责令改正,处以10万元以上50万元以下罚款;情节严重的,由颁发资质证书的部门降低资质等级或吊销资质证书;造成损失的,依法承担赔偿责任。那么,什么是建筑节能?它有哪些标准?有哪些施工要点?作为监理工作者应如何对其进行控制呢?

6.1 建筑节能基本知识

6.1.1 建筑节能的内涵

节能,指加强用能管理,采用技术上可行、经济上合理以及环境和社会可以承受的措施,减少从能源生产到消费各个环节中的损失和浪费,更加有效、合理地利用能源。其中,技术上可行是指在现有技术基础上可以实现;经济上合理就是要有一个合适的投入产出比;环境可以接受是指节能还要减少对环境的污染,其指标要达到环保要求;社会可以接受是指不影响正常的生产与生活水平的提高;有效就是要降低能源的损失与浪费。

【清华大学环境节能楼介绍】

一栋建筑物从最初的设想、设计到原材料的采集、生产、运输,再到构(部)件的组合、加工、建造和使用,最后复原、回收或废物管理等一系列过程,可称为这个建筑物的寿命周期。在整个寿命周期中,都存在能源消耗与能源效率的问题,因此,建筑节能的概念也就有了广义和狭义之分。

(1) 广义的建筑节能:在建筑寿命周期内,从建筑材料(建筑设备)的开采、生产、运输,到建筑寿命期终止销毁建筑、建筑材料(建筑设备)这一期限内,在整个环节上充分提高能源利用效率,采用可再生材料和能源,在保证建筑功能和要求的前提下,达到降低能源消耗、降低环境负荷的目的,从而切实地推进现代建筑节能应用体系的发展。

(2) 狭义的建筑节能:通常对构(部)件组合、加工、建造及建筑的使用过程中的能耗关注较多,尤其是建筑运行过程中的能耗,是狭义建筑节能研究的重点。与狭义建筑节能相对应的建筑节能技术即是建筑节能。建筑节能包括3个方面:一是建筑本体的节能,包括建筑规划与设计、围护结构的设计等节能；二是建筑系统的节能，包括采暖与制冷系统等设备的节能；三是能源管理，以规范管理的方式做到合理用能。现在，国内外习惯从狭义的观点出发把建筑节能理解为使用能耗，即建筑物使用过程中用于供暖、通风、空调、照明、家用电器、输送、动力、烹饪、给排水和热水供应等的能耗。

节能是世界潮流，我国起步比较晚且相对落后，因此，建筑节能的研究是我们目前应深入研究的课题，大力提倡和使用节能、规范节能管理，实现资源的有效利用。

6.1.2 建筑节能的必要性

节约能源是我国的一项基本国策，建筑节能是我国节能工作的重要组成部分，深入持久地开展建筑节能工作意义十分重大。

(1) 建筑节能有利于缓解能源的紧缺局面。

(2) 建筑节能有利于加快发展循环经济，实现经济社会的可持续发展。

(3) 建筑节能有利于保护环境，提高人民生活水平。

(4) 建筑节能有利于保护耕地资源，实现资源的有效利用。

从 20 世纪 80 年代开始，我国住房和城乡建设部门就开始抓建筑节能工作，随后出台了我国第一个建筑节能设计标准，90 年代加大了建筑节能工作的力度，建筑节能设计标准目前也已经基本配套，并且出台了一系列有关实施建筑节能设计标准的文件。现在所颁布的建筑节能相关设计标准主要有《严寒和寒冷地区居住建筑节能设计标准》(JGJ 26—2010)、《夏热冬冷地区居住建筑节能设计标准》(JGJ 134—2010)、《夏热冬暖地区居住建筑节能设计标准》(JGJ 75—2012)。另外，全国各地很多城市，如北京、上海、重庆等地，都根据地方的实际情况分别制定了相关的节能设计标准。

2014 年 5 月 22 日，住房和城乡建设部正式印发了《"十三五"规划纲要》。按照该规划纲要要求，全国的新建民用建筑都应该按照相应的节能设计标准要求设计建造，而这些节能设计标准都从提高建筑物本身保温隔热的能力和提高采暖空调系统的效率两个方面对新建建筑提出了明确的要求，满足这些设计要求将使新建建筑在保持同样室内条件的前提下比老建筑节省 50%的能源。

6.1.3 民用建筑节能

为了加强民用建筑节能管理，降低民用建筑使用过程中的能源消耗，提高能源利用效率，国务院令第 530 号公布了自 2008 年 10 月 1 日起施行的《民用建筑节能条例》(以下简称《节能条例》)。该条例分别对新建建筑节能、既有建筑节能、建筑用能系统运行节能及违反条例的法律责任做出了规定。

【《民用建筑节能条例》】

1. 民用建筑节能的概念

《节能条例》所称民用建筑，是指居住建筑、国家机关办公建筑和商业、服务业、教育、卫生等其他公共建筑。

民用建筑节能，是指在保证民用建筑使用功能和室内热环境质量的前提下，降低其使用过程中能源消耗的活动。

2. 新建建筑节能

《节能条例》从政府监管和工程建设对新建建筑的各个环节都规定了相应的节能措施，其主要内容包括以下几个方面。

（1）国家推广使用民用建筑节能的新技术、新工艺、新材料和新设备，限制或禁止使用能源消耗高的技术、工艺、材料和设备。国务院节能工作主管部门、建设主管部门应当制定、公布并及时更新推广使用、限制使用、禁止使用目录。

（2）建设单位、设计单位、施工单位不得在建筑活动中使用列入禁止使用目录的技术、工艺、材料和设备。

（3）施工图设计文件审查机构应当按照民用建筑节能强制性标准对施工图设计文件进行审查，经审查不符合民用建筑节能强制性标准的，县级以上地方人民政府建设主管部门不得颁发施工许可证。

（4）设计单位、施工单位、工程监理单位及其注册执业人员，应当按照民用建筑节能强制性标准进行设计、施工、监理。

（5）施工单位应当对进入施工现场的墙体材料、保温材料、门窗、采暖制冷系统和照明设备进行查验；不符合施工图设计文件要求的，不得使用。

（6）工程监理单位发现施工单位不按照民用建筑节能强制性标准施工的，应当要求施工单位改正；施工单位拒不改正的，工程监理单位应当及时报告建设单位，并向有关主管部门报告。

（7）施工期间未经监理工程师签字的墙体材料、保温材料、门窗、采暖制冷系统和照明设备不得在建筑上使用或者安装，施工单位不得进行下一道工序的施工。

（8）建设单位组织竣工验收，应当对民用建筑是否符合民用建筑节能强制性标准进行查验；对不符合民用建筑节能强制性标准的，不得出具竣工验收合格报告。

（9）建筑的公共走廊、楼梯等部位，应当安装、使用节能灯具和电气控制装置。

（10）建设单位应当选择合适的可再生能源，用于采暖、制冷、照明和热水供应等；设计单位应当按照有关可再生能源利用的标准进行设计。建设可再生能源利用设施，应当与建筑主体工程同步设计、同步施工、同步验收。

（11）国家机关办公建筑和大型公共建筑（《节能条例》指单体建筑面积 2 万 m^2 以上的公共建筑）的所有权人应当对建筑的能源利用效率进行测评和标示，并按照国家有关规定将测评结果予以公示，接受社会监督。

（12）房地产开发企业销售商品房，应当向购买人明示所售商品房的能源消耗指标、节能措施和保护要求、保温工程保修期等信息，并在商品房买卖合同和住宅质量保证书、住宅使用说明书中载明。

（13）在正常使用条件下，保温工程的最低保修期限为 5 年。保温工程的保修期，自竣工验收合格之日起计算。

（14）保温工程在保修范围和保修期内发生质量问题的，施工单位应当履行保修义务，并对造成的损失依法承担赔偿责任。

3. 既有建筑节能

既有建筑节能，是指对不符合民用建筑节能强制性标准的既有建筑的围护结构、供热系统、采暖制冷系统、照明设备和热水供应设施等实施节能改造的活动。

（1）各级人民政府及其有关部门、单位不得违反国家有关规定和标准，以节能改造的名义对既有建筑进行扩建、改建。

（2）实施既有建筑节能改造，应当符合民用建筑节能强制性标准，优先采用遮阳、改善通风等低成本改造措施，既有建筑围护结构的改造和供热系统的改造，应当同步进行。

（3）对实行集中供热的建筑进行节能改造，应当安装供热系统调控装置和用热计量装置；对公共建筑进行节能改造，还应当安装室内温度调控装置和用电分项计量装置。

4. **法律责任**

（1）违反《节能条例》规定，县级以上人民政府有关部门有下列行为之一的，对负有责任的主管人员和其他直接责任人员依法给予处分；构成犯罪的，依法追究刑事责任。

① 对设计方案不符合民用建筑节能强制性标准的民用建筑项目颁发建设工程规划许可证的。

② 对不符合民用建筑节能强制性标准的设计方案出具合格意见的。

③ 对施工图设计文件不符合民用建筑节能强制性标准的民用建筑项目颁发施工许可证的。

④ 不依法履行监督管理职责的其他行为。

（2）违反《节能条例》规定，建设单位有下列行为之一的，由县级以上地方人民政府建设主管部门责令改正，处 20 万元以上 50 万元以下的罚款。

① 明示或者暗示设计单位、施工单位违反民用建筑节能强制性标准进行设计、施工的。

② 明示或者暗示施工单位使用不符合施工图设计文件要求的墙体材料、保温材料、门窗、采暖制冷系统和照明设备的。

③ 采购不符合施工图设计文件要求的墙体材料、保温材料、门窗、采暖制冷系统和照明设备的。

④ 使用列入禁止使用目录的技术、工艺、材料和设备的。

（3）违反《节能条例》规定，建设单位对不符合民用建筑节能强制性标准的民用建筑项目出具竣工验收合格报告的，由县级以上地方人民政府建设主管部门责令改正，处民用建筑项目合同价款 2%以上 4%以下的罚款；造成损失的，依法承担赔偿责任。

（4）违反《节能条例》规定，设计单位未按照民用建筑节能强制性标准进行设计，或者使用列入禁止使用目录的技术、工艺、材料和设备的，由县级以上地方人民政府建设主管部门责令改正，处 10 万元以上 30 万元以下的罚款；情节严重的，由颁发资质证书的部门责令停业整顿、降低资质等级或者吊销资质证书；造成损失的，依法承担赔偿责任。

（5）违反《节能条例》规定，施工单位未按照民用建筑节能强制性标准进行施工的，由县级以上地方人民政府建设主管部门责令改正，处民用建筑项目合同价款 2%以上 4%以下的罚款；情节严重的，由颁发资质证书的部门责令停业整顿、降低资质等级或者吊销资质证书；造成损失的，依法承担赔偿责任。

（6）违反《节能条例》规定，施工单位有下列行为之一的，由县级以上地方人民政府建设主管部门责令改正，处 10 万元以上 20 万元以下的罚款；情节严重的，由颁发资质证书的部门责令停业整顿、降低资质等级或者吊销资质证书；造成损失的，依法承担赔偿责任。

① 未对进入施工现场的墙体材料、保温材料、门窗、采暖制冷系统和照明设备进行查验的。

② 使用不符合施工图设计文件要求的墙体材料、保温材料、门窗、采暖制冷系统和照明设备的。

③ 使用列入禁止使用目录的技术、工艺、材料和设备的。

（7）违反《节能条例》规定，工程监理单位有下列行为之一的，由县级以上地方人民政府建设主管部门责令限期改正；逾期未改正的，处 10 万元以上 30 万元以下的罚款；情节严重的，由颁发资质证书的部门责令停业整顿、降低资质等级或者吊销资质证书；造成损失的，依法承担赔偿责任。

① 未按照民用建筑节能强制性标准实施监理的。

② 墙体、屋面的保温工程施工时，未采取旁站、巡视和平行检验等形式实施监理的。

对不符合施工图设计文件要求的墙体材料、保温材料、门窗、采暖制冷系统和照明设备，

【民用建筑节能的政策扶持和经济激励措施】

按照符合施工图设计文件要求签字的，依照《建设工程质量管理条例》第六十七条的规定处罚。

（8）违反《节能条例》规定，注册执业人员未执行民用建筑节能强制性标准的，由县级以上人民政府建设主管部门责令停止执业 3 个月以上 1 年以下；情节严重的，由颁发资格证书的部门吊销资格证书，5 年内不予注册。

6.2　绿色施工导则

为推动建筑业实施绿色施工，促进建筑业可持续发展，建设资源节约型、环境友好型社会，2007 年 9 月，原建设部发布了《绿色施工导则》（建质〔2007〕223 号），用于指导建筑工程的绿色施工。

6.2.1　总则

（1）我国尚处于经济快速发展阶段，作为大量消耗资源、影响环境的建筑业，应全面实施绿色施工，承担起可持续发展的社会责任。

（2）《绿色施工导则》用于指导建筑工程的绿色施工，并可供其他建设工程的绿色施工参考。

（3）绿色施工是指工程建设中，在保证质量、安全等基本要求的前提下，通过科学管理和技术进步，最大限度地节约资源与减少对环境负面影响的施工活动，实现"四节一环保"（节能、节地、节水、节材和环境保护）。

（4）绿色施工应符合国家的法律、法规及相关的标准规范，实现经济效益、社会效益和环境效益的统一。

（5）实施绿色施工，应遵循因地制宜的原则，贯彻执行国家、行业和地方相关的技术经济政策。

（6）运用 ISO 14000 和 ISO 18000 环境管理体系标准，将绿色施工有关内容分解到管理体系目标中去，使绿色施工规范化、标准化。

（7）鼓励各地区开展绿色施工的政策与技术研究，发展绿色施工的新技术、新设备、新材料与新工艺，推行应用示范工程。

6.2.2 **绿色施工原则**

绿色施工是建筑全寿命周期中的一个重要阶段。

（1）实施绿色施工，应进行总体方案优化。在规划、设计阶段，应充分考虑绿色施工的总体要求，为绿色施工提供基础条件。

（2）实施绿色施工，应对施工策划、材料采购、现场施工、工程验收等各阶段进行控制，加强对整个施工过程的管理和监督。

6.2.3 **绿色施工总体框架**

绿色施工总体框架由施工管理、环境保护、节材与材料资源利用、节水与水资源利用、节能与能源利用、节地与施工用地保护6个方面组成，如图6.1所示。这6个方面涵盖了绿色施工的基本指标，同时包含了施工策划、材料采购、现场施工、工程验收等各阶段指标的子集。

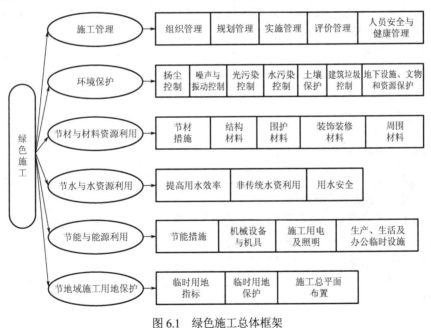

图 6.1　绿色施工总体框架

6.2.4 **绿色施工要点**

1. 绿色施工管理

绿色施工管理主要包括组织管理、规划管理、实施管理、评价管理和人员安全与健康管理5个方面。

1）组织管理

（1）建立绿色施工管理体系，并制定相应的管理制度与目标。

（2）项目经理为绿色施工第一责任人，负责绿色施工的组织实施及目标实现，并指定绿色施工管理人员和监督人员。

2）规划管理

（1）编制绿色施工方案。该方案应在施工组织设计中独立成章，并按有关规定进行审批。

（2）绿色施工方案应包括以下内容。

① 环境保护措施。制订环境管理计划及应急救援预案，采取有效措施降低环境负荷，保护地下设施和文物等资源。

② 节材措施。在保证工程安全与质量的前提下，制定节材措施。例如，进行施工方案的节材优化，建筑垃圾减量化，尽量利用可循环材料等。

③ 节水措施。根据工程所在地的水资源状况制定节水措施。

④ 节能措施。进行施工节能策划，确定目标，制定节能措施。

⑤ 节地与施工用地保护措施。制定临时用地指标、施工总平面布置规划及临时用地节地措施等。

3）实施管理

（1）绿色施工应对整个施工过程实施动态管理，加强对施工策划、施工准备、材料采购、现场施工、工程验收等各阶段的管理和监督。

（2）应结合工程项目的特点，有针对性地对绿色施工做相应的宣传，通过宣传营造绿色施工的氛围。

（3）定期对职工进行绿色施工知识培训，增强职工绿色施工的意识。

4）评价管理

（1）对照《绿色施工导则》的指标体系，结合工程特点，对绿色施工的效果及采用的新技术、新设备、新材料与新工艺进行自评估。

（2）成立专家评估小组，对绿色施工方案、实施过程至项目竣工进行综合评估。

5）人员安全与健康管理

（1）制定施工防尘、防毒、防辐射等职业危害的措施，保障施工人员的长期职业健康。

（2）合理布置施工场地，保护生活及办公区不受施工活动的不利影响。施工现场建立卫生急救、保健防疫制度，在安全事故和疾病疫情出现时及时提供救助。

（3）提供卫生、健康的工作与生活环境，加强对施工人员的住宿、膳食、饮用水等生活与环境卫生等管理，明显改善施工人员的生活条件。

2. 环境保护技术要点

国家环保部门指出建筑施工产生的尘埃占城市尘埃总量的30%以上，此外建筑施工还在噪声、水污染等方面带来较大的负面影响，所以环保是绿色施工中显著的一个问题。

1）扬尘控制

（1）运送土方、垃圾、设备及建筑材料等，不污损场外道路。运输容易散落、飞扬、流漏的物料的车辆，必须采取措施封闭严密，保证车辆清洁。车辆开出工地要做到不带泥沙，基本做到不撒土、不扬尘，减少对周围环境的污染。施工现场出口应设置洗车槽。

(2) 土方作业阶段，采取洒水、覆盖等措施，达到作业区目测扬尘高度小于 1.5m，不扩散到场区外。

(3) 结构施工、安装、装饰、装修阶段，作业区目测扬尘高度小于 0.5m。对易产生扬尘的堆放材料应采取覆盖措施；对粉末状材料应封闭存放；场区内可能引起扬尘的材料及建筑垃圾搬运应采取降尘措施，如覆盖、洒水等；浇筑混凝土前清理灰尘和垃圾时尽量使用吸尘器，避免使用吹风器等易产生扬尘的设备；机械剔凿作业时可采用局部遮挡、掩盖、水淋等防护措施；高层或多层建筑清理垃圾应搭设封闭性临时专用道或采用容器吊运。

(4) 施工现场非作业区达到目测无扬尘的要求。对现场易飞扬物质采取有效措施，如洒水、地面硬化、围挡、密网覆盖、封闭等，防止扬尘产生。

(5) 构筑物机械拆除前，做好扬尘控制计划，可采取清理积尘、拆除体洒水、设置隔挡等措施。

(6) 构筑物爆破拆除前，做好扬尘控制计划，可采用清理积尘、淋湿地面、预湿墙体、屋面敷水袋、楼面蓄水、建筑外设高压喷雾状水系统、搭设防尘排栅和直升机投水弹等综合降尘。选择风力小的天气进行爆破作业。

(7) 在场界四周隔挡高度位置测得的大气总悬浮颗粒物 (TSP) 月平均浓度与城市背景值的差值不大于 $0.08mg/m^3$。

2) 噪声与振动控制

(1) 施工现场场界噪声排放应符合现行国家标准《建筑施工场界环境噪声排放标准》（GB 12523—2011）的规定。

(2) 在施工场界对噪声进行实时监测与控制，监测方法执行国家标准《建筑施工场界环境噪声排放标准》。

(3) 施工现场应对场界噪声排放进行监测、记录和控制，并应采取降低噪声的措施。

(4) 使用低噪声、低振动的机具，采取隔音与隔振措施，避免或减少施工噪声和振动。

3) 光污染控制

(1) 尽量避免或减少施工过程中的光污染。夜间，室外照明灯加设灯罩，透光方向集中在施工范围。

(2) 电焊作业采取遮挡措施，避免电焊弧光外泄。

4) 水污染控制

(1) 施工现场污水排放应达到国家标准《污水综合排放标准》（GB 8978—1996）的要求。

(2) 在施工现场应针对不同的污水，设置相应的处理设施，如沉淀池、隔油池、化粪池等。

(3) 污水排放后应委托有资质的单位进行废水水质检测，提供相应的污水检测报告。

(4) 保护地下水环境。采用隔水性能好的边坡支护技术。在缺水地区或地下水位持续下降的地区，基坑降水尽可能少地抽取地下水；当基坑开挖抽水量大于 50 万 m^3 时，应进行地下水回灌，并避免地下水被污染。

(5) 对于化学品等有毒材料、油料的储存地，应有严格的隔水层设计，做好渗漏液收集和处理工作。

5) 土壤保护

(1) 保护地表环境，防止土壤侵蚀、流失。因施工造成的裸土，应及时覆盖沙石或种植速生草种,以减少土壤侵蚀;因施工造成容易发生地表径流土壤流失的情况,应采取设置地表排水系统、稳定斜坡、植被覆盖等措施,减少土壤流失。

(2) 对于有毒、有害废弃物(如电池、墨盒、油漆、涂料等)应回收后交由有资质的单位处理,不能作为建筑垃圾外运,避免污染土壤和地下水。

(3) 施工后应恢复施工活动破坏的植被(一般指临时占地内)。与当地园林、环保部门或当地植物研究机构进行合作,在先前开发地区种植当地或其他合适的植物,以恢复剩余空地地貌或科学绿化,补救施工活动中因人为破坏植被和地貌而造成的土壤侵蚀。

(4) 禁止将有毒有害废弃物作土方回填,防止土壤污染。

6) 建筑垃圾控制

(1) 制订建筑垃圾减量化计划,如住宅建筑,每万平方米的建筑垃圾不宜超过 400t。

(2) 加强建筑垃圾的回收再利用,力争建筑垃圾的再利用和回收率达到 30%,建筑物拆除产生的废弃物的再利用和回收率大于 40%。对于碎石类、土石方类建筑垃圾,可采用地基填埋、铺路等方式提高再利用率,力争再利用率大于 50%。

(3) 施工现场生活区设置封闭式垃圾容器,施工场地生活垃圾实行袋装化,及时清运。对建筑垃圾进行分类,并收集到现场封闭式垃圾站,集中运出。

7) 地下设施、文物和资源保护

(1) 施工前应调查清楚地下各种设施,制订好保护计划,保证施工场地周边的各类管道、管线、建筑物、构筑物的安全运行。

(2) 施工过程中一旦发现文物,立即停止施工,保护现场并通报文物部门并协助做好工作。

(3) 避让、保护施工场区及周边的古树名木。

(4) 逐步开展统计分析施工项目的 CO_2 排放量以及各种不同植被和树种的 CO_2 固定量的工作。

8) 固体废弃物的处理

(1) 回收利用。回收利用是对固体废物进行资源化、减量化的重要手段之一。

(2) 减量化处理。减量化是对已经产生的固体废物进行分选、破碎、压实浓缩、脱水等处理,减少其最终处置量,减低处理成本,减少对环境的污染。在减量化处理的过程中,也包括和其他处理技术相关的工艺方法,如焚烧、热解、堆肥等。

(3) 稳定和固化。利用水泥、沥青等胶结材料,将松散的废物胶结包裹起来,减少有害物质从废物中向外迁移、扩散,使得废物对环境的污染减少。

(4) 填埋。填埋是将经过无害化、减量化处理的固体废物残渣集中到填埋场进行处置。禁止将有毒有害废弃物现场填埋。填埋场应利用天然或人工屏障,尽量使需处理的废物与环境隔离,并注意废物的稳定性和长期安全性。

3. 节材与材料资源利用技术要点

1) 节材措施

(1) 图纸会审时,应审核节材与材料资源利用的相关内容,达到材料损耗率比定额损耗率降低 30%。

(2) 根据施工进度、库存情况等合理安排材料的采购、进场时间和批次,减少库存。

(3) 现场材料堆放有序。储存环境适宜,措施得当。保管制度健全,责任落实。

（4）材料运输工具适宜，装卸方法得当，防止损坏和遗洒。根据现场平面布置情况就近卸载，避免和减少二次搬运。

（5）采取技术和管理措施提高模板、脚手架等的周转次数。

（6）优化安装工程的预留、预埋、管线路径等方案。

（7）应就地取材，施工现场 500km 以内生产的建筑材料用量占建筑材料总重量的 70%以上。

2）结构材料

（1）推广使用预拌混凝土和商品砂浆。准确计算采购数量、供应频率、施工速度等，在施工过程中实施动态控制。结构工程使用散装水泥。

（2）推广使用高强钢筋和高性能混凝土，减少资源消耗。

（3）推广钢筋专业化加工和配送。

（4）优化钢筋配料和钢构件下料方案。钢筋及钢结构制作前应对下料单及样品进行复核，无误后方可批量下料。

（5）优化钢结构制作和安装方法。大型钢结构宜采用工厂制作，现场拼装；宜采用分段吊装、整体提升、滑移、顶升等安装方法，减少方案的措施用材量。

（6）采用数字化技术，对大体积混凝土、大跨度结构等专项施工方案进行优化。

3）围护材料

（1）门窗、屋面、外墙等围护结构选用耐候性及耐久性良好的材料，施工确保密封性、防水性和保温隔热性。

（2）门窗采用密封性、保温隔热性能、隔音性能良好的型材和玻璃等材料。

（3）屋面材料、外墙材料具有良好的防水性能和保温隔热性能。

（4）当屋面或墙体等部位采用基层加设保温隔热系统的方式施工时，应选择高效节能、耐久性好的保温隔热材料，以减小保温隔热层的厚度及材料用量。

（5）屋面或墙体等部位的保温隔热系统采用专用的配套材料，以加强各层次之间的黏结或连接强度，确保系统的安全性和耐久性。

（6）根据建筑物的实际特点，优选屋面或外墙的保温隔热材料系统和施工方式，如保温板粘贴、保温板干挂、聚氨酯硬泡喷涂、保温浆料涂抹等，以保证保温隔热效果，并减少材料浪费。

（7）加强保温隔热系统与围护结构的节点处理，尽量降低热桥效应。针对建筑物不同部位的保温隔热特点，选用不同的保温隔热材料及系统，以做到经济适用。

4）装饰装修材料

（1）贴面类材料在施工前，应进行总体排版策划，减少非整块材的数量。

（2）采用非木质的新材料或人造板材代替木质板材。

（3）防水卷材、壁纸、油漆及各类涂料基层必须符合要求，避免起皮、脱落。各类油漆及黏结剂应随用随开启，不用时及时封闭。

（4）幕墙及各类预留预埋应与结构施工同步。

（5）木制品及木装饰用料、玻璃等各类板材等宜在工厂采购或定制。

（6）采用自粘类片材，减少现场液态黏结剂的使用量。

5) 周转材料

(1) 应选用耐用、维护与拆卸方便的周转材料和机具。

(2) 优先选用制作、安装、拆除一体化的专业队伍进行模板工程施工。

(3) 模板应以节约自然资源为原则，推广使用定型钢模、钢框竹模、竹胶板。

(4) 施工前应对模板工程的方案进行优化。多层、高层建筑使用可重复利用的模板体系，模板支撑宜采用工具式支撑。

(5) 优化高层建筑的外脚手架方案，采用整体提升、分段悬挑等方案。

(6) 推广采用外墙保温板替代混凝土施工模板的技术。

(7) 现场办公和生活用房采用周转式活动房。现场围挡应最大限度地利用已有围墙，或采用装配式可重复使用围挡封闭。力争工地临建房、临时围挡材料的可重复使用率达到70%。

4. 节水与水资源利用的技术要点

1) 提高用水效率

(1) 施工中采用先进的节水施工工艺。

(2) 施工现场喷洒路面、绿化浇灌不宜使用市政自来水。现场搅拌用水、养护用水应采取有效的节水措施，严禁无措施浇水养护混凝土。

(3) 施工现场供水管网应根据用水量设计布置，管径合理、管路简捷，采取有效措施减少管网和用水器具的漏损。

(4) 现场机具、设备、车辆冲洗用水必须设立循环用水装置。施工现场办公区、生活区的生活用水采用节水系统和节水器具，以提高节水器具配置比率。项目临时用水应使用节水型产品，安装计量装置，采取有针对性的节水措施。

(5) 施工现场建立可再利用水的收集处理系统，使水资源得到梯级循环利用。

(6) 施工现场分别对生活用水与工程用水确定用水定额指标，并分别计量管理。

(7) 大型工程的不同单项工程、不同标段、不同分包生活区，凡具备条件的均应分别计量用水量。在签订不同标段分包或劳务合同时，将节水定额指标纳入合同条款，进行计量考核。

(8) 对混凝土搅拌站点等用水集中的区域和工艺点进行专项计量考核。施工现场建立雨水、中水或可再利用水的搜集利用系统。

2) 非传统水源利用

(1) 优先采用中水搅拌、中水养护，有条件的地区和工程应收集雨水养护。

(2) 处于基坑降水阶段的工地，宜优先采用地下水作为混凝土搅拌用水、养护用水、冲洗用水和部分生活用水。

(3) 现场机具、设备、车辆冲洗，喷洒路面，绿化浇灌等用水，优先采用非传统水源，尽量不使用市政自来水。

(4) 大型施工现场，尤其是雨量充沛地区的大型施工现场应建立雨水收集利用系统，充分收集自然降水用于施工和生活中适宜的部位。

(5) 力争施工中非传统水源和循环水的再利用率大于30%。

3) 用水安全

在非传统水源和现场循环再利用水的使用过程中，应制定有效的水质检测与卫生保障措施，确保避免对人体健康、工程质量以及周围环境产生不良影响。

5. 节能与能源利用的技术要点

1) 节能措施

(1) 制订合理施工能耗指标，提高施工能源利用率。

(2) 优先使用国家、行业推荐的节能、高效、环保的施工设备和机具，如选用变频技术的节能施工设备等。

(3) 施工现场分别设定生产、生活、办公和施工设备的用电控制指标，定期进行计量、核算、对比分析，并采取预防与纠正措施。

(4) 在施工组织设计中，合理安排施工顺序、工作面，以减少作业区域的机具数量，相邻作业区充分利用共有的机具资源。安排施工工艺时，应优先考虑耗用电能或其他能耗较少的施工工艺。避免设备额定功率远大于使用功率或超负荷使用设备的现象。

(5) 根据当地气候和自然资源条件，充分利用太阳能、地热等可再生能源。

2) 机械设备与机具

(1) 建立施工机械设备管理制度，开展用电、用油计量，完善设备档案，及时做好维修保养工作，使机械设备保持低耗、高效的状态。

(2) 选择功率与负载相匹配的施工机械设备，避免大功率施工机械设备低负载、长时间运行。机电安装可采用节电型机械设备，如逆变式电焊机和能耗低、效率高的手持电动工具等，以利节电。机械设备宜使用节能型油料添加剂，在可能的情况下，考虑回收利用，节约油量。

(3) 合理安排工序，提高各种机械的使用率和满载率，降低各种设备的单位耗能。

3) 生产、生活及办公临时设施

(1) 利用场地自然条件，合理设计生产、生活及办公临时设施的体形、朝向、间距和窗墙面积比，使其获得良好的日照、通风和采光。南方地区可根据需要在其外墙窗设遮阳设施。

(2) 临时设施宜采用节能材料，墙体、屋面使用隔热性能好的材料，减少夏天空调、冬天取暖设备的使用时间及耗能量。

(3) 合理配置采暖、空调、风扇数量，规定使用时间，实行分段、分时使用，节约用电。

4) 施工用电及照明

(1) 临时用电优先选用节能电线和节能灯具，临电线路合理设计、布置，临电设备宜采用自动控制装置。采用声控、光控等节能照明灯具。

(2) 照明设计以满足最低照度为原则，照度不应超过最低照度的20%。

6. 节地与施工用地保护的技术要点

1) 临时用地指标

(1) 根据施工规模及现场条件等因素合理确定临时设施，如临时加工厂、现场作业棚及材料堆场、办公生活设施等的占地指标。临时设施的占地面积应按用地指标所需的最低面积设计。

(2) 要求平面布置合理、紧凑，在满足环境、职业健康与安全及文明施工要求的前提下尽可能减少废弃地和死角，临时设施占地面积有效利用率应大于90%。

2) 临时用地保护

(1) 应对深基坑施工方案进行优化，减少土方开挖和回填量，最大限度地减少对土地的扰动，保护周边自然生态环境。

（2）红线外临时占地应尽量使用荒地、废地，少占用农田和耕地。工程完工后，及时对红线外占地恢复原地形、地貌，使施工活动对周边环境的影响降至最低。

（3）利用和保护施工用地范围内原有绿色植被。对于施工周期较长的现场，可按建筑永久绿化的要求，安排场地新建绿化。

3）施工总平面布置

（1）施工总平面布置应做到科学、合理，充分利用原有建筑物、构筑物、道路、管线为施工服务。

（2）施工现场搅拌站、仓库、加工厂、作业棚、材料堆场等布置应尽量靠近已有交通线路或即将修建的正式或临时交通线路，缩短运输距离。

（3）临时办公和生活用房应采用经济、美观、占地面积小、对周边地貌环境影响较小且适合于施工平面布置动态调整的多层轻钢活动板房、钢骨架水泥活动板房等标准化装配式结构。生活区与生产区应分开布置，并设置标准的分隔设施。

（4）施工现场围墙可采用连续封闭的轻钢结构预制装配式活动围挡，减少建筑垃圾，保护土地。

（5）施工现场道路按照永久道路和临时道路相结合的原则布置。施工现场内形成环形通路，减少道路占用土地。

（6）临时设施布置应注意远近结合（本期工程与下期工程），努力减少和避免大量临时建筑拆迁和场地搬迁。

6.2.5　发展绿色施工的新技术、新设备、新材料与新工艺

（1）施工方案应建立推广、限制、淘汰公布制度和管理办法。发展适合绿色施工的资源利用与环境保护技术，对落后的施工方案进行限制或淘汰，鼓励绿色施工技术的发展，推动绿色施工技术的创新。

（2）大力发展现场监测技术、低噪声的施工技术、现场环境参数检测技术、自密实混凝土施工技术、清水混凝土施工技术、建筑固体废弃物再生产品在墙体材料中的应用技术、新型模板及脚手架技术的研究与应用。

（3）加强信息技术应用，如绿色施工的虚拟现实技术、三维建筑模型的工程量自动统计、绿色施工组织设计数据库建立与应用系统、数字化工地、基于电子商务的建筑工程材料、设备与物流管理系统等。通过应用信息技术，进行精密规划、设计、精心建造和优化集成，实现与提高绿色施工的各项指标。

【昆明新机场相关概况】

昆明新机场是国家"十一五"期间重点建设工程，作为目前中国民航局、云南省委省政府直接领导的头号工程项目，在云南乃至全国都有极高的影响力。

昆明新机场工程按照建筑业协会《全国建筑业绿色施工示范工程管理办法》的要求，进一步加强规范管理，贯彻、落实"四节一保"的技术、管理措施，2010年5月被建筑业协会授予全国绿色施工示范工程。

6.2.6 绿色施工的应用示范工程

我国绿色施工尚处于起步阶段，应通过试点和示范工程，总结经验，引导绿色施工的健康发展。各地应根据具体情况，制定有针对性的考核指标和统计制度，制定引导施工企业实施绿色施工的激励政策，促进绿色施工的发展。

6.3 建筑节能工程监理

6.3.1 建筑节能工程监理概述

1. 建筑节能监理依据

在建筑工程中，建筑节能工作已经成为评定优质工程的标准之一，做好建筑节能的监理工作，也是做好工程监理工作的根本之一。目前，主要监理依据如下。

(1)《夏热冬冷地区居住建筑节能设计标准》（JGJ 134—2010）。

(2)《公共建筑节能设计标准》（GB 50189—2015）。

(3)《膨胀聚苯板薄抹灰外墙外保温系统》（JG 149—2003）。

(4)《胶粉聚苯颗粒外墙外保温系统》（JG/T 158—2013）。

(5)《外墙内保温工程技术规程》（JGJ/T 261—2011）。

【《建筑节能工程施工
质量验收规范》】

(6)《建筑节能工程施工质量验收规范》（GB 50411—2007）。

(7)《民用建筑节能工程现场热工性能检测标准》（DGJ 32—J23—2006）。

(8)《水泥基复合保温砂浆建筑保温系统技术规程》。

(9)《民用建筑节能条例》（中华人民共和国国务院令 530 号）。

(10) 原建设部《民用建筑节能管理规定》《关于新建居住建筑严格执行节能设计标准的通知》（建科〔2005〕55 号）、《关于认真做好〈公共建筑节能设计标准〉宣贯、实施及监督工作的通知》（建科函〔2005〕121 号）。

(11) 国家及各省、自治区、直辖市陆续发布的相关规范规程。

2. 建筑节能工程监理要点

建筑节能工程监理采取事前控制、事中控制和事后控制相结合的形式。注重事前控制，以发挥预控作用，防患于未然；严格事中控制，每天巡视检查，把问题消除在萌芽状态，避免造成既成事实而积重难返；做好事后控制，绝不放过一个安全隐患、质量隐患或不合格项，严把质量验收关。

建筑节能工程监理主要采取的措施有巡视、旁站、见证取样送检和平行检验等方法，使建筑节能工程所用材料、构配件和设备的质量，施工质量符合施工图设计文件、建筑节能标准、规范和施工合同的要求。

　　建筑节能工程监理主要采取"一说、二写、三停工、四报告"的控制手段。"一说"就是监理发现问题后，先口头指出，要求施工单位改正；"二写"就是对监理口头指出的问题，若施工单位没有改正，则签发监理工程师通知单（或者安全隐患通知单），要求施工单位整改；"三停工"就是在施工单位仍未整改、继续施工的情况下，征得建设单位同意，总监理工程师签发停工令，责令施工单位暂停施工、立即整改；"四报告"就是施工单位拒不整改和停工时，及时向当地建设行政主管部门报告，同时将情况报告建设单位。

　　1）施工准备阶段的监理工作

　　（1）工程监理单位应当对从事建筑节能工程监理的相关从业人员进行建筑节能标准与技术等专业知识的培训。总监理工程师、专业监理工程师应当参加建筑节能执业继续教育。

　　（2）监理机构在建筑节能工程施工现场，应备有国家和地方有关建筑节能法规文件与本工程相关的建筑节能强制性标准。

　　（3）建筑节能工程施工前，总监理工程师应组织监理人员熟悉设计文件，参加施工图会审，设计交底和施工方案审查。

　　① 施工图会审和设计交底。总监理工程师应组织监理人员熟悉设计文件，参加施工图会审和设计交底，未经审查或审查不符合强制性建筑节能标准的施工图不得使用。参加由建设单位组织的建筑节能设计技术交底会，总监理工程师应对建筑节能设计技术交底会议纪要进行签认。

　　② 施工方案审查。总监理工程师应组织专业监理工程师审查施工单位报送建筑节能专项施工方案和技术措施，提出审查意见。

　　（4）建筑节能工程施工前，总监理工程师应组织编制建筑节能监理实施细则，按照建筑节能强制性标准和设计文件，编制符合建筑节能特点的、具有针对性的监理实施细则。监理实施细则应包括的主要内容有建筑节能专业工程的特点、建筑节能监理工作的流程、建筑节能监理工作的控制要点及目标值、建筑节能监理工作的方法及措施。

　　（5）建筑节能工程开工前，总监理工程师应组织专业监理工程师审查承包单位报送建筑节能专项施工方案和技术措施，提出审查意见。

　　2）施工阶段的监理工作

　　（1）监理工程师应当对建筑节能专项施工技术方案审查并签字认可。专业监理工程师应当对工程材料、构配件、设备报审表（包括墙体材料、保温材料、门窗部品、采暖空调系统、照明设备等）及其质量证明资料，具体如下。

　　① 质量证明资料（保温系统和组成材料质保书、说明书、型式检验报告、复验报告，如现场搅拌的黏结胶浆、抹面胶浆等，应提供配合比通知单）是否合格、齐全，是否与设计和产品标准的要求相符。产品说明书和产品标志上注明的性能指标是否符合建筑节能标准。

　　② 是否使用国家明令禁止、淘汰的材料、构配件、设备。

　　③ 有无建筑材料备案证明及相应验证要求资料。

　　④ 按照委托监理合同约定及建筑节能标准有关规定的比例进行平行检验或见证取样、送样检测。

对未经监理人员验收或验收不合格的建筑节能工程材料、构配件、设备，不得在工程上使用或安装；对国家明令禁止、淘汰的材料、构配件、设备，监理人员不得签认，并应签发监理工程师通知单，书面通知承包单位限期将不合格的建筑节能工程材料、构配件、设备撤出现场。

(2) 当承包单位采用建筑节能新材料、新工艺、新技术、新设备时，应要求承包单位报送相应的施工工艺措施和证明材料，组织专题论证，经审定后予以签认。

(3) 督促检查承包单位按照建筑节能设计文件和施工方案进行施工。总监理工程师审查建设单位或施工承包单位提出的工程变更，发现有违反建筑节能标准的，应提出书面意见加以制止。

(4) 对建筑节能施工过程进行巡视检查。对建筑节能施工中墙体、屋面等隐蔽工程的隐蔽过程，下道工序施工完成后难以检查的重点部位进行旁站或现场检查，符合要求的予以签认。对未经监理人员验收或验收不合格的工序，监理人员不得签认，承包单位不得进行下一道工序的施工。

(5) 对承包单位报送的建筑节能隐蔽工程、检验批和分项工程质量验评资料进行审核，符合要求后予以签认。对承包单位报送的建筑节能分部工程和单位工程质量验评资料进行审核和现场检查，应审核和检查建筑节能施工质量验评资料是否齐全，符合要求后予以签认。

(6) 对建筑节能施工过程中出现的质量问题，应及时下达监理工程师通知单，要求承包单位整改，并检查整改结果。

3) 竣工验收阶段的监理工作

(1) 参与建设单位委托建筑节能测评单位进行的建筑节能能效测评。

(2) 审查承包单位报送的建筑节能工程竣工资料，并编写建筑节能监理工作总结。

(3) 组织对包括建筑节能工程在内的预验收，对预验收中存在的问题，督促承包单位进行整改，整改完毕后签署建筑节能工程竣工报验单。

(4) 出具监理质量评估报告。工程监理单位在监理质量评估报告中必须严格执行建筑节能标准和设计要求。

(5) 签署建筑节能实施情况意见。工程监理单位在《建筑节能备案登记表》上签署建筑节能实施情况意见，并加盖监理单位印章。

6.3.2 建筑节能工程监理实施细则

1. 墙体节能工程

(1) 墙体节能工程验收的检验批划分应符合下列规定。

① 采用相同材料、工艺和施工做法的墙面，每 $500\sim1\,000\text{m}^2$ 面积划分为一个检验批，不足 500m^2 也为一个检验批。

② 检验批的划分也可遵循与施工流程一致且方便施工与验收的原则，由施工单位与监理(建设)单位共同确定。

(2) 墙体节能工程使用的保温隔热材料，其导热系数、密度、抗压强度或压缩强度、燃烧性能应符合设计要求。保温材料和黏结材料进场时应进行见证取样送检。同一厂家同一品种的产品，当单位工程建筑面积在 $20\,000\text{m}^2$ 以下时各抽查不少于 3 次；当单位工程建筑面积在 $20\,000\text{m}^2$ 以上时各抽查不少于 6 次。

(3) 墙体节能工程施工应符合下列规定。

① 保温隔热材料的厚度必须符合设计要求。

② 保温板材与基层及各构造层之间的黏结或连接必须牢固。黏结强度和连接方式应符合设计要求。保温板材与基层的黏结强度应做现场拉拔试验。

③ 保温浆料应分层施工。当采用保温浆料做外保温时，保温层与基层之间及各层之间的黏结必须牢固，不应脱层、空鼓和开裂。

④ 当墙体节能工程的保温层采用预埋或后置锚固件固定时，锚固件数量、位置、锚固深度和拉拔力应符合设计要求，后置锚固件应进行现场拉拔试验。

(4) 外墙采用预制保温板现场浇筑混凝土墙体时，保温板的验收应符合本规范规定；保温板的安装位置应正确、接缝严密，保温板在浇筑混凝土过程中不得移位、变形，保温板表面应采取界面处理措施，应与混凝土连接应牢固。

混凝土和模板的验收，应按《混凝土结构工程施工质量验收规范》(GB 50204—2015)的相关规定执行。

(5) 墙体节能工程各类饰面层的基层及面层施工，应符合设计和《建筑装饰装修工程质量验收规范》(GB 50210—2001)的要求，并应符合下列规定。

① 饰面层施工的基层应无脱层、空鼓和裂缝，基层应平整、洁净，含水率应符合饰面层施工的要求。

② 外墙外保温工程不宜用粘贴饰面砖做饰面层；当采用时，其安全性与耐久性必须符合设计要求。饰面砖应做黏结强度拉拔试验，试验结果应符合设计和有关标准的规定。

③ 外墙外保温工程的饰面层不得渗漏。当外墙外保温工程的饰面层采用饰面板开缝安装时，保温层表面应具有防水功能或采取其他防水措施。

④ 外墙外保温层及饰面层与其他部位交接的收口处，应采取密封措施。

(6) 外墙或毗邻不采暖空间墙体上的门窗洞口四周的侧面，墙体上凸窗四周的侧面，应按设计要求采取节能保温措施。严寒和寒冷地区外墙热桥部位，应按设计要求采取节能保温等隔断热桥措施。

(7) 墙体上容易碰撞的阳角、门窗洞口及不同材料基体的交接处等特殊部位，其保温层应采取防止开裂和破损的加强措施。

2. 幕墙节能工程

(1) 幕墙节能工程检验批的划分，可按照《建筑装饰装修工程质量验收规范》的规定执行。

(2) 幕墙节能工程使用的保温隔热材料，其导热系数、密度、燃烧性能应符合设计要求。幕墙玻璃的传热系数、遮阳系数、可见光透射比、中空玻璃露点应符合设计要求。

(3) 幕墙节能工程使用的材料、构件等(保温材料、幕墙玻璃、隔热型材)进场时进行见证取样送检，同一厂家的同一种产品抽查不少于一组。

(4) 幕墙的气密性能应符合设计规定的等级要求。当幕墙面积大于 3 000 m² 或建筑外墙面积的 50%时，应现场抽取材料和配件，在检测试验室安装制作试件进行气密性能检测，检测结果应符合设计规定的等级要求。

(5) 幕墙节能工程使用的保温材料，其厚度应符合设计要求，安装牢固，且不得松脱。

(6) 幕墙与周边墙体间的接缝处应采用弹性闭孔材料填充饱满，并应采用耐候密封胶密封。

(7) 伸缩缝、沉降缝、抗震缝的保温或密封做法应符合设计要求。

(8) 幕墙节能工程使用的保温材料在安装过程中应采取防潮防水等保护措施。

3. 门窗节能工程

(1) 门窗节能工程检验批的划分，可按照《建筑装饰装修工程质量验收规范》的规定执行。

(2) 门窗主要指的是建筑外门窗，建筑外门窗工程的检验批应按下列规定划分。

① 同一厂家的同一品种、类型、规格的门窗及门窗玻璃每 100 樘划分为一个检验批，不足 100 樘也为一个检验批。

② 同一厂家同一品种、类型、规格的特种门每 50 樘划分为一个检验批，不足 50 樘也为一个检验批。

③ 对于异形或有特殊要求的门窗，检验批的划分应根据其特点和数量，由监理(建设)单位和施工单位共同协商确定。

(3) 建筑门窗进场后，应对其外观、品种、规格及附件等进行检查验收，对质量证明文件进行核查。

(4) 建筑外门窗的气密性、保温性能、中空玻璃露点、玻璃遮阳系数和可见光透射比应符合设计要求。

(5) 建筑外窗进入施工现场时，应对其气密性、玻璃遮阳系数、可见光透射比、中空玻璃露点性能进行见证取样送检，同一厂家同一品种同一类型的产品各抽查不少于 3 樘(件)。

(6) 外门窗框或副框与洞口之间的间隙应采用弹性闭孔材料填充饱满，并使用密封胶密封；外门窗框与副框之间的缝隙应使用密封胶密封。

(7) 天窗安装的位置、坡度应正确，封闭严密，嵌缝处不得渗漏。

(8) 门窗扇密封条和玻璃镶嵌的密封条，其物理性能应符合相关标准的规定。密封条安装位置应正确，镶嵌牢固，不得脱槽，接头处不得开裂。关闭门窗时密封条应接触严密。

4. 屋面节能工程

(1) 屋面节能工程检验批的划分，可按照《建筑装饰装修工程质量验收规范》的规定执行。

(2) 屋面保温隔热层施工完成后，应及时进行找平层和防水层的施工，避免保温隔热层受潮、浸泡或受损。

(3) 屋面节能工程使用的保温隔热材料，其导热系数、密度、抗压强度或压缩强度、燃烧性能应符合设计要求。进场时，应对以上项目进行见证取样送检，同一厂家同一品种的产品各抽查不少于 3 组。

(4) 屋面保温隔热层应按施工方案施工，并应符合下列规定。

① 松散材料应分层敷设、按要求压实、表面平整、坡向正确。

② 现场采用喷、浇、抹等工艺施工的保温层，其配合比应计量准确、搅拌均匀、分层连续施工，表面平整、坡向正确。

③ 板材应粘贴牢固、缝隙严密、平整。

(5) 当坡屋面、内架空屋面采用敷设于屋面内侧的保温材料做保温层时，应对保温隔热层采取防潮措施，其表面应有保护层，保护层的做法应符合设计要求。

建筑节能全过程监管的6个环节

中国是一个处在城镇化发展时期的建筑大国，每年新建房屋面积高达20亿 m^2，这个数字有可能超过所有发达国家每年新建建筑面积的总和。随着全面建设小康社会的逐步推进，建设事业迅猛发展，包括采暖、空调、热水供应、照明、炊事、家用电器、电梯等方面的建筑能耗也迅速增长。现在，我国既有建筑近400亿 m^2，在这些建筑当中，真正属于节能建筑的比例非常低。在此严峻的节能形势下，加强新建建筑的节能管理已刻不容缓。

为了加强对新建建筑的节能管理，从源头上遏制建筑能源过度消耗，对新建建筑节能全过程监管主要体现在6个环节。

（1）在规划许可阶段，要求城乡规划主管部门在进行规划审查时，应当就设计方案是否符合民用建筑节能强制性标准征求同级建设主管部门的意见；对不符合民用建筑节能强制性标准的，不予颁发建设工程规划许可证。

（2）在设计阶段，要求新建建筑的施工图设计文件必须符合民用建筑节能强制性标准。施工图设计文件审查机构应当按照民用建筑节能强制性标准对施工图设计文件进行审查；经审查不符合民用建筑节能强制性标准的，建设主管部门不得颁发施工许可证。

（3）在建设阶段，建设单位不得要求设计单位、施工单位违反民用建筑节能强制性标准进行设计、施工；设计单位、施工单位、工程监理单位及其注册执业人员必须严格执行民用建筑节能强制性标准。

（4）在竣工验收阶段，建设单位应当将民用建筑是否符合民用建筑节能强制性标准作为查验的重要内容；对不符合民用建筑节能强制性标准的，不得出具竣工验收合格报告。对新建的国家机关办公建筑和大型公共建筑的所有权人应当对建筑的能源利用效率进行测评和标示，并按照国家有关规定将测评结果予以公示，接受社会监督。

（5）在商品房销售阶段，要求房地产开发企业向购买人明示所售商品房的能源消耗指标、节能措施和保护要求、保温工程保修期等信息。

（6）在使用保修阶段，明确规定施工单位在保修范围和保修期内，对发生质量问题的保温工程负有保修义务，并对造成的损失依法承担赔偿责任。

（资料来源：http: //www.china5e.com/show.php? contentid=206373.）

拓展讨论

党的二十大报告提出，加快节能降碳先进技术研发和推广应用，倡导绿色消费，推动形成绿色低碳的生产方式和生活方式。结合监理的建筑节能管理，谈一谈建筑节能方面的措施有哪些，为什么要加快节能降碳先进技术研发和推广应用。

本单元小结

本单元首先对建筑节能的内涵及意义进行了阐述，对《节能条例》中新建建筑节能、既有建筑节能、建筑用能系统运行节能及违反条例的法律责任进行了介绍；接着对体现建筑节能发展要求的绿色建筑施工导则进行了全文介绍；最后对建设节能工程监理要点进行了分析，指导建设节能监理的开展。

技能训练题

一、单项选择题

1. 下列不属于建筑节能设计审查内容的是（　　）。

 A. 参与施工图图纸会审，审查建筑节能设计是否符合设计标准

 B. 查验施工图设计文件审查结论是否合格

 C. 审查建筑节能设计认定和备案(含设计变更审查和备案)情况

 D. 审查设计图纸中错误的标示

2. 下列不是外保温墙体产生裂缝主要原因的是（　　）。

 A. 保温层和饰面层温差和干缩变形导致的裂缝

 B. 玻纤网格布抗拉强度不够或玻纤网格布耐碱度保持率低导致的裂缝

 C. 保温面层腻子强度过低

 D. 腻子、涂料选用不当

3. 建设单位未按照建筑节能强制性标准委托设计，擅自修改节能设计文件，明示或暗示设计单位、施工单位违反建筑节能设计强制性标准，降低工程建设质量的，处（　　）的罚款。

 A. 20 万元以上 50 万元以下　　　　　　 B. 50 万元以上

 C. 30 万以上 50 万以下　　　　　　　　 D. 10 万元

4. 对未按照节能设计进行施工的施工单位，责令改正；整改所发生的工程费用，由施工单位负责；可以给予警告，情节严重的，处工程合同价款（　　）的罚款。

 A. 3%　　　　　 B. 2%以上 4%以下　　　　 C. 2%　　　　 D. 4%

5. 下列关于环境保护技术要点说法错误的是（　　）。

 A. 构筑物机械拆除前，做好扬尘控制计划，可采取清理积尘、拆除体洒水、设置隔挡等措施

 B. 对于化学品等有毒材料、油料的储存地，应有严格的隔水层设计，做好渗漏液收集和处理工作

 C. 制订建筑垃圾减量化计划，如住宅建筑，每万平方米的建筑垃圾不宜超过 600t

 D. 施工前应调查清楚各种地下设施，制订好保护计划，保证施工场地周边的各类管道、管线、建筑物、构筑物的安全运行

二、多项选择题

1. 针对既有建筑节能改造举步维艰、改造费用筹集困难、改造进展缓慢等问题，《节能条例》所做的规定有（　　）。

 A. 确立既有建筑节能改造的原则

 B. 强化对既有建筑节能改造的管理

 C. 明确既有建筑节能改造的标准和要求

 D. 确立既有建筑节能改造费用的负担方式

 E. 确定相关费用由建筑单位承担

2. 针对新建建筑节能管理的问题，在不增加新的行政许可的前提下，实现全过程监管

应做到(　　)。

A. 在规划许可阶段，要求城乡规划主管部门在进行规划审查时，应当就设计方案是否符合民用建筑节能强制性标准征求同级建设主管部门的意见；对于不符合民用建筑节能强制性标准的，不予颁发建设工程规划许可证

B. 在设计阶段，要求新建建筑的施工图设计文件必须符合民用建筑节能强制性标准。施工图设计文件审查机构应当按照民用建筑节能强制性标准对施工图设计文件进行审查；经审查不符合民用建筑节能强制性标准的，建设主管部门不得颁发施工许可证

C. 在建设阶段，建设单位不得要求设计单位、施工单位违反民用建筑节能强制性标准进行设计、施工；设计单位、施工单位、工程监理单位及其注册执业人员必须严格执行民用建筑节能强制性标准；工程监理单位对施工单位不执行民用建筑节能强制性标准的，有权要求其改正，并及时报告

D. 在竣工验收阶段，建设单位应当将民用建筑是否符合民用建筑节能强制性标准作为查验的重要内容；对不符合民用建筑节能强制性标准的，不得出具竣工验收合格报告

E. 在使用保修阶段，明确规定施工单位在保修范围和保修期内，对发生质量问题的保温工程负有保修义务，并对造成的损失依法承担赔偿责任

3. 施工单位应当对进入施工现场的(　　)等进行查验；不符合施工图设计文件要求的，不得使用。

A. 墙体材料　　　　B. 保温材料　　　　C. 门窗　　　D. 采暖制冷系统　　　E. 幕墙

4. 竣工验收阶段工作用表及资料有(　　)。

A. 建筑节能专项验收报验单　　　　　B. 建筑节能专项质量评估报告

C. 建筑节能专项验收报告　　　　　　D. 建筑节能监理工作总结

E. 其他各项审查、查验均应有书面记录和资料

5. 施工阶段，建筑节能工程监理需要控制及审查的内容有(　　)。

A. 建筑节能材料、构配件、设备报验审批

B. 建筑节能工程检验批质量验收审查

C. 建筑节能工程子分部工程验收审查

D. 建筑节能工程变更审查

E. 建筑节能工程旁站、监理

三、简答题

1. 实施建筑节能有哪些重要意义？

2. 绿色施工的原则是什么？

3. 节能与能源利用的技术要点有哪些？

4. 建筑节能工程监理的要点有哪些？

四、案例题

某商业中心地上 58 层，地下 4 层，高 232m，建筑面积 78 万 m^2。工程处于市中心位置，

施工场地狭小，周边环境复杂。工程总承包单位在商业中心建造过程中倡导绿色施工的概念，工程开工前期组织策划，从技术、管理等方面组织论证，落实责任，执行有关标准，在主体结构施工、机电安装、幕墙设计、内外装修方面全面考虑绿色施工因素。采用的绿色施工和管理方法具体有：工人生活区采用 36V 低压照明、采用太阳能路灯、地下水的重复利用技术、现场雨水收集利用技术、工地洗车池施工技术、现场产生废加气块加工粉碎后做屋面找平层使用、使用高强钢筋高性能混凝土、室内建筑垃圾垂直清理通道、建筑垃圾的资源化利用技术、施工现场防扬尘自动喷淋技术、高层建筑混凝土施工中泵管润洗废料处理技术等。

按照"绿色施工"评价"四节和一环保"的要求回答以下问题。

问题：

1. 以上做法中，与"绿色施工中的节能技术"对应的有哪些？
2. 以上做法中，与"绿色施工中的节水技术"对应的有哪些？
3. 以上做法中，与"绿色施工中的节材技术"对应的有哪些？
4. 以上做法中，与"绿色施工中的节地技术"对应的有哪些？
5. 以上做法中，与"绿色施工中的环境保护技术"对应的有哪些？

【单元 6 技能训练题参考答案】

单元 **7** 建设工程监理信息管理

教学目标

了解建设工程各个阶段监理信息收集的方法及加工整理的方法；明确文件档案资料管理的职责、质量要求和组卷方法；了解建设工程档案验收与移交的步骤及注意事项；掌握建设工程监理文件档案资料管理的意义及内容。

教学要求

能 力 目 标	知 识 要 点	权重
了解建设工程信息管理的相关知识	建设工程项目信息的概念、性质、分类及表现形式；建设工程项目信息管理的原则、环节和制度等	15%
了解建设工程中信息管理的实施过程	建设工程信息管理流程的组成；监理信息的收集内容和加工整理过程	25%
掌握建设工程文件档案资料管理方法	建设工程文件档案资料管理职责；归档文件的质量要求和组卷方法；建设工程档案的验收与移交	30%
掌握建设工程监理文件档案资料管理方法	建设工程监理文档资料管理内容；建设工程施工阶段监理工作的基本表式	30%

【单元 7 学习指导(视频)】

引 例

某市城市建设集团通过招投标承接了一综合楼工程建设项目的施工任务，建设单位委托方正监理公司承担该项目施工阶段的监理工作，要求建设工程档案管理和分类按照《建设工程文件归档整理规范》执行。工程开始后，总监理工程师任命了一位负责信息管理的专业监理工程师，并根据《建设工程监理规范》建立了监理报表体系，制定了监理主要文件档案清单，并按建设工程信息管理各环节的要求进行建设工程的文档管理，竣工后又按要求向相关单位移交了监理文件。

问题：

(1) 建设工程信息管理有哪些环节？

(2) 按照《建设工程文件归档整理规范》的规定，建设工程档案资料分为哪几大类？

(3) 根据《建设工程监理规范》的规定，构成监理报表体系的有哪几大类？监理主要文件档案有哪些？

(4) 监理机构应向哪些单位移交需要归档保存的监理文件？

【《建筑工程监理规范》】

7.1 建设工程信息管理基本知识

建设工程监理的主要工作是控制，控制的基础是信息，信息管理是建设监理的一项重要内容。及时掌握准确、完整、有用的信息，可以使监理工程师卓有成效地完成监理任务。

7.1.1 信息

在现代建设工程中，能及时、准确、完善地掌握与建设有关的大量信息，处理和管理好各类建设信息，是建设工程项目管理(或监理)的重要内容。

1. 数据

数据是客观实体属性的反映，是一组表示数量、行为和目标，可以记录下来加以鉴别的符号。

数据有多种形态，这里所提到的数据是广义的数据概念，包括文字、数值、语言、图表、图形、颜色等多种形态。现在的计算机对此类数据都可以进行处理，例如，施工图纸、管理人员发出的指令、施工进度的网络图、管理的直方图、月报表等都是数据。

2. 信息的概念

对信息有不同的定义，从辩证唯物主义的角度出发，可以给信息如下的定义：一般认为，信息是以数据形式表达的客观事实，它是对数据的解释，反映着事物的客观状态和规律，能为使用者提供决策和管理所需要的依据。

信息和数据是不可分割的。信息来源于数据，又高于数据，信息是数据的灵魂，数据是信息的载体。

3. 信息的时态

信息有 3 个时态：信息的过去时是知识，现在时是数据，将来时是情报。

（1）知识是前人经验的总结，是人类对自然界规律的认识和掌握，是一种系统化的信息。

（2）信息的现在时是数据。数据是人类生产实践中不断产生的信息的载体，要用动态的眼光来看待数据。把握住数据的动态节奏，就掌握了信息的变化。

（3）信息的将来时是情报。情报代表信息的趋势和前沿，情报往往要用特定的手段获取，有特定的使用范围、目的、时间、传递方式，带有特定的机密性。

4. 信息的特点

一般而言，信息具有以下特征。

1）真实性

真实性是建设工程信息的最基本性质。如果信息失真，不仅没有任何可利用的价值，反而还会造成决策失误。

2）时效性

时效性又称适时性。它反映了建设工程信息具有突出的时间性特点。某一信息对某一建设目标是适用的，但随着建设进程，该信息的价值将逐步降低或完全丧失。

3）系统性

信息本身需要全面地掌握各方面的数据后才能得到。在工程实际中，不能片面地处理数据，片面地产生和使用信息。信息也是系统中的组成部分之一，必须用系统的观点来对待各种信息。

4）不完全性

由于使用数据的人对客观事物的认识具有局限性，因此，信息具有不完全性。

5）层次性

信息对使用者是有不同的对象的，不同的管理需要不同的信息，为此，必须针对不同的信息需求，分类提供相应的信息。可以将信息分为决策级、管理级、作业级 3 个层次。

 特 别 提 示

不同层次的信息在内容、来源、精度、使用时间、使用频度上是不同的。决策级需要更多的外部信息和深度加工的内部信息；管理级需要较多的内部数据和信息；作业级需要掌握工程各个分部分项每时每刻实际产生的数据和信息。例如，在编制监理月报时汇总的材料、进度、造价、合同执行的信息等均属于管理级信息。

7.1.2　建设工程项目管理中的信息

1. 建设工程项目信息的特点

建设工程项目信息是在整个工程建设项目管理过程中发生的、反映工程建设的状态和规律的信息。

1）来源广、信息量大

在建设监理制度下，工程建设是以监理工程师为中心的，项目监理组织自然成为信息生

成、流入和流出的中心。监理信息来自两个方面，一是项目监理组织内部进行项目控制和管理而产生的信息；二是在实施监理过程中，从项目监理组织外流入的信息。由于工程建设具有长期性和复杂性，且涉及的单位众多，使从这两方面来的信息来源广、信息量大。

2）动态性强

工程建设的过程是一个动态过程，监理工程师实施的控制也是动态控制。大量的监理信息都是动态的，需要及时地收集和处理。

2. 建设工程项目信息的分类

按照不同的分类标准，可将建设工程监理信息进行如下分类。

1）按照建设工程的控制目标划分

（1）造价控制信息，指与造价控制直接有关的信息，如各种造价估算指标、类似工程造价(物价)指数、概预算定额、建设项目造价估算、设计概预算、合同价、工程进度款支付单、竣工结算与决算、原材料价格、机械台班费、人工费、运杂费、造价控制的风险分析等。

（2）质量控制信息，指与质量控制直接有关的信息，如国家有关的质量政策，质量标准，项目建设标准，质量目标的分解结果，质量控制工作流程，质量控制工作制度，质量控制的风险分析，工程实体、材料、设备质量检验信息，质量抽样检查结果等。

（3）进度控制信息，指与进度控制直接有关的信息，如工期定额、项目总进度计划、进度目标分解结果、进度控制工作流程、进度控制工作制度、进度控制的风险分析、实际进度与计划进度的对比信息、进度统计分析等。

（4）合同管理信息，指与建设工程相关的各种合同信息，如施工合同文件、合同的修改和变更、合同风险分析、合同索赔、合同条款分析等。

2）按照建设工程项目信息的来源划分

（1）项目内部信息，指取自建设项目本身的信息，如工程概况、可行性研究报告、设计文件、施工组织设计、施工方案、合同文件、信息资料的编码系统、会议制度、监理组织机构、监理工作制度、监理合同、监理规划、项目的造价目标、项目的质量目标、项目的进度目标等。

（2）项目外部信息，指来自建设项目外部环境的信息，如国家有关的政策及法规、国内及国际市场上原材料及设备价格、物价指数、类似工程的造价、类似工程的进度、投标单位的实力、投标单位的信誉、毗邻单位的有关情况等。

3）按照信息的稳定程度划分

（1）固定信息，指那些具有相对稳定性的信息，或者在一段时间内可以在各项监理工作中重复使用而不发生质的变化的信息，是建设工程监理工作的重要依据。这类信息包括以下几种。

① 定额标准信息，指各类定额和标准，如概预算定额、施工定额、原材料消耗定额、造价估算指标、生产作业计划标准、监理工作制度等。

② 计划合同信息，指计划指标体系、合同文件等。

③ 查询信息，指国家标准、行业标准、部门标准、设计规范、施工规范、监理工程师的人事卡片等。

（2）流动信息，指作业统计信息，是反映工程项目建设实际状态的信息。它会随着工程项目的进展而不断更新。这类信息的时间性较强，如项目实施阶段的质量、造价及进度统计信息、项目实施阶段的原材料消耗量、机械台班数、人工工日数等信息。及时收集这类信息，并与计划信息进行对比分析是实施项目目标控制的重要依据。在建设工程监理过程中，这类信息的主要表现形式是统计报表。

4）按照信息的层次划分

（1）战略性信息，指该项目建设过程中战略决策所需的信息、投资总额、建设总工期、承包商的选定、合同价的确定等信息。

（2）管理型信息，指项目年度进度计划、财务计划等。

（3）业务性信息，指各业务部门的日常信息，较为具体。

5）按照项目管理功能划分

建设工程监理信息可划分为组织类信息、管理类信息、经济类信息和技术类信息 4 种类型。

6）按其他标准划分

（1）按照信息范围的不同，分为精细的信息和摘要的信息。

（2）按照信息时间的不同，分为历史性信息、即时信息和测量性信息。

（3）按照监理阶段的不同，分为计划的、作业的、核算的、报告的信息。

（4）按照对信息的期待性不同，分为预知的信息和突发的信息。

不同的监理范围需要不同的信息，而对监理信息进行分类，有助于根据监理工作的不同要求，提供适当的信息。

7.1.3　建设工程项目信息管理

建设工程信息管理是指在建设工程的各个阶段，对所产生的面向建设工程管理业务的信息进行收集、传输、加工、储存、维护和使用等的信息规划及组织管理活动的总称。信息管理的目的是通过有效的建设工程信息规划及其组织管理活动，使参与建设的各方能及时、准确地获得有关的建设工程信息，以便为建设项目全过程或各个建设阶段提供建设项目决策所需要的可靠信息。

1. 信息管理的原则

（1）及时、准确和全面地提供信息，以支持决策的科学性；应规格化、规范化地对信息编码，以简化信息的表达。

（2）用定量的方法分析数据、定性的方法归纳知识，以实施控制和优化方案。

（3）适应不同管理层的不同要求。高层领导进行战略性决策，需要战略级信息；中层管理者是在已定战略下进行策略性决策，需要策略级信息；基层管理人员是处理执行中的问题，需要执行级信息。自上向下而言，信息应逐级细化；自下向上而言，信息应逐级浓缩。

（4）尽可能高效、低耗地处理信息，以提高信息的利用率和效益。

2. 信息管理的环节

信息管理的重要环节是收集、整理、存储、传递和使用。

（1）信息收集。应明确信息的收集部门和收集人，信息的收集规格、时间和方式等。信息收集最重要的标准是及时、准确和全面。

(2) 信息整理。是对原始信息去粗取精、去伪存真的加工过程，其目的是使信息更真实、更有用。

(3) 信息存储。要求做到存储量大，便于查阅，为此应建立储存量大的数据库和知识库。

(4) 信息传递。要保证信息畅通无阻和快速准确地传递，应建立具有一定流量的信息通道，明确规定合理的信息流程，以及尽量减少传递的层次。

(5) 信息使用。建设工程监理信息管理的最终目的，是更好地使用信息，为监理决策服务。

特 别 提 示

引例问题(1)提出的"建设工程信息管理有哪些环节？"以上对此问题进行了阐述。

3. 信息管理制度

完善信息管理制度是发挥信息效用的重要保证。为此，应合理建立信息收集制度，合理规定信息传递渠道，提高信息的吸收能力和利用率，建立灵敏的信息反馈系统，使信息充分地发挥作用。

7.1.4 监理信息系统

信息系统是由人和计算机等组成，以系统思想为依据，以计算机为手段，进行数据收集、传递、处理、存储、分发，加工产生信息，为决策和管理提供依据的系统。

监理信息系统是建设工程信息系统的一个组成部分。建设工程信息系统由建设方、勘察设计方、建设行政管理方、建设材料供应方、施工方和监理方各自的信息系统组成。监理信息系统只是监理方的信息系统，主要是为监理工作服务的。监理信息系统是建设工程信息系统的一个子系统，也是监理单位整个管理系统的一个子系统。作为前者，它必须从建设工程信息系统中得到政府、建设、施工、设计等各方提供的必需的数据和信息，也必须送出相关单位需要的相关的数据和信息；作为后者，它从监理单位得到必要的指令、帮助和所需要的数据与信息，向监理单位汇报建设工程项目的信息。

为了快速、准确、有效地处理众多的建设信息，目前国内外已开发出了由计算机辅助的各种监理信息系统，作为工程项目管理或监理人员从事工程建设或监理的重要工具。下面对监理常用信息系统进行简要介绍。

1. P3 系列软件

1) P3 软件

P3 软件是 1995 年由原建设部组织推广应用的一种项目管理软件。P3 主要是用于项目进度计划、动态控制以及资源管理和费用控制的项目管理软件。P3 软件的主要内容包括建立项目进度计划；项目资源管理、计划优化；项目进度的跟踪比较；项目费用管理；项目进展报告。P3 现已广泛应用于对大型项目或施工企业的项目管理。

2) Sure Trak 软件

Sure Trak 软件又称为小 P3 软件，是 P3 系列软件之一。它是 Primavera 公司为了适用于中小型工程项目管理将 P3 软件简化而成的。

3）Expedition 软件

Expedition 软件也是 P3 系列软件中用于工程项目合同事务管理的软件，它有助于执行 FIDIC 合同条款。该软件的功能主要分为 5 个模块，即合同信息、通信、记事、请示与变更、项目概况。

2. Microsoft Project 系列软件

Microsoft Project 系列软件是由美国 Microsoft 公司推出的 Project 系列软件，专门用于工程项目管理。该软件的主要功能有编制进度计划、安排项目资源、优化进度计划、提供项目信息和进度跟踪比较。

3. 监理通软件

监理通软件是由监理通软件开发中心开发的。监理通软件开发中心是由中国建设监理协会和京兴国际工程管理公司等单位共同组建，1996 年成立。该软件目前包括 7 个版本：网络版、管理版、单机版、企业版、经理版、文档版和电力版。

4. 斯维尔工程监理软件

该软件是由深圳市清华斯维尔软件科技有限公司开发的。该软件具有以下功能：工程项目管理、档案管理、合同管理、组织协调、质量控制、造价控制和进度控制等。

5. PKPM 监理软件

PKPM 监理软件是由中国建筑科学研究院建筑工程软件研究所开发的。其主要功能包括质量控制、进度控制、造价控制、合同管理和资料管理等。

7.2 建设工程信息管理的实施

建设工程信息管理是在明确监理信息流程、建立监理信息编码系统的基础上，围绕监理信息的收集、加工整理、存储、传递和使用而开展的。

7.2.1 建设工程信息管理流程

信息流程反映了监理工作中各参与部门、单位之间的关系。为了使监理工作顺利进行，必须使监理信息在上下级之间、内部组织与外部环境之间流动，称为"信息流"。

1. 建设工程信息流程的组成

建设工程信息流由建设各方各自的信息流组成，监理单位的信息系统作为建设工程系统的一个子系统，监理的信息流仅仅是其中的一部分。建设工程信息流程如图 7.1 所示。

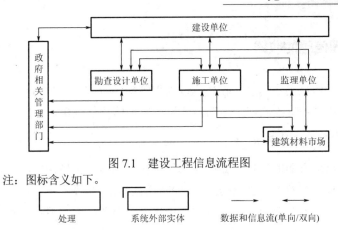

图 7.1 建设工程信息流程图

注：图标含义如下。

处理　　　　　　　系统外部实体　　　　数据和信息流(单向/双向)

2. 监理单位及项目部信息流程的组成

监理单位内部也有一个信息流程，监理单位的信息系统更偏重于公司内部管理和对项目监理部的宏观管理。对于项目监理部，总监理工程师要组织必要的信息流程，加强项目数据和信息的微观管理，相应的流程图如图 7.2 和图 7.3 所示。

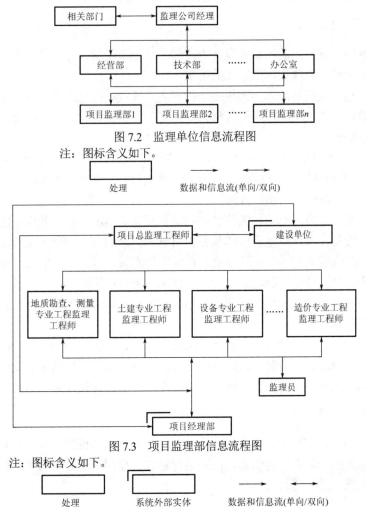

图 7.2 监理单位信息流程图

注：图标含义如下。

处理　　　　数据和信息流(单向/双向)

图 7.3 项目监理部信息流程图

注：图标含义如下。

处理　　　　　　　系统外部实体　　　　数据和信息流(单向/双向)

7.2.2　监理信息的收集

建立一套完善的信息采集制度，收集建设工程监理各阶段、各类的信息是监理工作必需的。下面根据工程建设各阶段监理工作的内容讨论监理信息的收集。

1. 项目决策阶段的信息收集

(1) 项目相关市场方面的信息，如产品预计进入市场后的市场占有率、社会需求量、预计产品价格变化趋势、影响市场渗透的因素、产品的生命周期等。

(2) 项目资源相关方面的信息，如资金筹措渠道、方式，原辅料，矿藏来源，劳动力，水、电、气供应等。

(3) 自然环境相关方面的信息，如城市交通、运输、气象、地质、水文、地形地貌、废料处理可能性等。

(4) 新技术、新设备、新工艺、新材料，专业配套能力方面的信息。

(5) 政治环境，社会治安状况，当地法律、政策、教育方面的信息。

2. 设计阶段的信息收集

(1) 可行性研究报告，前期相关设计阶段的信息收集资料、存在的疑点和建设单位的意图，建设单位前期准备和项目审批完成的情况。

(2) 同类工程相关信息：建筑规模，结构形式，投资构成，工艺、设备的选型，地质处理方式及实际效果，建设工期，采用新材料、新工艺、新设备、新技术的实际效果及存在的问题，技术经济指标。

(3) 拟建工程所在地相关信息：地质、水文情况，地形地貌、地下埋设和人防设施情况，城市拆迁政策和拆迁户数，青苗补偿，周围环境(水电气、道路等的接入点，周围建设、交通、学校、医院、商业、绿化、消防、排污)。

(4) 勘察、测量、设计单位相关信息：同类工程完成情况，实际效果，完成该工程的能力，人员构成，设备投入，质量管理体系完善情况，创新能力，收费情况，施工期技术服务主动性和处理发生问题的能力，设计深度和技术文件质量，专业配套能力，设计概算和施工图预算编制能力，合同履约情况，采用设计新技术、新设备能力等。

(5) 工程所在地政府相关信息：国家和地方政策、法律、法规、规范规程、环保政策、政府服务情况和限制等。

(6) 设计中的设计进度计划，设计质量保证体系，设计合同执行情况，偏差产生的原因，纠偏措施，专业间设计交接情况，执行规范、规程、技术标准，特别是强制性规范执行的情况，设计概算和施工图预算结果，了解超限额的原因，了解各设计工序对造价的控制等。

3. 施工招标投标阶段的信息收集

(1) 工程地质、水文地质勘察报告，施工图设计及施工图预算、设计概算，设计、地质勘察、测绘的审批报告等方面的信息，特别是该建设工程有别于其他同类工程的技术要求、材料、设备、工艺、质量等有关信息。

（2）建设单位建设前期报审文件：立项文件，建设用地、征地，拆迁文件。

（3）工程造价的市场变化规律及所在地区的材料、构件、设备、劳动力差异。

（4）当地施工单位管理水平，质量保证体系、施工质量、设备、机具能力。

（5）本工程适用的规范、规程、标准，特别是强制性规范。

（6）所在地关于招标投标有关法规、规定，国际招标、国际贷款指定适用的范本，本工程适用的建筑施工合同范本及特殊条款精髓所在。

（7）所在地招标投标代理机构能力、特点，所在地招标投标管理机构及管理程序。

（8）该建设工程采用的新技术、新设备、新材料、新工艺，投标单位对"四新"的处理能力和了解程度、经验、措施。

4．施工阶段的信息收集

施工阶段的信息收集，可从施工准备期、施工实施期、竣工保修期 3 个子阶段分别进行。

1）施工准备期

施工准备期指从建设工程合同签订到项目开工的阶段，在施工标招投标阶段监理未介入时。本阶段是施工阶段监理信息收集的关键阶段，监理工程师应该从如下几点收集信息。

（1）监理大纲；施工图设计及施工图预算，特别要掌握结构特点，掌握工程难点、要点、特点，掌握工业工程的工艺流程特点、设备特点，了解工程预算体系(按单位工程、分部工程、分项工程分解)，了解施工合同。

（2）施工单位项目经理部组成，进场人员资质；进场设备的规格型号、保修记录；施工场地的准备情况；施工单位质量保证体系及施工单位的施工组织设计，特殊工程的技术方案，施工进度网络计划图表；进场材料、构件管理制度；安全保安措施；数据和信息管理制度；检测和检验、试验程序和设备；承包单位和分包单位的资质等施工单位信息。

（3）建设工程场地的地质、水文、测量、气象数据；地上、地下管线，地下洞室，地上原有建筑物及周围建筑物、树木、道路；建筑红线，标高、坐标；水、电、气管道的引入标志；地质勘察报告、地形测量图及标桩等环境信息。

（4）施工图的会审和交底记录；开工前的监理交底记录；对施工单位提交的施工组织设计按照项目监理部要求进行修改的情况；施工单位提交的开工报告及实际准备情况。

（5）本工程需遵循的相关建筑法律、法规和规范、规程，有关质量检验、控制的技术法规和质量验收标准。

2）施工实施期

施工实施期收集的信息应该分类并由专门的部门或专人分级管理，项目监理部可从以下几个方面收集信息。

（1）施工单位人员、设备、水、电、气等能源的动态信息。

（2）施工期气象的中长期趋势及同期历史数据，每天不同时段的动态信息，特别在气候对施工质量影响较大的情况下，更要加强收集气象数据。

（3）建筑原材料、半成品、成品、构配件等工程物资的进场、加工、保管、使用等信息。

（4）项目经理部管理程序；质量、进度、造价的事前、事中、事后控制措施；数据采集来源及采集、处理、存储、传递方式；工序间交接制度；事故处理制度；施工组织设计及技术方案执行的情况；工地文明施工及安全措施等。

(5) 施工中需要执行的国家和地方规范、规程、标准；施工合同执行情况。

(6) 施工中发生的工程数据，如地基验槽及处理记录、工序间交接记录、隐蔽工程检查记录等。

(7) 建筑材料试验项目有关信息，如水泥、砖、沙石、钢筋、外加剂、混凝土、防水材料、回填土、装饰面板、玻璃幕墙等。

(8) 设备安装的试运行和测试项目有关信息，如电气接地电阻、绝缘电阻测试，管道通水、通气、通风试验，电梯施工试验、消防报警、自动喷淋系统联动试验等。

(9) 施工索赔相关信息，如索赔程序、索赔依据、索赔证据、索赔处理意见等。

3）竣工保修期

竣工保修期要收集的信息包括以下内容。

(1) 工程准备阶段文件，如立项文件，建设用地、征地、拆迁文件，开工审批文件等。

(2) 监理文件，如监理规划、监理实施细则、有关质量问题和质量事故的相关记录、监理工作总结以及监理过程中各种控制和审批文件等。

(3) 施工资料，分为建筑安装工程和市政基础设施工程两大类分别收集。

(4) 竣工图，分建筑安装工程和市政基础设施工程两大类分别收集。

(5) 竣工验收资料，如工程竣工总结、竣工验收备案表、电子档案等。

在竣工保修期，监理单位按照现行《建设工程文件归档规范》(GB/T 50328—2014)收集监理文件，并协助建设单位督促施工单位完善全部资料的收集、汇总和归类整理。

● 特 别 提 示 ••

建设工程各个阶段的信息来源非常广泛，监理人员应当及时收集工程建设各个阶段的监理信息，加工整理成对工程有用的信息。信息收集要全面，如设计阶段既要收集设计过程中的信息，也要收集可行性研究报告、前期相关文件及建设单位要求等在内的设计依据。

7.2.3　监理信息的加工整理

监理信息的加工整理，是对收集来的大量原始信息进行筛选、分类、排序、压缩、分析、比较、计算等的过程。

对监理信息进行加工整理，首先，通过加工将信息分类，可以使之标准化、系统化。收集到的原始信息只有经过加工，使之成为标准的、系统的信息资料，才能进入使用、存储，以及提供检索和传递。其次，收集来的资料真实程度、准确程度都比较低，甚至还混有一些错误，经过对它们进行分析、比较、鉴别，乃至计算、校正，使获得的信息准确、真实。再次，原始状态的信息一般不便于使用和存储、检索、传递，经加工后，可以使信息浓缩，以便于进行以上操作。另外，通过对信息的综合、分解、整理、增补，可以得到更多有价值的新信息。

本着标准化、系统化、准确性、时间性和适用性等原则，通过对信息资料的加工整理，一方面可以掌握工程建设实施过程中各方面的进展情况，另一方面也可直接借助于数学模型来预测工程建设未来的进展状况，从而为监理工程师做出正确的决策提供可靠的依据。

在建设项目的施工过程中，监理工程师加工整理的监理信息主要有以下几个方面。

(1) 现场监理日报表，是现场监理人员根据每天的现场记录加工整理而成的报告，主要包括当天的施工内容；当天参加施工的人员(工种、数量、施工单位等)；当天施工用的机械的名称和数量；当天发现的施工质量问题；当天的施工进度和计划进度的比较，若发生极度拖延，应说明原因；当天天气综合评语；其他说明及应注意的事项等。

(2) 现场监理工程师周报，是现场监理工程师根据监理日报加工整理而成的报告，每周向项目总监理工程师汇报一周内发生的所有重大事项。

(3) 监理工程师月报，是集中反映工程实况和监理工作的重要文件。一般由项目总监理工程师组织编写，每月一次上报建设单位。大型项目的监理月报往往由各合同段或子项目的总监理工程师代表组织编写，上报总监理工程师审阅后报建设单位，监理月报一般包括以下内容。

① 工程进度：描述工程进度情况、工程形象进度和累计完成的比例。若拖延了计划，应分析其原因，以及这种原因是否已经消除，就此问题承包商、监理人员所采取的补救措施等。

② 工程质量：用具体的测试数据评价工程质量，如实反映工程质量的好坏，并分析原因。承包商和监理人员对质量较差工作的改进意见，如有责令承包商返工的项目，应说明其规模、原因及返工后的质量情况。

③ 计量支付：给出本期支付、累计支付以及必要的分项工程的支付情况，形象地表达支付比例，实际支付与工程进度对照情况等；承包商是否因流动资金短缺而影响了工程进度，并分析造成资金短缺的原因(如是否未及时办理支付等)；有无延迟支付、价格调整等问题，说明其原因及由此而产生的增加费用。

④ 质量事故：发生的时间、地点、原因、损失估计(经济损失、时间损失、人员伤亡情况)等，事故发生后采取了哪些补救措施，在今后工程中应采取哪些有效措施避免类似事故发生。由于事故的发生，影响了单项或整体工程进度的情况。

⑤ 工程变更：说明引起变更设计的原因、批准机关、变更项目的规模、工程量增减数量、投资增减的估计等；变更是否影响了工程进展，承包商是否已就此提出或准备提出索赔(工期、费用)。

⑥ 民事纠纷：说明民事纠纷产生的原因，哪些项目因此被迫停工，停工的时间，造成窝工的机器、人力情况等，承包商是否就此已提出或准备提出延期或索赔。

⑦ 合同纠纷：说明合同纠纷情况及产生的原因、监理人员进行调解的措施、监理人员在解决纠纷中的体会、建设单位和承包商有无要求进一步处理的意向。

⑧ 监理工作动态：描述本月的主要监理活动，如工地会议、现场重大监理活动、索赔的处理、上级布置的有关工作的进展情况、监理工作中的困难等。

7.3 建设工程文件档案资料管理

建设工程文件档案的管理，是建设工程信息管理的一项重要工作，它是监理工程师实施建设工程监理、进行目标控制的基础工作。

7.3.1 建设工程文件档案资料

1. 建设工程文件的概念

建设工程文件是指在工程建设过程中形成的各种形式的记录信息，包括工程准备阶段文件、监理文件、施工文件、竣工图和竣工验收文件，也可简称为工程文件。

(1) 工程准备阶段文件是工程开工以前，在立项、审批、征地、勘察、设计、招标投标等工程准备阶段形成的文件。

(2) 监理文件是监理单位在工程设计、施工等阶段监理过程中形成的文件。

(3) 施工文件是施工单位在工程施工过程中形成的文件。

(4) 竣工图是工程竣工验收后，真实反映建设工程项目施工结果的图样。

(5) 竣工验收文件是建设工程项目竣工验收活动中形成的文件。

2. 建设工程档案的概念

建设工程档案是指在工程建设活动中直接形成的具有归档保存价值的文字、图表、声像等各种形式的历史记录，也可简称为工程档案。

3. 建设工程文件档案资料的概念

建设工程文件和档案组成了建设工程文件档案资料。

4. 建设工程文件档案资料的载体

(1) 纸质载体：以纸张为基础的载体形式。

(2) 缩微品载体：以胶片为基础，利用缩微技术对工程资料进行保存的载体形式。

(3) 光盘载体：以光盘为基础，利用计算机技术对工程资料进行存储的形式。

(4) 磁性载体：以磁性记录材料(磁带、磁盘等)为基础，对工程资料的电子文件、声音、图像进行存储的方式。

（特）（别）（提）示

建设工程文件档案资料具有随机性、全面性、真实性、分散性、复杂性、专业性和综合性等特征。

5. 文件归档范围

(1) 对于与工程建设有关的重要活动，记载工程建设主要过程和现状、具有保存价值的各种载体的文件，均应收集齐全，整理立卷后归档。

(2) 工程文件的具体归档范围按照现行《建设工程文件归档规范》中"建筑工程文件归档范围"共分为五大类。

（特）（别）（提）示

按照现行《建设工程文件归档规范》中"建筑工程文件归档范围"所列，建设工程档案资料共分为五大类：工程准备阶段文件、监理文件、施工技术文件、竣工图和工程竣工验收文件。每一大类里面又分若干文件。此即引例中第2个小问题的答案。

7.3.2　建设工程文件档案资料管理职责

建设工程档案资料的管理涉及建设单位、监理单位、施工单位等以及地方城建档案管理部门。对于一个建设工程而言，归档有 3 个方面的含义。

（1）建设、勘察、设计、施工、监理等单位将本单位在工程建设过程中形成的文件向本单位档案管理机构移交。

（2）勘察、设计、施工、监理等单位将本单位在工程建设过程中形成的文件向建设单位档案管理机构移交。

（3）建设单位按照现行《建设工程文件归档规范》要求将汇总的该建设工程文件档案向地方城建档案管理部门移交。

1. 通用职责

（1）工程各参建单位填写的建设工程档案应以施工及验收规范、工程合同、设计文件、工程施工质量验收统一标准等为依据。

（2）工程档案资料应随工程进度及时收集、整理，并应按专业归类，认真书写，字迹清楚，项目齐全、准确、真实，无未了事项。表格应采用统一表格，特殊要求需增加的表格应统一归类。

（3）工程档案资料进行分级管理，建设工程项目各单位技术负责人负责本单位工程档案资料的全过程组织工作并负责审核，各相关单位档案管理员负责工程档案资料的收集、整理工作。

（4）对工程档案资料进行涂改、伪造、随意抽撤或损毁、丢失等，应按有关规定予以处罚，情节严重的，应依法追究法律责任。

2. 建设单位职责

（1）在工程招标及与勘察、设计、监理、施工等单位签订协议、合同时，应对工程文件的套数、费用、质量、移交时间等提出明确要求。

（2）收集和整理工程准备阶段、竣工验收阶段形成的文件，并应进行立卷归档。

（3）负责组织、监督和检查勘察、设计、施工、监理等单位的工程文件的形成、积累和立卷归档工作，也可委托监理单位监督、检查工程文件的形成、积累和立卷归档工作。

（4）收集和汇总勘察、设计、施工、监理等单位立卷归档的工程档案。

（5）在组织工程竣工验收前，应提请当地城建档案管理部门对工程档案进行预验收；未取得工程档案验收认可的文件，不得组织工程竣工验收。

（6）对列入当地城建档案管理部门接收范围的工程，工程竣工验收 3 个月内，向当地城建档案管理部门移交一套符合规定的工程文件。

（7）必须向参与工程建设的勘察、设计、施工、监理等单位提供与建设工程有关的原始资料，原始资料必须真实、准确、齐全。

（8）可委托承包单位、监理单位组织工程档案的编制工作；负责组织竣工图的绘制工作，也可委托承包单位、监理单位、设计单位完成，收费标准按照所在地相关文件执行。

3. 监理单位职责

(1) 应设专人负责监理资料的收集、整理和归档工作。在项目监理部，监理资料的管理应由总监理工程师负责，并指定专人具体实施，监理资料应在各阶段监理工作结束后及时整理归档。

(2) 监理资料必须及时整理、真实完整、分类有序。在设计阶段，对勘察、测绘、设计单位的工程文件的形成、积累和立卷归档进行监督、检查；在施工阶段，对施工单位的工程文件的形成、积累、立卷归档进行监督、检查。

(3) 可以按照监理合同的约定，接受建设单位的委托，监督、检查工程文件的形成、积累和立卷归档工作。

(4) 编制的监理文件的套数、提交内容、提交时间，应按照现行《建设工程文件归档规范》和各地城建档案管理部门的要求，编制移交清单，双方签字、盖章后，及时移交建设单位，由建设单位收集和汇总。监理公司档案部门需要的监理档案，按照《建设工程监理规范》的要求，及时由项目监理部提供。

4. 施工单位职责

(1) 实行技术负责人负责制，逐级建立、健全施工文件管理岗位责任制，配备专职档案管理员，负责施工资料的管理工作。工程项目的施工文件应设专门的部门(专人)负责收集和整理。

(2) 建设工程实行总承包的，总承包单位负责收集、汇总各分包单位形成的工程档案，各分包单位应将本单位形成的工程文件整理、立卷后及时移交总承包单位。建设工程项目由几个单位承包的，各承包单位负责收集、整理、立卷其承包项目的工程文件，并应及时向建设单位移交，各承包单位应保证归档文件的完整、准确、系统，能够全面反映工程建设活动的全过程。

(3) 可以按照施工合同的约定，接受建设单位的委托，进行工程档案的组织、编制工作。

(4) 按要求在竣工前将施工文件整理汇总完毕，再移交建设单位进行工程竣工验收。

(5) 负责编制的施工文件的套数不得少于地方城建档案管理部门要求，应有完整的施工文件移交建设单位及自行保存，保存期可根据工程性质以及地方城建档案管理部门有关要求确定。如建设单位对施工文件的编制套数有特殊要求的，可另行约定。

5. 地方城建档案管理部门职责

(1) 负责接收和保管所辖范围应当永久和长期保存的工程档案和有关资料。

(2) 负责对城建档案工作进行业务指导，监督和检查有关城建档案法规的实施。

(3) 列入向本部门报送工程档案范围的工程项目，其竣工验收应有本部门参加并负责对移交的工程档案进行验收。

7.3.3　归档文件的质量要求和组卷方法

建设工程档案编制质量要求与组卷方法，应该按照《建设工程文件归档规范》的要求，此外，还应执行《科学技术档案案卷构成的一般要求》（GB/T 11822—2008）、《技术制图复制图的折叠方法》(GB/T 10609.3—2009)、《城市建设档案案卷质量规定》(建办〔1995〕697号)等规范或文件的规定及各省、市地方相应的地方规范执行。

【《建设工程文件归档规范》及《科学技术档案案卷构成的一般要求》】

1. 归档文件的质量要求

(1) 归档的工程文件一般应为原件。

(2) 工程文件的内容及其深度必须符合国家有关工程勘察、设计、施工、监理等方面的技术规范、标准和规程。

(3) 工程文件的内容必须真实、准确,与工程实际相符合。

(4) 工程文件应采用耐久性强的书写材料,如碳素墨水、蓝黑墨水,不得使用易褪色的书写材料,如红色墨水、纯蓝墨水、圆珠笔、复写纸、铅笔等。

(5) 工程文件应字迹清楚、图样清晰、图表整洁,签字盖章手续完备。

(6) 工程文件中文字材料幅画尺寸规格宜为A4幅面(297mm×210mm),图纸宜采用国家标准图幅。

(7) 工程文件的纸张应采用能够长期保存的韧力大、耐久性强的纸张。图纸一般采用蓝晒图,竣工图应是新蓝图。计算机出图必须清晰,不得使用计算机所出图纸的复印件。

(8) 所有竣工图均应加盖竣工图章。

(9) 利用施工图改绘竣工图,必须标明变更修改依据;凡施工图结构、工艺、平面布置等有重大改变,或变更部分超过图面1/3的,应当重新绘制竣工图。

(10) 不同幅面的工程图纸应按《技术制图复制图的折叠方法》统一折叠成A4幅面,图标栏露在外面。

(11) 工程档案资料的缩微制品,必须按国家缩微标准进行制作,主要技术指标(解像力、密度、海波残留量等)要符合国家标准,保证质量。

(12) 工程档案资料的照片(含底片)及声像档案,要求图像清晰、声音清楚、文字说明或内容准确。

(13) 工程文件应采用打印的形式并使用档案规定用笔,手工签字,在不能够使用原件时,应在复印件或抄件上加盖公章并注明原件保存处。

2. 归档工程文件的组卷要求

1) 立卷的原则和方法

(1) 立卷应遵循工程文件的自然形成规律,保持卷内文件的有机联系,便于档案的保管和利用。

(2) 一个建设工程由多个单位工程组成时,工程文件应按单位工程组卷。

(3) 立卷采用如下方法。

① 工程文件可按建设程序划分为工程准备阶段的文件、监理文件、施工文件、竣工图、竣工验收文件5部分。

② 工程准备阶段文件可按单位工程、分部工程、专业、形成单位等组卷。

③ 监理文件可按单位工程、分部工程、专业、阶段等组卷。

④ 施工文件可按单位工程、分部工程、专业、阶段等组卷。

⑤ 竣工图可按单位工程、专业等组卷。

⑥ 竣工验收文件可按单位工程、专业等组卷。

（4）立卷过程中宜遵循下列要求。

① 案卷不宜过厚，一般不超过 40mm。

② 案卷内不应有重复文件，不同载体的文件一般应分别组卷。

2）卷内文件的排列

（1）文字材料按事项、专业顺序排列。同一事项的请示与批复，同一文件的印本与定稿、主件与附件不能分开，并按批复在前、请示在后，印本在前、定稿在后，主件在前、附件在后的顺序排列。

（2）图纸按专业排列，同专业图纸按图号顺序排列。

（3）既有文字材料又有图纸的案卷，文字材料排前、图纸排后。

3. 案卷的编目

（1）编制卷内文件页号应符合下列规定。

① 卷内文件均按有书写内容的页面编号。每卷单独编号，页号从"1"开始。

② 页号编写位置：单页书写的文字在右下角；双面书写的文件，正面在右下角，背面在左下角。折叠后的图纸一律在右下角。

③ 成套图纸或印刷成册的科技文件材料，自成一卷的，原目录可代替卷内目录，不必重新编写页码。

④ 案卷封面、卷内目录、卷内备考表不编写页号。

（2）卷内目录的编制应符合下列规定。

① 卷内目录式样宜符合现行《建设工程文件归档规范》中附录 C 的要求。

② 序号：以一份文件为单位，用阿拉伯数字从"1"依次标注。

③ 责任者：填写文件的直接形成单位和个人。有多个责任者时，选择两个主要责任者，其余用"等"代替。

④ 文件编号：填写工程文件原有的文号或图号。

⑤ 文件题名：填写文件标题的全称。

⑥ 日期：填写文件形成的日期。

⑦ 页次：填写文件在卷内所排列的起始页号，最后一份文件填写起止页号。

⑧ 卷内目录排列在卷内文件之前。

（3）卷内备考表的编制应符合下列规定。

① 卷内备考表的式样宜符合现行《建设工程文件归档规范》中附录 D 的要求。

② 卷内备考表主要标明卷内文件的总页数、各类文件数(照片张数)以及立卷单位对案卷情况的说明。

③ 卷内备考表排列在卷内文件的尾页之后。

（4）案卷封面的编制应符合下列规定。

① 案卷封面印刷在卷盒、卷夹的正表面，也可采用内封面形式。案卷封面的式样宜符合现行《建设工程文件归档规范》中附录 E 的要求。

② 案卷封面的内容应包括档号、档案馆代号、案卷题名、编制单位、起止日期、密级、保管期限、共几卷、第几卷。

③ 档号应由分类号、项目号和案卷号组成。档号由档案保管单位填写。

④ 档案馆代号应填写国家给定的本档案馆的编号。档案馆代号由档案馆填写。

⑤ 案卷题名应简明、准确地揭示卷内文件的内容。案卷题名应包括工程名称、专业名称、卷内文件的内容。

⑥ 编制单位应填写案卷内文件的形成单位或主要责任者。

⑦ 起止日期应填写案卷内全部文件形成的起止日期。

⑧ 保管期限分为永久、长期、短期 3 种期限。永久是指工程档案需永久保存；长期是指工程档案的保存期等于该工程的使用寿命；短期是指工程档案保存 20 年以下。同一案卷内有不同保管期限的文件，该案卷保管期限应从长。

⑨ 工程档案套数一般不少于两套，一套由建设单位保管，另一套原件要求移交当地城建档案管理部门保存。对于接受范围规范规定，各城市可以根据本地情况适当拓宽和缩减，具体可向建设工程所在地城建档案管理部门询问。

⑩ 密级分为绝密、机密、秘密 3 种。同一案卷内有不同密级的文件，应以高密级为本卷密级。

(5) 卷内目录、卷内备考表、卷内封面应采用 70g 以上白色书写纸制作，幅面统一采用 A4 幅面。

7.3.4 建设工程档案验收与移交

1. 验收

(1) 列入城建档案管理部门档案接收范围的工程，建设单位在组织工程竣工验收前，应提请城建档案管理部门对工程档案进行预验收。建设单位未取得城建档案管理部门出具的认可文件，不得组织工程竣工验收。

(2) 城建档案管理部门在进行工程档案预验收时，应重点验收以下内容。

① 工程档案分类齐全、系统完整。

② 工程档案的内容真实、准确地反映工程建设活动和工程实际状况。

③ 工程档案已整理立卷，立卷符合现行《建设工程文件归档规范》的规定。

④ 竣工图绘制方法、图式及规格等符合专业技术要求，图面整洁，盖有竣工图章。

⑤ 文件的形成、来源符合实际，要求单位或个人签章的文件，其签章手续完备。

⑥ 文件材质、幅面、书写、绘图、用墨、托裱等符合要求。

工程档案由建设单位进行验收，属于向地方城建档案管理部门报送工程档案的工程项目，还应会同地方城建档案管理部门共同验收。

(3) 国家、省市重点工程项目或一些特大型、大型的工程项目的预验收和验收，必须有地方城建档案管理部门参加。

(4) 为确保工程档案的质量，各编制单位、地方城建档案管理部门、建设行政管理部门等要对工程档案进行严格检查、验收。编制单位、制图人、审核人、技术负责人必须进行签字或盖章。对不符合技术要求的，一律退回编制单位进行改正、补齐，问题严重者可令其重做。不符合要求者，不能交工验收。

（5）报送的工程档案，如验收不合格，则将其退回建设单位，由建设单位责成责任者重新进行编制，待达到要求后重新报送。检查验收人员应对接收的档案负责。

（6）地方城建档案管理部门负责工程档案的最后验收，并对编制报送工程档案进行业务指导、督促和检查。

2. 移交

（1）列入城建档案管理部门接收范围的工程，建设单位在工程竣工验收后3个月内向城建档案管理部门移交一套符合规定的工程档案。

（2）停建、缓建工程的工程档案，暂由建设单位保管。

（3）对改建、扩建和维修工程，建设单位应当组织设计单位、监理单位、施工单位据实修改、补充和完善工程档案。对改变的部位，应当重新编写工程档案，并在工程竣工验收后3个月内向城建档案管理部门移交。

（4）建设单位向城建档案管理部门移交工程档案时，应办理移交手续，填写移交目录，双方签字、盖章后交接。

（5）施工单位、监理单位等有关单位应在工程竣工验收前将工程档案按合同或协议规定的时间、套数移交给建设单位，办理移交手续。

7.4 建设工程监理文件档案资料管理

建设工程监理文档管理，是指监理工程师受建设单位的委托，在进行监理工作期间，对建设工程实施过程中形成的文件资料进行收集积累、加工整理、立卷归档和检索利用等一系列的工作。建设工程监理文档管理的对象是监理文件资料，它们是建设工程监理信息的载体。

7.4.1 监理文件档案资料管理

建设工程监理文件档案资料管理的主要内容包括监理文件档案资料的收文与登记，传阅，发文与登记，分类存放，归档，借阅、更改与作废。

1. 监理文件和档案的收文与登记

所有收文都应在收文登记表上进行登记（按监理信息分类别进行登记），应记录文件名称、文件摘要信息、文件的发放单位（部门）、文件编号以及收文日期，必要时应注明接收件的具体时间，最后由项目监理部负责收文人员签字。

监理信息在有追溯性要求的情况下，应注意核查所填部分内容是否可追溯，如材料报审表中是否明确注明该材料所使用的具体部位，以及该材料质保证明的原件保存处等。

不同类型的监理信息之间存在相互对照或追溯关系时(如监理工程师通知单和监理工程师通知回复单),在分类存放的情况下,应在文件和记录上注明相关信息的编号和存放处。

资料管理人员应检查文件档案资料的各项内容填写和记录的真实完整,签字认可人员应为符合相关规定的责任人员,并且不得以盖章和打印代替手写签认。文件档案资料以及存储介质质量应符合要求,所有文件档案必须使用符合档案归档要求的碳素墨水填写或打印生成,以符合长时间保存的要求。

有关工程建设照片及声像资料等应注明拍摄日期及所反映工程建设部位等摘要信息。收文登记后应交给项目总监或由其授权的监理工程师进行处理,重要文件内容应在监理日记中记录。

部分收文如涉及建设单位的工程建设指令或设计单位的技术核定单以及其他重要文件,应将复印件在项目监理部专栏内予以公布。

2. 监理文件档案资料的传阅

由建设工程项目监理部总监理工程师或其授权的监理工程师确定文件、记录是否需传阅。如需传阅,应确定传阅人员名单和范围,并注明在文件传阅纸上,随同文件和记录进行传阅。也可按文件传阅纸样式刻制方形图章,盖在文件空白处,代替文件传阅纸。每位传阅人员阅后应在文件传阅纸上签名,并注明日期。文件和记录传阅期限不应超过该文件的处理期限。传阅完毕后,文件原件应交还信息管理人员归档。

3. 监理文件资料的发文与登记

发文由总监理工程师或其授权的监理工程师签名,并加盖项目监理部图章,对盖章工作应进行专项登记。如为紧急处理的文件,应在文件首页标注"急件"字样。

所有发文按监理信息资料分类和编码要求进行分类编码,并在发文登记表上登记。登记内容包括文件资料的分类编码、发文文件名称、摘要信息、接收文件的单位(部门)名称、发文日期(强调时效性的文件应注明发文的具体时间)。收件人收到文件后应签名。

发文应留有底稿,并附一份文件传阅纸,信息管理人员根据文件签发人指示,确定文件责任人和相关传阅人员。文件传阅过程中,每位传阅人员阅后应签名并注明日期。发文的传阅期限不应超过其处理期限。重要文件的发文内容应在监理日记中予以记录。

项目监理部的信息管理人员应及时将发文原件归入相应的资料柜(夹)中,并在目录清单中予以记录。

4. 监理文件档案资料的分类存放

监理文件档案经收/发文、登记和传阅工作程序后,必须使用科学的分类方法进行存放。这样既可满足项目实施过程中查阅、求证的需要,又方便项目竣工后文件和档案的归档和移交。项目监理部应备有存放监理信息的专用资料柜和用于监理信息分类归档存放的专用资料夹。在大、中型项目中应采用计算机对监理信息进行辅助管理。

文件和档案资料应保持清晰,不得随意涂改记录,保存过程中应保持记录介质的清洁和不破损。

项目建设过程中文件和档案的具体分类原则应根据工程特点制定,监理单位的技术管理部门可以明确本单位文件档案资料管理的框架性原则,以便统一管理并体现出企业特色。

5. 监理文件档案资料的归档

监理文件档案资料的归档内容、组卷方法以及监理档案的验收、移交和管理工作，应根据现行《建设工程监理规范》及《建设工程文件归档规范》并参考工程项目所在地区建设工程行政主管部门、建设监理行业主管部门、地方城市建设档案管理部门的规定执行。

监理文件档案资料的归档保存中应严格遵循保存原件为主、复印件为辅和按照一定顺序归档的原则。如在监理实践中出现作废和遗失等情况，应明确地记录作废和遗失原因、处理的过程。

如果是采用计算机对监理信息进行辅助管理的，当相关的文件和记录经相关责任人员签字确定、正式生效并已存入项目部相关资料夹中时，计算机管理人员应将储存在计算机中的相关文件和记录改变其文件属性为"只读"，并将保存的目录记录在书面文件上，以便进行查阅。在项目文件档案资料归档前不得将计算机中保存的有效文件和记录删除。

按照现行《建设工程文件归档规范》，监理文件有 12 个大类 29 种，要求在不同的单位归档保存，列表见表 7-1。

特 别 提 示

引例问题(3)提出的"监理主要文件档案有哪些？"和问题(4)提出的"监理机构应向哪些单位移交需要归档保存的监理文件？"通过表 7-1 可以清楚地得出问题的答案。

表 7-1　建设工程监理文件资料归档范围和保管期限

序号	文件资料名称	保存单位和保管期限		
		建设单位	监理单位	城建档案管理部门保存
一	项目监理机构及负责人名单	长期	长期	√
二	建设工程监理合同	长期	长期	√
三	监理规划			
1	监理规划	长期	短期	√
2	监理实施细则	长期	短期	√
3	项目监理机构总控制计划等	长期	短期	
四	监理月报中的有关质量的问题	长期	长期	√
五	监理会议纪要中的有关质量问题	长期	长期	√
六	进度控制			
1	工程开工令/复工令	长期	长期	√
2	工程暂停令	长期	长期	√
七	质量控制			
1	不合格项目通知	长期	长期	√
2	质量事故报告及处理意见	长期	长期	√
八	造价控制			
1	预付款报审与支付	短期		
2	月付款报审与支付	短期		
3	设计变更、洽商费用报审与签认	短期		
4	工程竣工决算审核意见书	长期		√

（续）

序号	文件资料名称	保存单位和保管期限		
		建设单位	监理单位	城建档案管理部门保存
九	分包资质			
1	分包单位资质材料	长期		
2	供货单位资质材料	长期		
3	试验等单位资质材料	长期		
十	监理通知			
1	有关进度控制的监理通知	长期	长期	
2	有关质量控制的监理通知	长期	长期	
3	有关造价控制的监理通知	长期	长期	
十一	合同与其他事项管理			
1	工程延期报告及审批	永久	长期	√
2	费用索赔报告及审批	长期	长期	
3	合同争议、违约报告及处理意见	永久	长期	√
4	合同变更材料	长期	长期	√
十二	监理工作总结			
1	专题总结	长期	短期	
2	月报总结	长期	短期	
3	工程竣工总结	长期	长期	√
4	质量评价意见报告	长期	长期	√

注："√"表示应向城建档案馆移交。

6. 监理文件档案资料借阅、更改与作废

项目监理部存放的文件和档案原则上不得外借，如政府部门、建设单位或施工单位确有需要，应经过总监理工程师或其授权的监理工程师同意，并在信息管理部门办理借阅手续。监理人员在项目实施过程中需要借阅文件和档案时，应填写文件借阅单，并明确归还时间。信息管理人员办理有关借阅手续后，应在文件夹的内附目录上做特殊标记，避免其他监理人员查阅该文件时，因找不到文件而引起工作混乱。

监理文件档案的更改应由原制定部门相应责任人执行，涉及审批程序的，由原审批责任人执行。若指定其他责任人进行更改和审批时，新责任人必须获得所依据的背景资料。监理文件档案更改后，由信息管理部门填写监理文件档案更改通知单，并负责发放新版本文件。发放过程中必须保证项目参建单位中所有相关部门都得到相应文件的有效版本。文件档案换发新版时，应由信息管理部门负责将原版本收回作废。考虑到日后有可能出现追溯需求，信息管理部门可以保存作废文件的样本以备查阅。

● 特 别 提 示 ······························

为了充分发挥档案资料在工程建设及建成后维护中的作用，应进行建设工程监理文件资料的编目、整理及移交等工作。案卷类目是便于立卷而事先拟定的分类提纲。建设工程监理文件资料可以按照工程的实施阶段及工程内容的不同进行分类。例如，某工程项目的监理文档按其实施阶段的不同分为 6 卷，每一卷内资料所反映的实施阶段如下。

第Ⅰ卷　设计准备阶段及方案设计阶段

第Ⅱ卷　初步设计阶段及基坑围护工程施工阶段

第Ⅲ卷　施工图设计阶段及地下结构工程施工阶段

第Ⅳ卷　上部结构工程施工阶段

第Ⅴ卷　设备安装工程及装饰工程施工阶段

第Ⅵ卷　竣工验收及工程保修阶段

根据监理文件资料的数量及存档要求，每一卷文档还可再分为若干分册。文档的分册可以按照工程内容及围绕建设工程进度控制、质量控制、造价控制和合同管理等内容进行划分。

7.4.2　施工阶段监理资料的管理

1. 监理工作的基本表式

建设工程监理在施工阶段的基本表式按照《建设工程监理规范》附录执行，规范中基本表式有以下 3 类。

A 类表共 8 个表(A.0.1～A.0.8)，为工程监理单位用表，是监理单位与施工单位之间的联系表，由监理单位填写，向施工单位发出指令或批复。

B 类表共 14 个表(B.0.1～B.0.14)，为施工单位报审、报验用表，是施工单位与监理单位之间的联系表，由施工单位填写，向监理单位提交申请或回复。

C 类表共 3 个表(C.0.1～C.0.3)，为各方通用表，是工程项目监理单位、施工单位、建设单位等各有关单位之间的联系表。

特 别 提 示

《建设工程监理规范》中基本表式有以上 3 类，此即引例问题(3)"构成监理报表体系的有哪几大类？"的答案。

1) 工程监理单位用表(A 类表)

(1) 总监理工程师任命书(A.0.1)。建设工程监理合同签订后，工程监理单位法定代表人要委派有类似建设工程监理经验的注册监理工程师通过《总监理工程师任命书》担任总监理工程师。《总监理工程师任命书》需要由工程监理单位法定代表人签字，并加盖单位公章。

(2) 工程开工令(A.0.2)。建设单位代表在施工单位报送的《工程开工报审表》(表 B.0.2)上签字同意开工后，总监理工程师可签发《工程开工令》，指令施工单位开工。《工程开工令》需要由总监理工程师签字，并加盖执业印章。《工程开工令》中应明确具体开工日期，并作为施工单位计算工期的起始日期。

(3) 监理通知单(A.0.3)。《监理通知单》是项目监理机构在日常监理工作中常见的指令性文件。项目监理机构在建设工程监理合同约定的权限范围内，针对施工单位出现的各种问题所发出的指令、提出的要求等，除另有规定外，均应采用《监理通知单》。监理工程师现场发出的口头指令及要求，也应采用《监理通知单》予以确认。

施工单位发生下列情况时，项目监理机构应发出监理通知：

① 在施工过程中出现不符合设计要求、工程建设标准、合同约定；

② 使用不合格的工程材料、构配件和设备；

③ 在工程质量、造价、进度等方面存在违规等行为。

《监理通知单》可由总监理工程师或专业监理工程师签发，对于一般问题可由专业监理工程师签发，对于重大问题应由总监理工程师或经其同意后签发。

(4) 监理报告(A.0.4)。当项目监理机构对工程存在安全事故隐患发出《监理通知单》《工程暂停令》而施工单位拒不整改或不停止施工时，项目监理机构应及时向有关主管部门报送《监理报告》。项目监理机构报送《监理报告》时，应附相应《监理通知单》或《工程暂停令》等证明监理人员履行安全生产管理职责的相关文件资料。

(5) 工程暂停令(A.0.5)。建设工程施工过程中出现《建设工程监理规范》规定的停工情形时，总监理工程师应签发《工程暂停令》。《工程暂停令》中应注明工程暂停的原因、部位和范围、停工期间应进行的工作等。《工程暂停令》需要由总监理工程师签字，并加盖执业印章。

(6) 旁站记录(A.0.6)。项目监理机构监理人员对关键部位、关键工序的施工质量进行现场跟踪监督时，需要填写《旁站记录》。"关键部位、关键工序的施工情况"应记录所旁站部位(工序)的施工作业内容、主要施工机械、材料、人员和完成的工程数量等内容及监理人员检查旁站部位施工质量的情况；"发现的问题及处理情况"应说明旁站所发现的问题及其采取的处置措施。

(7) 工程复工令(A.0.7)。当导致工程暂停施工的原因消失、具备复工条件时，建设单位代表在《工程复工报审表》(表 B.0.3)上签字同意复工后，总监理工程师应签发《工程复工令》指令施工单位复工；或者工程具备复工条件而施工单位未提出复工申请的，总监理工程师应根据工程实际情况直接签发《工程复工令》指令施工单位复工。《工程复工令》需要由总监理工程师签字，并加盖执业印章。

(8) 工程款支付证书(A.0.8)。项目监理机构收到经建设单位签署审批意见的《工程款支付报审表》(表 B.0.11)后，总监理工程师应向施工单位签发《工程款支付证书》，同时抄报建设单位。《工程款支付证书》需要由总监理工程师签字，并加盖执业印章。

2) 施工单位用表(B 类表)

(1) 施工组织设计/(专项)施工方案报审表(B.0.1)。施工单位编制的施工组织设计、施工方案、专项施工方案经其技术负责人审查后，需要连同《施工组织设计/(专项)施工方案报审表》一起报送项目监理机构。先由专业监理工程师审查后，再由总监理工程师审核签署意见。《施工组织设计/(专项)施工方案报审表》需要由总监理工程师签字并加盖执业印章。对于超过一定规模的危险性较大的分部分项工程专项施工方案，还需要报送建设单位审批。

(2) 工程开工报审表(B.0.2)。单位工程具备开工条件时，施工单位需要向项目监理机构报送《工程开工报审表》。同时具备下列条件时，由总监理工程师签署审查意见，并报建设单位批准后，总监理工程师方可签发《工程开工令》：

① 设计交底和图纸会审已完成；

② 施工组织设计已由总监理工程师签认；

③ 施工单位现场质量、安全生产管理体系已建立，管理及施工人员已到位，施工机械具备使用条件，主要工程材料已落实；

④ 进场道路及水、电、通信等已满足开工要求。

《工程开工报审表》需要由总监理工程师签字，并加盖执业印章。

(3) 工程复工报审表(B.0.3)。当导致工程暂停施工的原因消失、具备复工条件时，施工单位需要向项目监理机构报送《工程复工报审表》。总监理工程师签署审查意见，并报建设单位批准后，总监理工程师方可签发《工程复工令》。

(4) 分包单位资格报审表(B.0.4)。施工单位按施工合同约定选择分包单位时，需要向项目监理机构报送《分包单位资格报审表》及相关证明材料。《分包单位资格报审表》由专业监理工程师提出审查意见后，由总监理工程师审核签认。

(5) 施工控制测量成果报验表(B.0.5)。施工单位完成施工控制测量并自检合格后，需要向项目监理机构报送《施工控制测量成果报验表》及施工控制测量依据和成果表。专业监理工程师审查合格后予以签认。

(6) 工程材料/构配件/设备报审表(B.0.6)。施工单位在对工程材料、构配件、设备自检合格后，应向项目监理机构报送《工程材料/构配件/设备报审表》及相关质量证明材料和自检报告。专业监理工程师审查合格后予以签认。

(7) ＿＿＿＿＿报审/验表(B.0.7)。该表主要用于隐蔽工程、检验批、分项工程的报验，也可用于为施工单位提供服务的试验室的报审。专业监理工程师审查合格后予以签认。

(8) 分部工程报验表(B.0.8)。分部工程所包含的分项工程全部自检合格后，施工单位应向项目监理机构报送《分部工程报验表》及分部工程质量控制资料。在专业监理工程师验收的基础上，由总监理工程师签署验收意见。

(9) 监理通知回复单(B.0.9)。施工单位在收到《监理通知单》(表 A.0.3)后，按要求进行整改、自查合格后，应向项目监理机构报送《监理通知回复单》。项目监理机构收到施工单位报送的《监理通知回复单》后，一般可由原发出《监理通知单》的专业监理工程师进行核查，认可整改结果后予以签认。重大问题可由总监理工程师进行核查签认。

(10) 单位工程竣工验收报审表(B.0.10)。单位(子单位)工程完成后，施工单位自检符合竣工验收条件后，应向项目监理机构报送《单位工程竣工验收报审表》及相关附件，申请竣工验收。总监理工程师在收到《单位工程竣工验收报审表》及相关附件后，应组织专业监理工程师进行审查并进行预验收，合格后签署预验收意见。《单位工程竣工验收报审表》需要由总监理工程师签字，并加盖执业印章。

(11) 工程款支付报审表(B.0.11)。该表适用于施工单位工程预付款、工程进度款、竣工结算款等的支付申请。项目监理机构对施工单位的申请事项进行审核并签署意见，经建设单位批准后方可作为总监理工程师签发《工程款支付证书》(表 A.0.8)的依据。

(12) 施工进度计划报审表(B.0.12)。该表适用于施工总进度计划、阶段性施工进度计划的报审。施工进度计划在专业监理工程师审查的基础上，由总监理工程师审核签认。

(13) 费用索赔报审表(B.0.13)。施工单位索赔工程费用时，需要向项目监理机构报送《费用索赔报审表》。项目监理机构对施工单位的申请事项进行审核并签署意见，经建设单位批准后方可作为支付索赔费用的依据。《费用索赔报审表》需要由总监理工程师签字，并加盖执业印章。

(14) 工程临时/最终延期报审表(B.0.14)。施工单位申请工程延期时，需要向项目监理机构报送《工程临时/最终延期报审表》。项目监理机构对施工单位的申请事项进行审核并签署意见，经建设单位批准后方可延长合同工期。《工程临时/最终延期报审表》需要由总监理工程师签字，并加盖执业印章。

3）各方通用表（C类表）。

（1）工作联系单（C.0.1）。该表用于项目监理机构与工程建设有关方（包括建设、施工、监理、勘察、设计等单位和上级主管部门）之间的日常工作联系。有权签发《工作联系单》的负责人有建设单位现场代表、施工单位项目经理、工程监理单位项目总监理工程师、设计单位本工程设计负责人及工程项目其他参建单位的相关负责人等。

（2）工程变更单（C.0.2）。施工单位、建设单位、工程监理单位提出工程变更时，应填写《工程变更单》，由建设单位、设计单位、工程监理单位和施工单位共同签认。

（3）索赔意向通知书（C.0.3）。施工过程中发生索赔事件后，受影响的单位依据法律法规和合同约定，向对方单位声明或告知索赔意向时，需要在合同约定的时间内报送《索赔意向通知书》。

特 别 提 示

以上A、B、C三类表，应掌握各表的用途及填表注意事项，灵活应用各表为工程建设服务。

2．监理规划

监理规划应在签订监理合同，收到施工合同、施工组织设计（技术方案）、设计图纸文件后一个月内，由总监理工程师组织完成该工程项目的监理规划编制工作，经监理公司技术负责人审核批准后，在监理交底会前报送建设单位。

监理规划的内容应有针对性，做到控制目标明确、措施有效、工作程序合理、工作制度健全、职责分工清楚，对监理实践有指导作用。监理规划应有时效性，在项目实施过程中，应根据情况的变化做必要的调整、修改，经原审批程序批准后，再次报送建设单位。

3．监理细则

对于技术复杂、专业性强的工程项目应编制"监理实施细则"，监理实施细则应符合监理规划的要求，并结合专业特点，做到详细、具体、具有可操作性。监理实施细则也要根据实际情况的变化进行修改、补充和完善，内容主要有专业工作特点、监理工作流程、监理控制要点及目标值、监理工作方法及措施。

4．监理日记

监理日记由专业监理工程师和监理员书写，监理日记和施工日记一样，都是反映工程施工过程的实录。

监理日记有不同角度的记录，项目总监理工程师可以指定一名监理工程师对项目每天总的情况进行记录，通称为项目监理日志；专业工程监理工程师可以从专业的角度进行记录；监理员可以从负责的单位工程、分部工程、分项工程的具体部位施工情况进行记录，侧重点不同，记录的内容、范围也不同。

5．监理例会会议纪要

监理例会是履约各方沟通情况、交流信息、协调处理、研究解决合同履行中存在的各方面问题的主要协调方式。会议纪要由项目监理部根据会议记录整理，例会上意见不一致的重大问题，应将各方的主要观点，特别是相互对立的意见记入"其他事项"中。会议纪要的内容应准确如实、简明扼要，经总监理工程师审阅，与会各方代表会签，发至合同有关各方，并应有签收手续。

6. 监理月报

监理月报由项目总监理工程师组织编写，由总监理工程师签认，报送建设单位和本监理单位，报送时间由监理单位和建设单位协商确定，一般在收到施工单位项目经理部报送来的工程进度，汇总了本月已完工程量和计划完成工程量的工程量表、工程款支付申请表等相关资料后，在最短的时间内提交，一般为5～7天。

7. 工程质量评估报告

工程竣工预验收合格后，由总监理工程师组织专业监理工程师编制工程质量评估报告，编制完成后，由项目总监理工程师及监理单位技术负责人审核签认并加盖监理单位公章后报建设单位。工程质量评估报告应在正式竣工验收前提交给建设单位。

8. 监理工作总结

监理工作总结有工程竣工总结、专题总结、月报总结3类。按照《建设工程文件归档规范》的要求，3类总结在建设单位都属于要长期保存的归档文件，专题总结和月报总结在监理单位是短期保存的归档文件，而工程竣工总结属于要报送城建档案管理部门的监理归档文件。

应用案例 7-1

阳光大厦建设工程项目的建设单位与某监理公司和某建筑工程公司分别签订了建设工程施工阶段监理合同和建设工程施工合同。为了能及时掌握准确、完整的信息，以便依靠有效的信息对该建设工程的质量、进度、造价实施最佳控制，项目总监理工程师召集了有关监理人员专门讨论了如何加强监理文件档案资料的管理问题，涉及有关监理文件档案资料管理的意义、内容和组织等方面的问题。

问题：

(1) 对监理文件档案资料进行科学管理的意义有哪些？

(2) 在项目监理部，对监理文件档案资料管理部门和实施人员的要求如何？

(3) 监理文件档案资料管理的主要内容有哪些？

(4) 监理工作的基本表式的种类和用途如何？

(5) 在监理内部和监理外部，工程建设监理文件和档案的传递流程如何？

【解析】

(1) 对监理文件档案资料进行科学管理的意义如下。

① 可以为监理工作的顺利开展创造良好条件。

② 可以极大地提高监理工作效率。

③ 可以为建设工程档案的归档提供可靠保证。

(2) 对监理文件档案资料管理部门和人员的要求如下所述。

① 应由项目监理部的信息管理部门专门负责建设工程项目的信息管理工作，其中包括监理文件档案资料的管理。

② 应由信息管理部门中的资料管理人员负责文件和档案资料的管理和保存。

③ 对信息管理部门中的资料管理人员的要求如下：熟悉各项监理业务；全面了解和掌握工程建设进展和监理工作开展的实际情况。

(3) 监理文件档案资料管理的主要内容包括以下几点。

① 监理文件和档案收文与登记。

② 监理文件档案资料传阅。

③ 监理文件资料发文与登记。

④ 监理文件档案资料分类存放。

⑤ 监理文件档案资料归档。

⑥ 监理文件档案资料借阅、更改与作废。

(4) 监理工作表式的种类和用途如下。

① A 类表 8 个，为工程监理单位用表，是监理单位与施工单位之间的联系表，由监理单位填写，向施工单位发出指令或批复。

② B 类表 14 个，为施工单位报审、报验用表，是施工单位与监理单位之间的联系表，由施工单位填写，向监理单位提交申请或回复。

③ C 类表 3 个，为各方通用，是工程监理单位、施工单位、建设单位等各有关单位之间的联系表。

(5) 监理文件和档案资料传递流程如下。

① 在监理内部，所有文件和档案资料都必须先送信息管理部门，进行统一整理分类，归档保存。然后，由信息管理部门根据总监理工程师或其授权的监理工程师指令和监理工作的需要，分别将文件和档案资料传递给有关的监理工程师。

② 在监理外部，在发送或接收建设单位、设计单位、施工单位、材料供应单位及其他单位的文件和档案资料时，也应由信息管理部门负责进行。这样只有一个进口通道，从而在组织上保证了文件和档案资料的有效管理。

拓展讨论

党的二十大报告提出，建成现代化经济体系，形成新发展格局，基本实现新型工业化、信息化、城镇化、农业现代化。结合建设工程监理信息管理，谈一谈如何使用信息化技术来进行建设工程监理信息管理。

◖ 本单元小结 ◗

建设工程监理过程实质上是工程建设信息管理的过程，即监理单位受建设单位的委托，在明确监理信息流程的基础上，通过监理一定的组织机构，对建设工程监理信息进行收集、加工、存储、传递、分析和应用的过程。由此可见，信息管理在建设工程监理工作中具有十分重要的作用，它是监理工程师控制工程建设三大目标的基础。

本单元详细介绍了信息、建设工程项目信息和信息管理的收集、加工整理等基本问题，介绍了建设工程文件、档案管理的方法和基本要求，其目的是让监理人员明确建设工程信息的基本构成和特点，明确建设工程信息管理的基本工作内容和工作方法，明确国家在相关方面的有关规定，以便更好地应用信息文档资料为工程建设服务。

技能训练题

一、单项选择题

1. 下列信息中，属于项目决策阶段和设计阶段均需要收集的是(　　)。
   A. 新技术、新设备、新工艺、新材料信息
   B. 项目产品市场占有率、社会需求量信息
   C. 建设单位前期准备和项目审批完成情况信息
   D. 可行性研究报告和项目前期相关文件资料审批信息

2. 对建设工程档案编制质量的要求不包括(　　)。
   A. 工程文件的内容必须真实、准确，与工程实际相符
   B. 工程文件应字迹清楚、图样清晰，签字盖章手续完备
   C. 所有竣工图均应加盖施工单位和监理单位的图章
   D. 工程档案资料的缩微制品，必须按国家缩微标准制作

3. 列入城建档案管理部门档案接受范围的工程，建设单位应当在工程竣工验收后(　　)个月内，向当地城建档案管理部门移交一套符合规定的工程文件。
   A. 3　　　　　　　B. 6　　　　　　　C. 9　　　　　　　D. 12

4. 根据《建设工程文件归档规范》，《工程暂停令》在建设单位和工程监理单位的保管期限分别是(　　)。
   A. 长期、短期　　B. 长期、长期　　C. 短期、长期　　D. 短期、短期

5. 下列监理文件资料中，属于监理单位长期保存的是(　　)。
   A. 专题总结　　B. 工程竣工总结　　C. 监理规划　　D. 监理实施细则

二、多项选择题

1. 下列关于建设工程档案资料管理职责的说法，正确的有(　　)。
   A. 工程档案资料应随工程进展及时收集、整理
   B. 由建设单位收集和整理工程准备阶段、竣工验收阶段形成的档案资料
   C. 监理档案资料的管理由总监理工程师负责，并指定专人具体实施
   D. 分包单位应对本单位形成的工程档案资料负责，立卷后及时移交建设单位
   E. 工程档案资料应分级管理，各单位档案管理员负责工程档案资料全过程的组织与审核工作

2. 下列资料管理职责中，属于监理单位管理职责的有(　　)。
   A. 收集和整理工程准备阶段形成的工程文件
   B. 设立专人负责监理资料的收集、整理和归档工作
   C. 监督检查施工单位工程文件的形成、积累和立卷归档
   D. 请当地城建档案管理部门对工程档案进行验收
   E. 收集整理工程竣工验收阶段形成的工程文件

3. 根据《建设工程监理规范》，属于各方主体通用表的有（　　）。
　　A．工作联系单　　　　　　B．工程变更单　　　　　　C．索赔意向通知书
　　D．报验、报审表　　　　　E．工程开工报审表
4. 下列文件资料中，属于建设工程监理文件资料的有（　　）。
　　A．设备采购合同　　　　　B．工程监理合同　　　　　C．施工承包合同
　　D．材料采购合同　　　　　E．材料报验文件
5. 下列工作内容中，属于建设工程监理文件资料管理的有（　　）。
　　A．收发文与登记　　　　　B．文件起草与修改　　　　C．文件传阅
　　D．文件分类存放　　　　　E．文件组卷归档

三、简答题

1. 建设工程项目信息管理的概念是什么？信息管理的原则和环节有哪些？
2. 建设工程监理施工实施期应收集哪些信息？
3.《建设工程文件归档规范》中监理单位的归档资料有哪些？

四、案例题

某业主投资建设一工程项目，该工程是列入城建档案管理部门接收范围的工程。该工程由 A、B、C 三个单位工程组成，各单位工程开工时间不同。该工程由一家承包单位承包，业主委托某监理公司进行施工阶段监理。

问题：

1. 监理工程师在审核承包单位提交的《工程开工报审表》时，要求承包单位在《工程开工报审表》中注明各单位工程开工时间。监理工程师审核后认为具备开工条件时，由总监理工程师或由经授权的总监理工程师代表签署意见，报建设单位。监理单位的以上做法有何不妥？应该如何做？监理工程师在审核《工程开工报审表》时，应从哪些方面进行审核？

2. 建设单位在组织工程验收前，组织监理、施工、设计各方进行工程档案的预验收。建设单位的这种做法是否正确？为什么？

3. 在监理大纲、监理实施细则、监理总控制计划、预付款报审与支付、监理规划、专题总结、月报总结等监理文件中，哪些应由监理单位做短期保存？哪些不应由监理单位做短期保存？

【单元 7 技能训练题参考答案】

单元8 建设工程监理组织与组织协调

【单元8学习指导(视频)】

某市星海小区工程项目在设计文件完成后，建设单位通过招标委托了一家监理单位协助建设单位进行施工招标和施工阶段监理。监理合同签订后，监理单位应如何建立本项目的监理组织机构开展监理工作呢？若想建立具有结构简单、权力集中、命令统一、职责分明、隶属关系明确的项目监理机构，应选择什么样的组织结构形式？本单元从组织的基本原理分析入手，分析如何选取合适的监理模式，如何建立项目监理机构，如何开展组织协调，解决以上问题。

8.1 组织的基本原理

组织是建设管理中的一项重要职能，建立精干、高效的项目监理机构并使之正常运行，是实现建设工程监理目标的前提条件。

8.1.1 组织与组织构成因素

1. 组织的概念

所谓组织，就是为了使系统达到其特定的目标，使全体参加者经分工与协作以及设置不同层次的权利和责任体系而构成一体化的人员的组合体及其运行的过程。

组织有两种含义：一种是静态的含义，一种是动态的含义。静态含义是指组织机构，即按一定的领导体制、部门设置、层次划分、职责分工、规章制度和信息系统等构成人的结合体；动态含义是指组织行为，即通过一定的权利和影响力对所需资源进行合理配置，以实现一定的目标。

2. 组织的特点

由组织的概念可知道，组织具有以下 3 个特点。

(1) 目的性。目标是组织存在的前提，即组织必须有目标。

(2) 协作性。没有分工与协作就不是组织，组织必须有适当的分工和协作，这是组织效能的保证。

(3) 制度性。没有不同层次的权力和责任制度就不能实现组织活动和组织目标，组织必须建立权力责任制度。

3. 组织职能

组织职能的目的是通过合理的组织设计和职权关系结构来使各方面的工作协同一致，以高效、高质量地完成任务。组织职能包括 5 个方面。

(1) 组织设计，是指选定一个合理的组织系统，划分各部门的权限和职责，确立各种基本的规章制度。

（2）组织联系，是指确定组织系统中各部门的相互关系，明确信息流通和反馈的渠道，以及各部门的协调原则和方法。

（3）组织运行，是指组织系统中各部门根据规定的工作顺序，按分担的责任完成各自的工作。

（4）组织行为，是指应用行为科学、社会学及社会心理学原理来研究、理解和影响组织中人们的行为、语言、组织过程以及组织变更等。

（5）组织调整，是指根据工作的需要、环境的变化，分析原有的项目组织系统的缺陷、适应性的效率状况，对原组织系统进行调整和重新组合，包括组织形式的变化、人员的变动、规章制度的修订或废止、责任系统的调整以及信息系统的调整等。

4. 组织构成因素

组织构成一般呈金字塔的形式，从上到下权责递减，人数递增，组织结构的确定由管理层次、管理跨度、管理部门、管理职责 4 个因素组成，各因素密切相关、相互制约。在组织结构确定过程中，必须综合考虑各因素及相互间的平衡与衔接。

1）管理层次

管理层次是指从最高管理者到基层的实际工作人员之间的分级管理的层次数量。

通常情况下，管理层次可分为 3 个，即决策层、协调层和执行层(操作层)。决策层的任务是确定管理组织的根本目标和大政方针，它必须精干、高效；协调层的主要任务是参谋、咨询及直接调动和组织各种具体活动内容，其人员应有较高的业务工作能力、实干精神，并能坚决贯彻管理指令；执行层(操作层)的任务是从事具体操作和完成基层的具体工作任务，其人员应有熟练的作业技能。

例如，在项目监理机构中，监理单位技术负责人、总监理工程师属于决策层；总监理工程师代表属于协调层；专业监理工程师和监理员属于执行层。

● 特 别 提 示

3 个管理层次的职能任务不同，其人员要求、职责权限也不同。一般组织的最高管理者到最基层的实际工作人员权责逐层递减，人数却逐层递增。在组织设计中，管理层次不宜过多，否则会造成人力和资源浪费，也会使信息传递慢、指令走样、协调困难。

2）管理跨度

管理跨度又称管理幅度，是指某上级管理人员所直接管理的下级人员的数量或部门数。由于每一个人的能力和精力都是有限度的，因此，一位上级管理人员能够直接、有效地指挥下级的数目也具有一定限度。

在组织中，某一级管理人员的管理跨度的大小取决于需要该级管理人员进行协调的工作量的多少。管理跨度越大，领导者需要协调的工作量越大，管理的难度也越大。因此，必须合理地确定各级管理者的管理跨度，才能使组织高效地运作。

管理跨度的弹性很大，影响因素很多，它与管理人员的性格、才能、品德、个人精力、授权程度以及被管理者的素质有关，此外，还与职能难易程度、工作地点远近、工作的相似程度、工作制度和程序等客观因素有关。管理跨度过大或过小都不利于工作的开展，过大会造成领导管理的顾此失彼，过小则不利于充分发挥管理能力。

● 特 别 提 示

确定适当的管理跨度，需积累经验并在实践中进行必要的调整。

3）管理部门

管理部门是组织机构内部专门从事某个方面业务工作的单位。管理部门的划分要根据组织目标与工作内容、业务工作性质，按分工合理的原则来确定，使之形成既互相分工又相互配合的组织机构。组织中各管理部门的合理划分对于有效地发挥组织效能是十分重要的。如果部门划分不合理，就会造成人浮于事，浪费人力、物力、财力。因此，在管理部门划分时应做到以下几点：① 适应需要，有明确的业务范围和工作量；② 功能专一，利于实行专业化的管理；③ 权责分明，便于协作。

4）管理职责

组织设计确定各管理部门的职能，使各管理部门有职有责、分工明确。在具体工作中，应使纵向便于领导、检查，指挥灵活，从而达到指令传递快、信息反馈及时、准确；应使横向各部门间便于相互联系，协调一致，使各部门有职有责、尽职尽责。

8.1.2 组织结构设计

1. 组织结构

组织结构就是一个组织内部构成要素之间确定的较为稳定的相互关系和相互联系方式，即组织中各部门或各层次之间所建立的相互关系，或是一个组织内部各要素的排列组合方式，并且用组织图和职位说明加以表示。

● 特 别 提 示

组织结构的基本内涵：①确定正确关系与职责的形式；②向组织各部门或个人分派任务和各种活动；③协调各个分离活动和任务的方式；④组织中的权利、地位和等级关系。

1）组织结构与职权、职责的关系

（1）组织结构与职权的关系。组织结构与职权之间存在着一种直接的相互关系。这是因为组织结构与职位以及职位间关系的确立密切相关，组织结构为职权关系提供了一定的格局。

组织中的职权指的是组织中成员间的关系，而不是某一个人的属性。职权的概念是与合法地行使某一职位的权力紧密相关的，而且是以下级服从上级的命令为基础的。

（2）组织结构与职责的关系。组织结构与组织中各部门、各成员职责的分派直接相关。只要有职位就有职权，只要有职权就有职责。组织机构为职责的分配和确定奠定了基础，而组织的管理则是以机构和人员职责的分派和确定为基础的，利用组织结构可以评价组织各个成员的功绩与过错，从而使组织中的各项活动有效地开展起来。

2）组织结构图

目前，组织结构图是描述组织结构的较为直观有效的办法，它是通过绘制能表明组织的正式职权和联系网络的图来表示组织结构的，如图 8.1 所示。

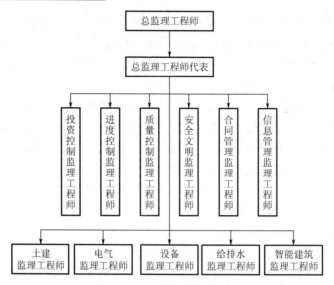

图 8.1　某工程监理组织机构

2. 组织设计的概念

组织设计是指对一个组织的结构进行规划、构造、创新或再构造，以便从组织结构上确保组织目标的有效实现。优秀的组织设计对于提高组织活动的效能具有重大的作用。

组织设计可能 3 种情况：新建的企业需要进行组织结构设计；原有组织结构出现较大的问题或企业的目标发生变化，原有组织结构需要进行重新评价和设计；组织结构需要进行局部的调整和完善。

组织设计要注意以下两个方面的问题：一是组织设计是管理者在系统中建立一种高效的、相互关系的、合理化的、有意识的组织的过程，这个过程既要考虑系统的内部因素，又要考虑系统的外部因素；二是形成组织结构是组织设计的最终结果。

只有进行有效的组织设计，健全组织系统，才能提高组织活动的效能，才能使其发挥重大的管理作用。

3. 组织设计原则

建设工程监理组织设计的好坏关系到监理工作的成败。在项目监理机构的组织设计中，一般需考虑以下几项基本原则。

1) 目的性原则

项目组织机构设置的根本目的是产生组织功能，实现管理总目标。从这一根本目标出发，就要求要因目标设事、因事设岗，按编制设定岗位人员，以职责定制度和授予权力。建设工程监理目标是项目监理机构建立的前提，应根据委托监理合同确定的监理目标建立项目监理机构。

2) 集权与分权统一的原则

任何组织中都不存在绝对的集权和分权。在项目监理机构设计中，集权就是总监理工程师掌握所有监理大权，各专业监理工程师只是其命令的执行者；分权是指在总监理工程师的授权下，各专业监理工程师在各自管理的范围内有足够的决策权，总监理工程师主要起协调作用。

建设工程监理实行总监理工程师负责制，故项目的监理集权于总监理工程师手中。总监理工程师可根据工作需要将部分权力交给各子项目或专业监理工程师。

在监理组织中，实际上不存在绝对的集权与绝对的分权。在监理机构中采取集权还是分权形式，应根据工程的规模、特点、地理位置、总监理工程师的能力、精力，下属监理工程师的工作经验、能力和工作性质综合考虑确定。工程规模小、建设地点较集中、工程难度大，则可采取相对集权的形式；工作地点较分散、工程规模较大、工程难度较小或下属工作经验和工作能力较强，则可采取适当的分权形式。

3）分工协调的原则

对于项目监理机构而言，分工就是将监理目标，特别是造价控制、进度控制、质量控制三大目标分成各部门以及各监理工作人员的目标、任务，明确干什么、怎么干。分工能提高监理的专业化程度和工作效率。在分工中特别要注意以下 3 点：①尽可能按照专业化的要求来设置组织机构；②工作上要有严密的分工，每个人所承担的工作应力求达到较熟悉的程度；③注意分工的经济效益。

有分工就必须有协作。协作包括部门之间和部门内部的协调和配合，明确各个部门之间的相互关系，工作中的沟通、联系、衔接和配合的方式，找出容易引起冲突的地方，加以协调。若协调不好，再合理的分工也不会产生整体的最佳效益。在协作中应该特别注意以下两点：①主动协作，明确各部门之间的工作关系，找出易出矛盾之点，加以协调；②有具体可行的协作配合办法，对协作中的各项关系，应逐步规范化、程序化。

4）管理跨度与管理层次统一的原则

在组织机构的设计过程中，管理跨度与管理层次成反比例关系。当组织结构中的人数一定时，管理跨度加大，管理层次就可适当减少；反之，管理跨度缩小，管理层次就会增多。应该在通盘考虑影响管理跨度的各种因素后，在实际运用中根据具体情况确定管理层次。实现管理跨度与管理层次的统一，就可以建立一个规模适度、层次较少、结构简单、能高效运作的监理组织。

5）责、权、利对应的原则

责、权、利对应的原则就是在监理组织中明确划分职责、权力和利益(待遇)，且职责、权力、利益(待遇)是对应的关系。同等的岗位就应该赋予同等的权力，享受同样的待遇。当然，做到完全对等是不可能的，但必须保证三者大致平衡。责、权、利不对应就可能损伤组织的效能，职权大于职责容易导致滥用职权，危及整个组织系统的运行；职责大于利益容易影响管理人员的积极性、主动性和创造性，使组织缺乏活力。

6）才能、职务相称的原则

每项工作都应该确定为完成该工作所需要的知识和技能。进行组织设计时应善于考察、了解每个人的知识结构、能力、特长等，使每个人的才能与其职务上的要求相适应，做到才职相称，即人尽其才、才得其用、用得其所。

7）效益原则

任何组织的设计都是为了获得更高的效益，监理组织设计必须坚持效益原则。在保证项目目标有效完成的前提下，应组合成最适宜的机构形式，力争减少管理层次，精简结构和人员，充分发挥成员的积极性，实现最有效的内部协调，提高管理效率和效益，更好地实现组织目标。

8）动态弹性的原则

为保证监理组织的高效和正常运行，组织应保持相对的稳定性，不要总是轻易变动。因为组织的变动必然需要一个磨合和适应的过程，这会影响组织的正常运作。随着监理组织内部和外部条件的变化，组织应当在保持稳定性的基础上具有一定的弹性，要根据长远目标做出相应的调整与变化，以提高组织结构的适应性。为此，需要在组织中建立明确的指挥系统、责权关系及规章制度；同时又要求选用一些具有较好适应性的组织形式和措施，使组织在变动的环境中，具有一种内在的自动调节机制。

8.1.3 组织机构活动的基本原理

为保证组织活动所产生的效果，一般应遵循以下几项基本原理。

1. 要素有用性原理

一个组织系统中的基本要素有人力、财力、物力、信息、时间等，这些要素都是有用的，但每个要素的作用不尽相同，而且会随着时间、场合的变化而变化。有的要素作用大，有的要素作用小；有的要素起主要作用，有的要素起次要作用；有的要素暂时不起作用，将来才起作用；有的要素在某种条件下、某一方面、某个地方不能发挥作用，但在另一条件、另一方面、另一个地方就能发挥作用。所以，在组织活动过程中，人们不但应看到人力、财力、物力等因素的有用性，还应看到一切要素的特殊性，根据各要素作用的大小、主次、好坏进行合理的安排、组合和使用，做到人尽其才、财尽其利、物尽其用，尽最大可能提高各要素的有用率。这就是组织活动的要素有用性原理。例如，同样是监理工程师，由于专业、知识、能力、经验等水平的差异，所起的作用也就不同。因此，管理者还要具体分析和发现各要素的特殊性，以便充分发挥每一要素的作用。

2. 动态相关性原理

组织系统是处在相对稳定的运动状态之中的，因为任何事物处在静止状态都是相对的，处在运动状态才是绝对的。组织系统内部各要素之间既相互联系又相互制约，既相互依存又相互排斥，这种相互作用推动着组织活动的进步和发展。这种相互作用的因子称为相关因子，充分发挥相关因子的作用是提高组织管理效率的有效途径。事物在组合过程中，由于相关因子的作用，可以发生质变。"1+1"可以等于2，也可以大于2，还可以小于2。整体效应不等于各局部效应的简单相加，各局部效应之和与整体效应也不一定相等，这就是动态相关性原理。如果很好地协调各方面关系，则能起到积极的作用，更好地发挥组织的整体效应，使组织机构活动的整体效应大于其局部效应之和。

3. 主观能动性原理

人和宇宙中的各种事物一样，都是客观存在的物质，运动是其共有的根本属性；所不同的是，人是有生命、有思想、有感情、有创造力的。人的特征是会制造工具，并使用工具进行劳动；在劳动中改造世界，同时也改造自己；能继承并在劳动中运用和发展前人的知识，使人的能动性得到发挥。组织管理者应该努力把人的主观能动性发挥出来，只有当主观能动性发挥出来时，才会取得最佳效果。

4. 规律效应性原理

规律就是客观事物的内部的、本质的、必然的联系。组织管理者在管理过程中要掌握规律，按规律办事，把注意力放在抓事物内部的、本质的、必然的联系上，以达到预期的目标，取得良好的效应。规律与效应的关系非常密切，一个成功的管理者应当懂得只有努力揭示规律，才有取得效应的可能。规律与效应的关系非常密切，一个成功的管理者应当懂得，只有努力揭示规律，才能取得效应的可能；而要取得好的效应，就要主动研究规律，坚决按规律办事。

8.2 建设工程组织管理基本模式与监理模式

建设工程项目落实的基本形式是承发包。建设工程项目的承发包与建设监理制度的实施，使工程建设形成了以建设单位、承包单位和监理单位为三大主体的建设工程组织管理系统。建设工程项目主要有平行承发包、设计或施工总分包、工程项目总承包、工程项目总承包管理等模式。为了有效地开展监理工作，保证建设工程项目总目标的顺利实现，一般应该根据不同的承发包模式来确定不同的监理委托模式。不同的委托模式又有不同的合同体系和管理特点。

8.2.1 平行承发包模式及其监理模式

1. 平行承发包模式

1）平行承发包模式的概念

建设项目的平行承发包模式是建设单位将建设工程项目的设计、施工以及材料和设备采购的任务按一定的方式进行分解，分别发包给若干个设计单位、施工单位和材料供应单位、设备供应单位，并分别与各方签订合同。各设计单位之间的关系是平行的，各施工单位之间及各材料供应单位、设备供应单位之间的关系也是平行的。平行承发包模式如图 8.2 所示。常用的平行承发包模式：首先应将建设工程项目进行合理的分解，然后进行分类综合，确定每个合同的发包内容，以便择优选择承建单位。在进行任务分解与确定合同数量、内容时，应考虑以下因素。

（1）建设工程项目情况。

建设工程项目的性质、规模、结构等是决定合同数量和内容的重要因素。建设规模大、范围广、专业多的项目往往比规模小、范围窄、专业单一的项目合同数量要多。建设项目实施时间的长短、计划安排得是否妥当也对合同的数量有一定影响。例如，对分期建设的两个单项工程，一般可以考虑分成两个合同分别进行发包。

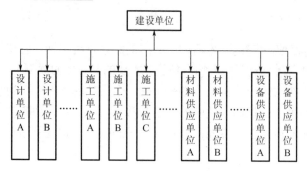

图 8.2　平行承发包模式

（2）市场结构状况。

由于各类承包单位的专业性质、规模在不同市场的分布状况不同，因此，建设项目的分解发包应力求与其市场结构相适应，合同任务和内容也要对市场有吸引力。中、小合同对中、小承包单位有吸引力，但又不妨碍大承包单位参与竞争。此外，还应按市场惯例、市场范围和有关规定来决定合同的内容和大小。

（3）贷款协议要求。

对两个以上贷款人的情况，在拟定合同结构时应考虑不同贷款人可能对贷款使用范围有不同的要求、对承包人的贷款资格有不同的要求等。

2）平行承发包模式的优缺点

（1）优点。

① 有利于缩短工期目标。由于设计和施工任务经过分解分别发包，设计与施工阶段有可能形成一定的搭接关系，从而缩短整个建设工程的工期。

② 有利于工程质量控制。整个工程经过分解分别发包给各承包单位，合同约束与相互制约使每一部分都能够较好地实现质量要求。例如，主体工程与设备安装分别由两个施工单位承包，若主体工程不合格，设备安装单位不会同意在不合格的主体上进行设备的安装，这相当于质量有了他人的控制，比自控具有更强的约束力。

③ 有利于择优选择承包单位。随着市场经济的发展，建筑市场上专业性强、规模小的承包单位已占有较大的比例。这种承发包模式的合同内容比较单一，合同价值与工程风险均比较小，它们有可能参与竞争。这样，无论大承包单位还是中小承包单位，都有同等的竞争机会，而建设单位的可选择范围是很大的，为提高择优性创造了条件。

④ 有利于繁荣建设市场。这种平行承发包模式给各类承包单位提供了承包机会和生存机会，促进了市场经济的发展和繁荣。

（2）缺点。

① 合同数量多，会造成合同管理较为困难。平行承发包模式合同数量多，合同关系复杂，使建设工程项目系统内结合部位数量增加，组织协调工作量增加、难度加大。因此，重点应加强合同管理的力度及部门之间的横向协调工作，协调各种关系，使工程建设有条不紊地进行。

② 造价控制难度大。这主要表现在，一是总合同价格短期内难于确定，影响项目造价控制实施；二是工程招标任务量大，需控制多项合同价格，增加了造价控制的工作量及难度；三是在施工过程中设计变更和修改较多，导致投资增加。

2. 与平行承发包模式相应的监理模式

与建设工程平行承发包模式相适应的监理模式有以下两种主要类型。

(1) 建设单位委托一家监理单位为其提供监理服务，如图 8.3 所示。这种监理模式要求监理单位具有较强的合同管理和组织协调能力，并能做好全面的规划工作。

监理单位的项目监理组织可以组建多个监理分支机构对各承建商分别实施监理。在具体的监理过程中，项目总监理工程师应重点做好总体协调工作，加强横向联系，保证建设工程监理工作的有效运行。

(2) 建设单位委托多家监理单位监理，如图 8.4 所示。这种监理模式是指建设单位分别委托几家监理单位针对不同的承包单位实施监理。由于建设单位分别与多个监理单位签订委托监理合同，所以各监理单位之间的相互协作与配合需要建设单位进行协调。采用这种模式，监理单位的监理对象相对单一，便于管理。但整个工程的建设监理工作被肢解，各监理单位各负其责，缺少一个对建设工程进行总体规划与协调控制的监理单位。

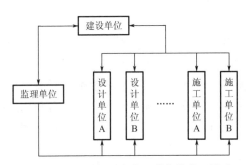

图 8.3 建设单位委托一家监理单位的监理模式   图 8.4 建设单位委托多家监理单位的监理模式

为了克服上述不足，在某些大、中型项目的监理实践中，建设单位首先委托一个"总监理工程师单位"总体负责建设工程的总规划和协调控制，再由建设单位和"总监理工程师单位"共同选择几家监理单位分别承担不同合同段的监理任务。由"总监理工程师单位"负责协调、管理各监理单位的工作，大大减少了建设单位的管理压力，形成了建设单位委托"总监理工程师单位"进行监理的模式。

8.2.2 设计或施工总分包模式及其监理模式

1. 设计或施工总分包模式

1) 设计或施工总分包模式的概念

设计或施工总分包，是指建设单位将全部设计任务发包给一个设计单位作为设计总承包，将全部施工任务发包给一个施工单位作为施工总承包；总承包单位还可以将其任务的一部分分包给其他的承包单位，从而形成一个设计总合同、一个施工总合同以及若干个分包合同的模式。设计或施工总分包模式如图 8.5 所示。

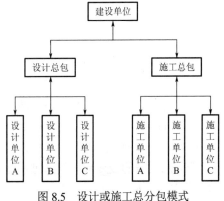

图 8.5 设计或施工总分包模式

2) 设计或施工总分包模式的优缺点

(1) 优点。

① 有利于建设工程的组织管理。首先，由于建设单位只与设计总包单位或施工总包单位签订设计或施工承包合同，合同数量比平行承发包模式要少得多，因而有利于合同管理。其次，由于合同数量大量减少，也使建设单位的协调工作量相应减少，这样能提高监理与总包单位间多层次协调的积极性。

② 有利于造价控制。总包合同价格可以较早确定，有利于监理企业掌握和控制项目的总投资额。

③ 有利于质量控制。在质量方面，各分包方进行自控，同时又有总包方的监督及监理方的检查、认可，形成多道质量控制防线，这样对质量控制有利。但监理工程师应注意严格控制总包单位"以包代管"，以免对工程质量控制造成不利影响。

④ 有利于进度控制。这种形式使总包单位具有控制的积极性，各分包单位之间也能相互制约，有利于监理工程师对项目总体进度的协调与控制。

(2) 缺点。

① 建设周期相对较长。由于设计图纸全部完成后才能进行施工总包的招标，施工招标需要一定的时间，所以不能将设计阶段与施工阶段进行最大限度的搭接。

② 总包报价一般较高。一方面，由于建设工程的发包规模较大，一般而言只有大型承建单位才具有总包的资格和能力，不利于组织有效的招标竞争；另一方面，对于分包出去的工程内容，总包单位向建设单位的报价中一般都需要在分包的价格基础上加收管理费用。

2. 与设计或施工总分包模式相应的监理模式

针对设计或施工总分包模式，建设单位可以委托一家监理单位进行全过程监理，如图 8.6所示。建设单位也可以按设计阶段和施工阶段分别委托不同的监理单位进行监理，如图 8.7所示。

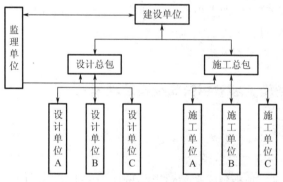

图 8.6 设计或施工分包委托一家监理单位的监理模式

一般而言，建设单位委托一家监理单位更易于实现设计和施工阶段的统筹兼顾。监理单位可以对设计阶段和施工阶段的工程造价、进度、质量控制统筹考虑，合理地进行总体规划协调，更可使监理工程师掌握设计思路与设计意图，有利于施工阶段监理工作的开展。此模式中虽然承包合同的乙方的最终责任由总包单位来承担，但分包单位的资质、能力直接影响着工程质量、进度等目标的实现。所以，监理工程师必须做好对分包单位的资质审查和确认工作。

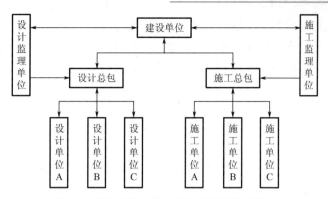

图 8.7 设计或施工分包按阶段委托监理模式

8.2.3 工程项目总承包模式及其监理模式

1. 工程项目总承包模式

1）工程项目总承包模式的概念

工程项目总承包是指建设单位把工程设计、施工、材料和设备采购等一系列工作全部发包给一家承包单位，由其负责设计、施工和采购等全部工作，最后向建设单位交付一个能达到动用条件的工程，如图 8.8 所示。这种承发包模式又称"交钥匙工程"。

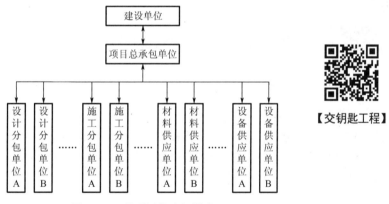

【交钥匙工程】

图 8.8 工程项目总承包模式

工程项目总承包模式适用于简单、明确的常规性工程，如一般性商业用房、标准化建筑等。对于一些专业性较强的工业建筑，如钢铁、化工、水利等工程，由专业性的承包公司进行项目的总承包也是常见的。国际上实力雄厚的"科研、设计、施工"一体化公司便是从一条龙服务中直接获得项目总承包资格的。

2）工程项目总承包模式的优缺点

（1）优点。

① 合同关系简单，协调工作量小。建设单位与项目总承包方之间只有一个主合同，合同关系大大简化。

监理工程师主要与项目总承包单位进行协调。有相当一部分协调工作量转移到项目总承包单位内部及其与分包单位之间，这就使得建设工程监理的协调量大为减少。

② 有利于造价控制。在设计与施工统筹考虑的基础上，从价值工程的角度来讲可提高项目的经济性，但这并不意味着项目总承包的价格低。

③ 有利于进度控制。设计与施工由一个单位统筹安排，可使这两个阶段能够有机地结合，容易做到设计阶段与施工阶段进度上的相互搭接，可以缩短建设周期。

(2) 缺点。

① 合同管理难度大。合同条款的确定难以具体化，因此，容易造成较多的合同纠纷，使合同管理的难度加大，也不利于招标发包的进行。

② 建设单位择优选择承包单位的范围小，往往导致合同价格较高。在选择招标单位时，由于承包量大、工作进行较早、工程信息未知数多，因此，承包单位可能要承担较大的风险，所以，有此能力的承包单位数量相对较少、合同价格较高，导致建设单位择优选择承包单位的范围小。

③ 不利于质量控制。其原因之一是质量标准与功能要求难以做到全面、具体、明确，质量控制标准制约性受到一定程度的影响；原因之二是"他人控制"机制薄弱。

2. 与工程项目总承包模式相应的监理模式

在工程项目总承包模式下，建设单位与总承包单位只签订一份总承包合同，一般宜委托一家监理单位进行。这种委托模式下，监理工程师需具备较全面的知识，重点要做好合同管理工作。

8.2.4 工程项目总承包管理模式及其监理模式

1. 工程项目总承包管理模式

1) 工程项目总承包管理模式的概念

所谓工程项目总承包管理，是指建设单位将工程项目的建设任务发包给专门从事工程建设组织管理的单位，再由其分包给若干个设计单位、施工单位、材料供应单位和设备供应单位，并对分包的各个单位实施项目建设的管理，如图 8.9 所示。

【工程项目总承包管理模式及其监理模式】

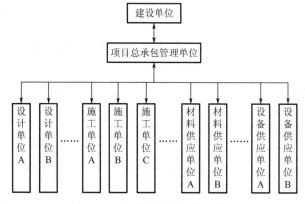

图 8.9 工程项目总承包管理模式

工程项目总承包管理与工程项目总承包不同之处在于：前者不直接进行设计与施工，没有自己的设计和施工力量，而是将承接的设计与施工任务全部分包出去并负责工程项目的建设管理；后者有自己的设计、施工力量，可直接进行设计、施工、材料和设备采购等工作。

2）工程项目总承包管理模式的优缺点

（1）优点。

工程项目总承包管理模式与工程项目总承包模式类似，合同关系简单，组织协调比较有利，进度和造价控制也较为有利。

（2）缺点。

① 由于总承包管理单位与设计、施工单位是总包与分包关系，后者才是项目实施的基本力量，所以，监理工程师对分包单位资质条件的确认工作就成了十分关键的问题。

② 项目总承包管理单位自身经济实力一般比较弱，而承担的风险相对较大，因此，采用这种承发包模式前应以慎重的态度对其进行分析论证。

③ 质量控制难度大。其原因是质量标准和功能要求不易做到全面、具体、准确，质量控制标准制约性受到影响。

2. 与工程项目总承包管理模式相应的监理模式

采用工程项目总承包管理模式的总承包单位一般属于管理型的"智力密集型"企业，其主要的工作是承担项目的管理。由于建设单位与总承包方只签订一份总承包合同，因此，建设单位最好委托一家监理单位实施监理，这样便于监理工程师对总承包合同和总包单位的分包等进行管理。虽然总承包单位和监理单位均是进行工程项目管理的，但两者的性质、立场、内容等均有较大的区别，不可相互取代。

8.3 项目监理机构

8.3.1 项目监理机构的组织形式

项目监理组织形式的设计应遵循集中与分权统一、专业分工与协作统一、管理跨度与分层统一、权责一致、才职相称、效率和弹性的原则。同时，还应考虑委托监理合同规定的服务内容、服务期限、工程项目的特点(工程类别、规模、技术复杂程度、工程环境等)、工程项目承发包模式、建设单位委托的任务以及监理单位自身的条件。常用的项目监理组织形式有直线制、职能制、直线职能制和矩阵制。

1. 直线制监理组织

直线制监理组织是最简单的，它的特点是组织中各种职位是按垂直系统直线排列的，项目监理机构中任何一个下级只接受唯一上级的命令。各级部门主管人员对所属部门的问题负责，项目监理机构中不另设职能机构。

这种组织形式适用于监理项目能划分为若干相对独立子项的大、中型建设项目，如图 8.10 所示；还可按建设阶段分解设立直线制监理组织形式，如图 8.11 所示。此种形式适用于大、中型以上项目，且承担包括设计和施工的全过程工程建设监理任务。总监理工程师负责整个项目的规划、组织和指导，并着重开展整个项目范围内各方面的指挥、协调工作。子项目监理组分别负责子项目的目标值控制，具体领导现场专业或专项监理组的工作。

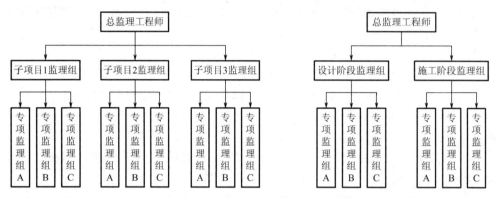

图 8.10　按子项分解设立直线制监理组织形式　　图 8.11　按建设阶段分解设立直线制监理组织形式

直线制监理组织形式的主要优点是机构简单、权力集中、命令统一、职责分明、决策迅速、隶属关系明确；缺点是实行没有职能机构的"个人管理"，这就要求总监理工程师通晓各种业务和多种知识技能，成为"全能"式人物。

2. 职能制监理组织

职能制监理组织是在总监理工程师下设置一些职能机构，分别从职能角度对基层监理组进行业务管理，这些职能机构可以在总监理工程师授权的范围内，就其主管的业务范围向下下达命令和指示，如图 8.12 所示。此种形式适用于地理位置上相对集中的大、中型建设工程。

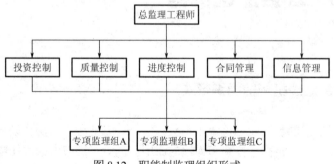

图 8.12　职能制监理组织形式

这种组织形式的主要优点是加强了项目监理目标控制的职能分工，能够发挥职能机构的专业管理作用，有专家参加管理，能提高管理效率，减轻总监理工程师的负担。其缺点是由于下级人员受多头领导，如果上级指令相互矛盾，将使下级在工作中无所适从。

3. 直线职能制监理组织

直线职能制的监理组织形式是吸收了直线制组织形式和职能制组织形式的优点而构成的一种组织形式，如图 8.13 所示。

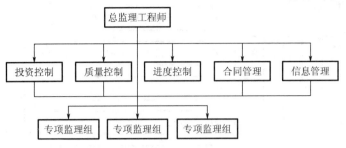

图8.13 直线职能制监理组织形式

这种形式保持了直线制监理组织实行直线领导、统一指挥、职责清楚的优点，有利于提高办事效率；另一方面又保持了职能制组织目标管理专业化的优点。其缺点是职能部门与指挥部门易产生矛盾，信息传递路线长，不利于互通情报。

4. 矩阵制监理组织

矩阵制监理组织是由纵横两套管理系统组成的矩阵形组织结构，一套是纵向的职能系统，另一套是横向的子项目系统，如图8.14所示。两套管理系统在监理工作中是相互融合的关系，两者协同以共同解决问题。

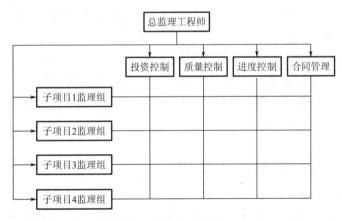

图8.14 矩阵制监理组织形式

这种形式的优点是加强了各职能部门的横向联系，具有较大的机动性和适应性；实现了上下左右集权与分权的最优结合，有利于解决复杂难题，有利于监理人员业务能力的培养。其缺点是纵横向协调工作量大，处理不当会造成扯皮现象，产生矛盾。

这种组织形式的主要优点是加强了项目监理目标控制的职能分工，能够发挥职能机构的专业管理作用，有专家参加管理，能提高管理效率、减轻总监理工程师的负担；缺点是多头领导，易造成职责不清，下级人员在工作中无所适从。

8.3.2 项目监理机构的建立

不论工程建设项目的大小，监理单位在组织成立项目监理机构时，一般都应按以下步骤进行，如图8.15所示。

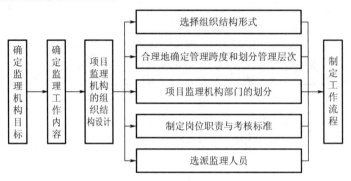

图 8.15　监理机构建立步骤示意图

1. 确定监理机构目标

确定监理目标是项目监理机构设立的前提,项目监理机构的建立应根据委托监理合同中确定的监理目标制定总目标。为了使目标控制工作具有可操作性,应将监理总目标进行分解,明确划分监理机构的分解目标。

2. 确定监理工作内容

根据监理目标和监理合同中规定的监理任务,明确列出监理工作内容,并进行分类归并及组合,这是一项重要的组织工作。

对各项工作进行归并及组合应以便于控制监理目标为目的,并综合考虑监理项目的规模、性质、工期、工程复杂程度、工程结构特点、管理特点、技术特点以及监理单位自身技术业务水平、监理人员数量、组织管理水平等因素。

如果实施阶段全过程监理,监理工作内容可按设计阶段和施工阶段分别归并和组合,再进一步按造价、进度、质量目标进行归并和组合。

3. 项目监理机构的组织结构设计

1) 选择组织结构形式

由于建设工程项目规模、性质、阶段以及监理工作要求不同,可以按照组织设计的原则选择适应监理工作需要的监理组织结构形式。选择组织结构形式主要应考虑有利于项目合同管理、有利于监理目标控制、有利于决策指挥、有利于信息沟通等因素。

2) 合理地确定管理跨度和划分管理层次

确定监理机构管理跨度应充分考虑建设工程的特点、监理活动的复杂性和相似性、监理业务的标准化程度、各项规章制度的建立健全情况、参加监理工作的人员的综合素质等问题,按监理工作实际需要确定。

项目监理机构中一般应有以下 3 个层次。

(1) 决策层:由总监理工程师和其助手组成,主要根据工程项目委托监理合同的要求与监理活动内容进行科学化、程序化决策与管理。

(2) 中间控制层(协调层和执行层):由专业监理工程师组成,具体负责监理规划的落实、目标控制及合同实施管理,属承上启下的管理层次。

(3) 作业层(操作层):主要由监理员、检查员组成,具体负责监理活动的操作实施。

3）项目监理机构部门的划分

项目监理机构中合理地划分各职能部门，应依据监理机构目标、监理机构可利用的人力和物力资源以及合同结构情况，将造价控制、进度控制、质量控制、合同管理、安全管理、组织协调等监理工作内容按不同的职能活动形成相应的管理部门。

4）制定岗位职责与考核标准

岗位职务及职责的确定要有明确的目的性，不可因人设事。不同的岗位具有不同的职责，根据责权一致的原则进行适当授权；同时，应制定相应的考核标准，对监理人员的工作进行定期或不定期的考核。

5）选派监理人员

根据监理工作的任务，确定监理人员的合理分工，包括专业监理工程师和监理员，必要时可配备总监理工程师代表。监理人员的安排除应考虑个人素质外，还应考虑人员总体构成的合理性和协调性。

4．制定工作流程

为使监理工作科学、有序地进行，应按监理工作的客观规律制定工作流程，规范化地开展监理工作；可分阶段编制设计阶段监理工作流程和施工阶段监理工作流程。监理工作流程图如图 8.16 所示。

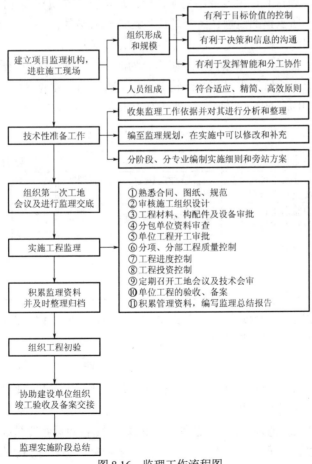

图 8.16　监理工作流程图

各阶段内还可进一步编制若干细部监理工作流程。例如，施工阶段监理工作流程可以进一步细化出工序交接检查程序、隐蔽工程验收程序、工程变更处理程序、索赔处理程序、工程质量事故处理程序、工程支付核签程序、工程竣工验收程序等。

(1) 引例中监理合同签订后，总监理工程师应根据工程项目的规模和特点，按照确定监理目标、确定监理工作内容、组织结构设计和制定监理工作流程等步骤，来建立本项目的监理组织机构。

(2) 若想建立具有结构简单、权力集中、命令统一、职责分明、隶属关系明确的项目监理机构，应选择直线制组织结构形式。

8.3.3 项目监理机构的人员配备及监理人员的确定方法

1. 项目监理机构的人员配备

监理组织人员的配备一般应考虑专业结构、人员层次、工程建设强度、工程复杂程度和监理单位的业务水平等因素。

(1) 专业结构。项目监理组专业结构应针对监理项目的性质和委托监理合同进行设置。专业人员的配备要与所承担的监理任务相适应。在监理人员数量确定的情况下，应做出适当的调整，保证监理组织结构与任务职能分工的要求得到满足。

(2) 人员层次。监理人员根据其技术职称分为高、中、低级 3 个层次。合理的人员层次结构有利于管理和分工。监理人员层次结构的分工见表 8-1。根据经验，一般高、中、低人员配备比例大约为 10%、60%、20%，此外还有 10%左右为行政管理人员。

表 8-1　监理人员层次结构的分工

监理组织层次		主要职能	要求对应的技术职称
项目监理部	总监理工程师 专业监理工程师	项目监理的策划、项目监理实施的组织与协调	高级 / 中级
子项监理组	子项监理工程师 专业监理工程师	具体组织子项的监理业务	
现场监理员	质监员 计量员 预算员 计划员等	监理实务的执行与作业	初级

(3) 工程建设强度。工程建设强度是指单位时间内投入的工程建设资金的数量。它是衡量一项工程紧张程度的标准。其计算公式为

工程建设强度=投资/工期

式中，投资和工期是指由监理单位所承担的工程的建设投资和工期。一般投资额是按合同价，工期是根据进度总目标及分目标确定的。

显然，工程建设强度越大，投入的监理人力就越多。工程建设强度是确定人数的重要因素。

(4) 工程复杂程度。每项工程都具有不同的复杂程度。工程地点、位置、气候、性质、

空间范围、工程地质、施工方法、后勤供应等不同，则投入的人力也就不同。根据一般工程的情况，工程复杂程度要考虑的因素有设计活动多少、气候条件、地形条件、工程地质、施工方法、工程性质、工期要求、材料供应和工程分散程度等。

(5) 监理单位的业务水平。每个监理单位的业务水平有所不同，业务水平的差异会影响监理效率的高低。对于同一份委托监理合同，高水平的监理单位可以投入较少的人力去完成监理工作，而低水平的监理单位则需投入较多的人力。各监理单位应当根据自己的实际情况对监理人员数量进行适当调整。

2. 监理人员的确定方法

项目监理机构人员数量的确定方法可按以下步骤进行。

(1) 监理人员需要量定额。根据监理工程师的监理工作内容和工程复杂程度等级，测定、编制项目监理机构监理人员需要量定额。

(2) 确定工程建设强度。

(3) 确定工程复杂程度。按构成工程复杂程度的因素，根据本工程实际情况分别打分。

(4) 根据工程复杂程度和工程建设强度套用监理人员需要量定额。

(5) 根据实际情况确定监理人员数量。

例如，某工程根据监理组织结构情况决定每个机构各类监理人员如下。

监理总部(含总监、总监助理和总监办公室)：监理工程师 2 人，监理员 2 人，行政文秘人员 2 人。

子项目 1 监理组：监理工程师 4 人，监理员 12 人，行政文秘人员 1 人。

子项目 2 监理组：监理工程师 3 人，监理员 11 人，行政文秘人员 1 人。

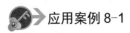

特 别 提 示

项目监理机构的监理人员应由一名总监理工程师、若干名专业监理工程师和监理员组成，且专业配套，数量应满足监理工作和建设工程监理合同对监理工作深度及建设工程监理目标控制的要求。

下列情形项目监理机构可设置总监理工程师代表：①工程规模较大、专业较复杂，总监理工程师难以处理多个专业工程时，可按专业设总监理工程师代表；②一个建设工程监理合同中包含多个相对独立的施工合同，可按施工合同段设总监理工程师代表；③工程规模较大、地域比较分散，可按工程地域设总监理工程师代表。

除总监理工程师、专业监理工程师和监理员外，项目监理机构还可根据监理工作需要，配备文秘、翻译、司机和其他行政辅助人员。项目监理机构应根据建设工程不同阶段的需要配备数量和专业满足要求的监理人员，有序安排相关监理人员进退场。

应用案例 8-1

项目监理机构的组织机构和任务职能分工

下面是项目监理机构的 3 种组织形式结构图，如图 8.17～图 8.19 所示。

问题：

(1) 项目监理机构的 4 种组织形式分别是什么？

(2) 图 8.17、图 8.18 和图 8.19 各属于哪种组织形式？

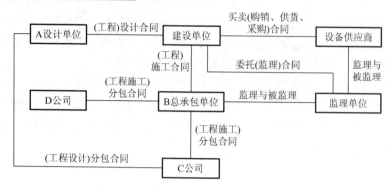

图 8.17　组织形式一

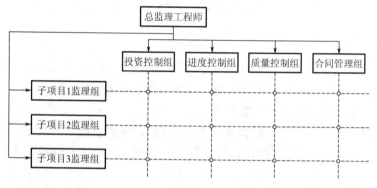

图 8.18　组织形式二

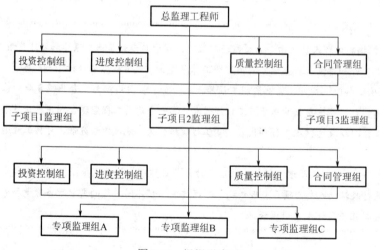

图 8.19　组织形式三

(3) 4 种组织形式的优缺点各是什么?

【解析】

(1) 项目监理机构的 4 种组织形式分别是直线制监理组织形式、职能制监理组织形式、直线职能制监理组织形式、矩阵制监理组织形式。

(2) 图 8.17 是直线职能制组织形式,图 8.18 是矩阵制组织形式,图 8.19 是职能制组织形式。

(3) 4 种组织形式的优缺点如下。

① 直线制监理组织形式的主要优点是组织机构简单、权力集中、命令统一、职责分明、决策迅速、隶属关系明确；缺点是实行没有职能部门的"个人管理"，这就要求总监理工程师通晓各种业务和多种知识技能，成为"全能"式人物。

② 职能制组织形式的主要优点是加强了项目监理目标控制的职能化分工，能够发挥职能机构的专业管理作用，提高管理效率，减轻总监理工程师的负担；缺点是由于下级人员受多头领导，如果上级指令相互矛盾，将使下级在工作中无所适从。

③ 直线职能制形式既保持了直线制组织实行直线领导、统一指挥、职责清楚的优点，又保持了职能制组织目标管理专业化的优点；缺点是职能部门与指挥部门易产生矛盾，信息传递路线长，不利于互通情报。

④ 矩阵制形式的优点是加强了各职能部门的横向联系，具有较大的机动性和适应性，实现了集权与分权的最优结合，有利于解决复杂难题，有利于监理人员业务能力的培养；缺点是多头领导，易造成职责不清，下级人员在工作中无所适从。

8.4 建设工程监理的组织协调

建设监理目标的实现，需要监理工程师有较强的专业知识和对监理程序的有效执行，还有一个重要方面，就是要有较强的组织协调能力。通过组织协调，使得影响项目监理目标实现的各个方面处于统一体中，使得项目体系结构均衡，监理工作实施和运行过程顺利。

8.4.1 组织协调的概念

协调就是联结、联合、调和所有的活动及力量，使各方配合得适当，其目的是促使各方协同一致，以实现预定的目标。协调工作应贯穿于整个建设工程实施及其管理的全过程。

协调是监理工作的核心。如何正确地理解和把握协调是监理实践工作中的难点。与施工单位、建设单位搞好关系在具体监理实践中比较常见，但这个度是非常难把握的。"帮监结合"是监理单位从服务性角度提出的一种理念，但是，绝不能因此将施工单位、建设单位的责任工作归为监理的义务。

1. 建设工程协调系统

建设工程系统就是一个由人员、物质、信息等构成的人为组织系统。用系统方法分析，建设工程的协调一般有三大类：一是"人员/人员界面"；二是"系统/系统界面"；三是"系统/环境界面"。

(1) 项目实施组织可看作是一个系统，由各类人员和机构(子系统)组成。由于每个人的性格、能力、工作岗位和任务的不同，即使只有两个人工作在一起，也有潜在的人员矛盾或危机，这种人和人之间的隔阂，就是所谓的"人员/人员界面"。

（2）项目组织系统是由若干个子项目(子系统)组成的完整体系，由于子系统的功能、目标不同，容易产生各自为政的趋势和相互推诿的现象，这种子系统和子系统之间的隔阂就是所谓的"系统/系统界面"。

（3）项目组织系统是一个典型的开放系统，它具有环境适应性，能主动地向外部取得各种必要的资源和信息，在搜取的过程中，不可能没有障碍和阻力，这种系统与环境之间的隔阂就是所谓的"系统/环境界面"。

2. 工程项目建设协调管理

协调工作或称协调管理，在国外也称为"界面管理"。工程项目建设协调管理就是在"人员/人员界面""系统/系统界面""系统/环境界面"之间，对所有的活动及力量进行联结、联合、调和的工作。系统方法强调，要把系统作为一个整体来研究和处理，因为总体的作用规模要比各子系统的作用规模之和大。为了顺利地实现工程项目建设系统的目标，必须重视协调管理，发挥系统的整体功能。

8.4.2　项目监理组织协调的范围和层次

在工程项目建设监理中，要保证项目各参与方围绕项目开展工作，使项目目标顺利实现，组织协调最为重要、最为困难，也是监理工作能否成功的关键。只有通过积极地组织协调，才能实现整个系统全面协调的目的。

监理的协调工作应该从规范要求、技术标准层面出发，以监理工程师独具的人文素质推动具体工作的展开，这样做在实际的监理工作中是非常受欢迎的。

建设工程项目主要包含 3 个主要的组织系统，即建设单位、承包单位和监理单位。而整个建设项目又处在社会的大环境之中，项目的组织协调工作包括系统的内部协调，即建设单位、承包单位和监理单位之间的协调，也包括系统的外部协调，如政府部门、金融组织、社会团体、服务单位、新闻媒体以及周边群众等的协调。

协调的目的显然是实现质量高、投资少、工期短三大目标。按工程合同做好协调工作，固然为三大目标的实现创造了很好的条件，但仅有这方面的条件还不够，还需要通过更大范围的协调，创造良好的人际、组织关系以及与政府和社团组织的良好关系等多方面的内外条件。

从系统方法的角度看，项目监理机构协调的范围分为系统内部的协调和系统外部的协调。系统外部的协调又分为近外层协调和远外层协调。近外层和远外层的主要区别是，建设工程与近外层关联单位一般有合同关系，与远外层关联单位一般没有合同关系。

8.4.3　项目监理组织协调的内容

1. 项目监理机构内部的协调

1）项目监理机构内部人际关系的协调

项目监理机构的工作效率在很大程度上取决于人际关系的协调，总监理工程师应首先抓好人际关系的协调，激励项目监理机构成员。

（1）在人员安排上要量才录用。根据个人专长进行安排，做到人尽其才；人员的搭配应注意能力互补和性格互补，人员配置应尽可能少而精，防止力不胜任和忙闲不均的现象。

（2）在工作委任上要职责分明。每一个岗位都应订立明确的目标和岗位责任制，应通过职能清理，使管理职能不重不漏，做到事事有人管，人人有专责，同时明确岗位职权。

（3）在成绩评价上要实事求是。发扬民主作风，实事求是地评价。

（4）在矛盾调解上要恰到好处。要多听取项目监理机构成员的意见和建议，及时沟通，使人员始终处于团结、和谐、热情高涨的工作气氛之中。

2）项目监理机构内部组织关系的协调

项目监理机构内部组织关系的协调可从以下几个方面进行。

（1）在职能划分的基础上设置组织机构，根据工程对象及委托监理合同所规定的工作内容，确定职能划分，并设置相应配套的组织机构。

（2）明确规定每个部门的目标、职责和权限，最好以规章制度的形式进行明文规定。

（3）事先约定各个部门在工作中的相互关系，有主办、牵头和协作、配合之分。

（4）建立信息沟通制度。通过工作例会，业务碰头会，发会议纪要、工作流程图或信息传递卡等方式来沟通信息，使局部了解全局，服从并适应全局需要。

（5）及时消除工作中的矛盾或冲突。总监理工程师应采取民主的作风，激励各个成员的工作积极性；采用公开的信息政策；经常性地指导工作，和成员一起商讨，多倾听意见和建议。

3）项目监理机构内部需求关系的协调

需求关系的协调可从以下环节进行。

（1）对监理设备、材料的平衡。建设工程监理开始时，要做好监理规划和监理实施细则的编写工作，提出合理的监理资源配置，要注意抓好期限上的及时性、规格上的明确性、数量上的准确性、质量上的规定性。

（2）对监理人员的平衡。要抓住调度环节，注意各专业监理工程师的配合。监理力量必须结合工程进展情况进行合理安排，以保证工程监理目标的实现。

2. 与建设单位的协调

监理实践证明，监理目标的顺利实现和与建设单位协调的好坏有很大的关系。监理工程师应从以下几个方面加强与建设单位的协调。

（1）监理工程师首先要理解建设工程总目标、理解建设单位的意图。对于未能参加项目决策过程的监理工程师，必须了解项目构思的基础、起因、出发点，否则可能对监理目标及完成任务有不完整的理解，会给其工作造成很大的困难。

（2）利用工作之便做好监理宣传工作，增进建设单位对监理工作的理解，特别是对建设工程管理各方职责及监理程序的理解；主动帮助建设单位处理建设工程中的事务性工作，以自己规范化、标准化、制度化的工作去影响和促进双方工作的协调一致。

（3）尊重建设单位，让建设单位一起投入建设工程全过程。必须执行建设单位的指令，使建设单位满意。对建设单位提出的某些不适当的要求，只要不属于原则性问题，都可先执行，然后利用适当时机、适当方式加以说明或解释；对于原则性问题，可采取书面报告等方式说明原委，尽量避免发生误解，以使建设工程顺利实施。

3. 与承包单位的协调

监理工程师对质量、进度和造价的控制都是通过承包单位的工作来实现的,所以做好与承包单位的协调工作是监理工程师组织协调工作的重要内容。

(1) 坚持原则,实事求是,严格按规范、规程办事,讲究科学态度。监理工程师应强调各方面利益的一致性和建设工程总目标;应鼓励承包单位将建设工程实施状况、实施结果和遇到的困难和意见向他汇报,以寻找对目标控制可能的干扰。

(2) 协调不仅是方法、技术问题,更多的是语言艺术、感情交流和用权适度问题。有时尽管协调意见是正确的,但由于方式或表达不妥,反而会激化矛盾。而高超的协调能力则往往能起到事半功倍的作用,令各方都满意。

(3) 施工阶段的协调工作内容。施工阶段协调工作的主要内容如下。

① 与承包单位项目经理关系的协调。从承包单位项目经理及其工地工程师的角度而言,他们最希望监理工程师是公正、通情达理并容易理解别人的;希望从监理工程师处得到明确而不是含糊的指示,并且能够对他们所询问的问题给予及时的答复;希望监理工程师的指示能够在他们工作之前发出。他们可能对教条主义者以及工作方法僵硬的监理工程师较为反感。这些心理现象,对于监理工程师而言,应该非常清楚。一个既懂得坚持原则,又善于理解承包单位项目经理的意见,工作方法灵活,随时可能提出或愿意接受变通办法的监理工程师肯定是受欢迎的。

② 进度问题的协调。由于影响进度的因素错综复杂,因而进度问题的协调工作也十分复杂。实践证明,有两项协调工作很有效:一是建设单位和承包单位双方共同商定一级网络计划,并由双方主要负责人签字,作为工程施工合同的附件;二是设立提前竣工奖,由监理工程师按一级网络计划节点考核,分期支付阶段工期奖,如果整个工程最终不能保证工期,由建设单位从工程款中将已付的阶段工期奖扣回并按合同规定予以罚款。

③ 质量问题的协调。在质量控制方面,应实行监理工程师质量签字认可制度。对没有出厂证明、不符合使用要求的原材料、设备和构件,不准使用;对工序交接实行报验签证;对不合格的工程部位不予验收签字,也不予计算工程量,不予支付工程款。在建设工程实施过程中,设计变更或工程内容的增减是经常出现的,有些是合同签订时无法预料和明确规定的。对于这种变更,监理工程师要认真研究,合理计算价格,与有关方面充分协商,达成一致意见,并实行监理工程师签证制度。

④ 对承包单位违约行为的处理。在施工过程中,监理工程师对承包单位的某些违约行为进行处理是难免的事情。应该考虑自己的处理意见是否为监理权限以内的;要有时间期限的概念。对不称职的承包单位项目经理或某个工地工程师,证据足够可正式发出警告;万不得已时有权要求撤换。

⑤ 合同争议的协调。对于工程中的合同争议,监理工程师应首先采用协商解决的方式,协商不成时才由当事人向合同管理机关申请调解。只有当对方严重违约而使自己的利益受到重大损失且不能得到补偿时才采用仲裁或诉讼手段。如果遇到非常棘手的合同争议问题,不妨暂时搁置,等待时机,另谋良策。

⑥ 对分包单位的管理主要是对分包单位明确合同管理范围,分层次管理。将总包合同作为一个独立的合同单元进行造价、进度、质量控制和合同管理,不直接和分包合同发生关系。

特别提示

(1) 对分包合同中的工程质量、进度进行直接跟踪监控，通过总包商进行调控、纠偏。

(2) 分包商在施工中发生的问题，由总包商负责协调处理，必要时，监理工程师帮助协调。

(3) 当分包合同条款与总包合同发生抵触时，以总包合同条款为准。

(4) 分包合同不能解除总包商对总包合同所承担的任何责任和义务。

(5) 分包合同发生的索赔问题一般由总包商负责，涉及总包合同中业主的义务和责任时，由总包商通过监理工程师向建设单位提出索赔，由监理工程师进行协调。

⑦ 处理好人际关系。在监理过程中，监理工程师处于一种十分特殊的位置。建设单位希望得到独立、专业的高质量服务，而承包单位则希望监理单位能对合同条件有一个公正的解释。因此，监理工程师必须善于处理各种人际关系，既要严格遵守职业道德，礼貌而坚决地拒收任何礼物，以保证行为的公正性，也要利用各种机会增进与各方面人员的友谊与合作，以利于工程的进展。否则，便有可能引起建设单位或承包单位对其可信赖程度的怀疑。

4. 与设计单位的协调

监理单位必须协调与设计单位的工作，以加快工程进度、确保质量、降低消耗。

(1) 真诚尊重设计单位的意见，在设计单位向承包商介绍工程概况、设计意图、技术要求、施工难点等时，注意标准过高、设计遗漏、图纸差错等问题，应在施工之前解决；施工阶段，严格按图施工；结构工程验收、专业工程验收、竣工验收等工作，约请设计代表参加；若发生质量事故，认真听取设计单位的处理意见等。

(2) 如果施工中发现设计问题，应及时向设计单位提出，以免造成大的直接损失。若监理单位掌握比原设计更先进的新技术、新工艺、新材料、新结构、新设备时，可主动与设计单位沟通；协调各方达成协议，约定一个期限，争取设计单位、承包单位的理解和配合。

(3) 注意信息传递的及时性和程序性。监理工程师联系单、设计单位申报表或设计变更通知单传递，要按设计单位(经建设单位同意)—监理单位—承包单位之间的程序进行。

需要注意，监理单位和设计单位没有合同关系，监理单位主要是和设计单位做好交流工作，协调要靠建设单位的支持。设计单位应就其设计质量对建设单位负责，工程监理人员发现工程设计不符合建筑工程质量标准或者合同约定的质量要求的，应当报告建设单位要求设计单位改正。

5. 与政府部门及其他单位的协调

1) 与政府部门的协调

(1) 工程质量监督站是由政府授权的工程质量监督的实施机构，对委托监理的工程，质量监督站主要是核查勘察设计、施工单位的资质和工程质量检查。监理单位在进行工程质量控制和质量问题处理时，要做好与工程质量监督站的交流和协调工作。

(2) 如果发生重大质量事故，在承包单位采取急救、补救措施的同时，应敦促承包单位立即向政府有关部门报告情况，接受检查和处理。

(3) 建设工程合同应送公证机关公证，并报政府建设管理部门备案；征地、拆迁、移民要争取政府有关部门的支持和协作；现场消防设施的配置，宜请消防部门检查认可；要敦促承包单位在施工中注意防止环境污染，坚持做到文明施工。

2）与其他单位的协调

争取社会各界对建设工程的关心和支持，这是一种争取良好社会环境的协调。

对本部分的协调工作，从组织协调的范围看是属于远外层的管理。对远外层关系的协调，应由建设单位主持，监理单位主要是协调近外层关系。如果建设单位将部分或全部远外层关系协调工作委托监理单位承担，则应在委托监理合同专用条件中明确委托的工作和相应的报酬。

8.4.4　项目监理组织协调的方法

项目监理组织协调的方式包括会议协调法、交谈协调法、书面协调法访问协调法和情况介绍法等。

1．会议协调法

会议协调法是建设工程监理中最常用的一种协调方法。实践中常用的会议协调法包括第一次工地会议、监理例会、专业性监理会议等。

1）第一次工地会议

（1）第一次工地会议是建设工程尚未全面展开前，履约各方相互认识、确定联络方式的会议，也是检查开工前各项准备工作是否就绪并明确监理程序的会议。

（2）第一次工地会议应在项目总监理工程师下达开工令之前举行，由建设单位主持召开会议，由监理单位、总承包单位的授权代表参加，也可要求分包单位参加，必要时邀请有关设计单位人员参加。第一次工地会议的主要内容如下。

① 建设单位、承包单位和监理单位分别介绍各自驻现场的组织机构、人员及其分工。

② 建设单位根据委托监理合同宣布对总监理工程师的授权。

③ 建设单位介绍工程开工准备情况。

④ 承包单位介绍施工准备情况。

⑤ 建设单位和总监理工程师对施工准备情况提出意见和要求。

⑥ 总监理工程师介绍监理规划的主要内容。

⑦ 研究确定各方在施工过程中参加工地例会的主要人员，召开工地例会的周期、地点及主要议题。

2）监理例会

（1）监理例会是由总监理工程师主持，按一定程序召开，研究施工中出现的计划、进度、质量及工程款支付等问题的工地会议。

（2）监理例会应当定期召开，宜每周召开一次。

（3）参加人包括项目总监理工程师（也可为总监理工程师代表）、其他有关监理人员、承包单位项目经理、承包单位其他有关人员。需要时，还可邀请其他有关单位代表参加。

（4）会议的主要议题：听取承包单位上次例会议题事项的落实情况及未落实事项原因的汇报；检查施工进度计划完成情况，讨论施工中遇到的问题，分析产生问题的原因，研究探讨解决问题的办法，并提出下一阶段进度目标及其落实措施；检查分析工程项目质量状况，针对施工中存在的质量问题要求承包单位及时提出改进措施;检查工程量及工程款支付情况;解决需要协调的有关事项。

(5) 会议纪要:由项目监理机构起草,经与会各方代表会签,然后分发给有关单位。

3) 专业性监理会议

除定期召开工地监理例会以外,还应根据需要组织召开一些专业性的协调会议,如加工订货会、建设单位直接分包的工程内容承包单位与总包单位直接的协调会、专业性较强的分包单位进场协调会等,均由监理工程师主持会议。

2. 交谈协调法

在实践中,并不是所有问题都需要开会来解决,有时可采用"交谈"这一方法。交谈包括面对面的交谈和电话交谈两种形式。无论是内部协调还是外部协调,这种方法使用频率都是相当高的。其作用在于以下几个方面。

(1) 保持信息畅通。交谈没有合同效力,并且具有方便性和及时性,所以建设工程参与各方之间及监理机构内部都愿意采用。

(2) 寻求协作和帮助。采用交谈方式请求协作和帮助比采用书面方式实现的可能性要大。

(3) 及时发布工程指令。监理工程师一般都采用交谈方式先发布口头指令,这样,一方面可以使对方及时地执行指令,另一方面可以和对方进行交流,了解对方是否正确地理解了指令,随后再以书面形式加以确认。

3. 书面协调法

当会议或者交谈不方便或不需要时,或者需要精确地表达自己的意见时,就会用到书面协调的方法。书面协调方法的特点是具有合同效力,一般常用于以下几方面。

(1) 不需双方直接交流的书面报告、报表、指令和通知等。

(2) 需要以书面形式向各方提供详细信息和情况通报的报告、信函和备忘录等。

(3) 事后对会议记录、交谈内容或口头指令的书面确认。

4. 访问协调法

访问法主要用于外部协调中,有走访和邀访两种形式。

走访是指监理工程师在建设工程施工前或施工过程中,对与工程施工有关的各政府部门、公共事业机构、新闻媒介或工程毗邻单位等进行访问,向他们解释工程的情况,了解他们的意见。

邀访是指监理工程师邀请上述各单位(包括建设单位)代表到施工现场对工程进行指导性巡视,了解现场工作。

多数情况下,有关各方不了解工程、不清楚现场的实际情况,一些不恰当的干预会对工程产生不利影响,此时该方法可能相当有效。

5. 情况介绍法

情况介绍法通常是与其他协调方法紧密结合在一起的,它可能是在一次会议前,或是一次交谈前,或是一次走访或邀访前向对方进行的情况介绍。情况介绍法在形式上主要是口头的,有时也伴有书面的。介绍往往作为其他协调的引导,目的是使别人首先了解情况。

总之,组织协调是一种管理艺术和技巧,监理工程师尤其是总监理工程师需要掌握领导科学、心理学、行为科学方面的知识和技能，如激励、交际、表扬和批评的艺术，开会的艺术，谈话的艺术，谈判的技巧等。只有这样，监理工程师才能进行有效的协调。

 **特 别 提 示**

监理工程师应熟悉组织协调的层次，区分各种协调的内容，记准各种协调方法的要点。

本单元小结

本单元主要介绍了组织的基本原理、建设工程组织管理的基本模式、建设工程监理的模式、项目监理机构和建设工程监理组织协调。要求学生能理解组织和组织结构的概念，组织设计的原则；熟悉建设工程组织管理模式，组织协调的范围、层次、工作内容和方法；能绘制各种管理模式示意图；能理解各种模式的优缺点；全面掌握项目监理机构的组织形式、优缺点、适用条件，并绘制出组织形式图。

技能训练题

一、单项选择题

1. 有效的组织设计在提高组织活动效能方面起着重要的作用。下列关于组织构成因素的表述中，正确的是(   )。

　　A. 组织的最高管理者到最基层的实际工作人员权责逐层递增

　　B. 管理部门的划分要根据组织目标与工作内容确定

　　C. 管理层次是指一名上级管理人员所直接管理的下级人数

　　D. 管理跨度越大，领导者需要协调的工作量越小，管理难度越小

2. 由于组织机构内部各要素之间既相互联系、相互依存，又相互排斥、相互制约，所以组织机构活动的整体效应不等于其各局部效应的简单相加。这反映了组织机构活动(   )基本原理。

　　A. 规律效应性　　　B. 主观能动性　　　C. 要素有用性　　　　D. 动态相关性

3. 同时适用于平行承发包、设计或施工总分包、项目总承包模式的委托监理模式是建设单位(   )。

　　A. 按不同合同标段委托多家监理单位　　　B. 按不同建设阶段委托监理单位

　　C. 委托一家监理单位　　　　　　　　　　D. 委托多家监理单位

4. 建设工程监理目标是项目监理机构建立的前提，应根据(   )确定的监理目标建立项目监理机构。

　　A. 监理实施细则　　B. 委托监理合同　　　C. 监理大纲　　　　　D. 监理规划

5. 监理工程师邀请建设行政主管部门的负责人员到施工现场对工程进行指导性巡视，属于组织协调方法中的(   )。

　　A. 专家会议法　　　B. 书面协调法　　　　C. 交谈协调法　　　　D. 访问协调法

二、多项选择题

1. 组织构成一般是上小下大的形式，由（　　）等密切相关、相互制约的因素组成。

    A. 管理部门
        B. 管理层次

    C. 管理跨度
        D. 管理制度

    E. 指挥协调

2. 对建设单位而言，平行承发包模式的主要缺点有（　　）。

    A. 协调工作量大
        B. 造价控制难度大

    C. 不利于缩短工期
        D. 质量控制难度大

    E. 选择承包方范围小

3. 项目监理机构的组织结构设计步骤有（　　）。

    A. 确定监理工作内容
        B. 选择组织结构形式

    C. 确定管理层次和管理跨度
        D. 划分项目监理机构部门

    E. 制定岗位职责和考核标准

4. 项目监理机构的工作效率在很大程度上取决于人际关系的协调，总监理工程师在进行项目监理机构内部人际关系的协调时，可从（　　）等方面进行。

    A. 部门职能划分
        B. 监理设备调配

    C. 工作职责委任
        D. 人员使用安排

    E. 信息沟通制度

5. 影响项目监理机构人员数量的主要因素有（　　）。

    A. 工程的复杂程度
        B. 监理单位的业务范围

    C. 监理人员的专业结构
        D. 监理人员的技术职称结构

    E. 监理机构的组织结构和任务职能分工

三、简答题

1. 组织设计要遵循哪些基本原则？

2. 工程项目承发包模式有哪些？它们的特点及与之相应的监理模式是什么？

3. 简述常用的项目监理组织形式及其特点。

4. 建立项目监理组织有哪些主要步骤？

5. 建设工程监理组织协调的常用办法有哪些？

四、案例题

某监理单位与建设单位签订委托监理合同后，在实施建设工程之前，应建立项目监理机构。监理机构在组建项目监理机构时，按以下步骤进行。

（1）确定监理工作内容。

（2）确定项目监理机构目标。

（3）制定工作流程和信息流程。

（4）设计项目监理机构的组织结构。

问题：

1. 以上组建项目监理机构时的步骤是否妥当？若不妥，请写出正确的步骤。

2. 项目监理机构的组织形式和规模应根据哪些因素来确定？

3. 组织结构形式选择的基本原则是什么？

【单元 8 技能训练题参考答案】

单元 9 建设工程监理业务管理

　　掌握开展建设工程监理的主要方式；了解监理规划性文件编写的依据；熟悉文件的构成；掌握监理大纲、监理规划、监理实施细则的作用、编制要求与具体内容；熟悉监理例会的类型、纪要；熟悉监理月报的基本要求、主要内容、编写方法；熟悉竣工验收条件、程序、组织竣工验收要求、竣工验收报告、监督要点、工程质量监督报告、竣工验收备案文件、竣工验收备案手续；掌握监理工作总结的编制方法。

教学要求

能 力 目 标	知 识 要 点	权重
掌握开展建设工程监理的主要方式	巡视、平行检验、旁站、见证取样	5%
掌握监理大纲的作用、编制要求与具体内容	监理大纲的作用、编制要求与具体内容	15%
掌握监理规划的作用、编制要求与具体内容	监理规划的作用、编制要求与具体内容	20%
掌握监理实施细则的作用、编制要求与具体内容	监理实施细则的作用、编制要求与具体内容	20%
熟悉监理例会的类型、纪要	监理例会的类型、纪要	10%
熟悉监理月报的基本要求、主要内容、编写方法	监理月报的基本要求、主要内容、编写方法	15%
熟悉监理工程师在竣工验收过程中的作用	竣工验收程序、监理工程师在竣工验收过程中的作用	5%
掌握监理工作总结的编制方法	监理工作总结的编制要求、基本内容	10%

【单元 9 学习指导(视频)】

引 例

星海监理公司承担了一个工程项目的施工阶段的监理工作，在讨论制定监理规划的工作会议上，总监理工程师提出了编制监理规划的构思。其中在"监理规划的主要原则和依据"方面从以下方面考虑。

(1) 建设监理规划必须符合监理大纲的内容。

(2) 建设监理规划必须符合监理合同的要求。

(3) 建设监理规划必须结合项目的具体实际。

(4) 建设监理规划的作用应为监理单位的经营目标服务。

(5) 监理规划的依据包括政府部门的批文，国家和地方的法律、法规、规范、标准等。

(6) 建设监理规划应对影响目标实现的多种风险进行预测，并考虑采取相应的措施。

问题：

(1) 判断以下说法是否正确。

① 建设监理规划应在监理合同签订以后编制。

② 在项目的设计、施工等实施过程中，监理规划作为指导整个监理工作的纲领性文件，不能随意修改和调整。

③ 建设监理规划应由项目总监主持编制，是项目监理组织有序地开展监理工作的依据和基础。

④ 建设监理规划中必须对项目的三大目标进行分析论证，并提出保证的措施。

(2) 在监理规划的主要原则和依据中，哪一项是错误的？

9.1 建设工程监理主要方式

工程监理实施中，巡视、平行检验、旁站、见证取样是建设工程监理的主要方式。

9.1.1 巡视

1. 定义与作用

1) 定义

巡视是指项目监理机构监理人员对施工现场进行定期或不定期的检查活动，是监理人员针对施工现场进行的日常检查。

2) 作用

【安全巡视要点】

巡视是监理人员针对现场施工质量和施工单位安全生产管理情况进行的检查工作，监理人员通过巡视检查，能够及时发现施工过程中出现的各类质量、安全问题，对不符合要求的情况及时要求施工单位进行纠正并督促整改，使问题消灭在萌芽状态。巡视对于实现建设工程目标，加强安全生产管理等起着重要作用，具体体现在以下几个方面。

（1）观察、检查施工单位的施工准备情况。

（2）观察、检查包括施工工序、施工工艺、施工人员、施工材料、施工机械、周边环境等在内的施工情况。

（3）观察、检查施工过程中的质量问题、质量缺陷并及时采取相应措施。

（4）观察、检查施工现场存在的各类生产安全事故隐患并及时采取相应措施。

（5）观察、检查并解决其他相关问题。

2. 巡视工作的内容和职责

项目监理机构应在监理规划的相关章节中编制体现巡视工作的方案、计划、制度等相关内容，以及在监理实施细则中明确巡视要点、巡视频率和措施，并明确巡视检查记录表。在监理过程中，监理人员应按照监理规划及监理实施细则中规定的频次进行现场巡视，巡视检查内容以现场施工质量、生产安全事故隐患为主，且不限于工程质量、安全生产方面的内容。监理人员在巡视检查中发现的施工质量、生产安全事故隐患等问题以及采取的相应处理措施、所取得的效果等，应及时、准确地记录在巡视检查记录表中。

总监理工程师应根据经审核批准的监理规划和监理实施细则对现场监理人员进行交底，明确巡视检查要点、巡视频率和采取措施及采用的巡视检查记录表；合理安排监理人员进行巡视检查工作；督促监理人员按照监理规划及监理实施细则的要求开展现场巡视检查工作；总监理工程师应检查监理人员巡视的工作成果，与监理人员就当日巡视检查工作进行沟通，对发现的问题及时采取相应处理措施。

1）巡视内容

监理人员在巡视检查时，应主要关注施工质量、安全生产两个方面情况。

（1）施工质量方面。天气情况是否适合施工作业，如不适合，是否已采取相应措施；施工人员作业情况，是否按照工程设计文件、工程建设标准和批准的施工组织设计（专项）施工方案施工；使用的工程材料、设备和构配件是否已检测合格；施工单位主要管理人员到岗履职情况，特别是施工质量管理人员是否到位；施工机具、设备的工作状态，周边环境是否有异常情况等。

（2）安全生产方面。施工单位安全生产管理人员到岗履职情况、特种作业人员持证情况；施工组织设计中的安全技术措施和专项施工方案落实情况；安全生产和文明施工制度、措施落实情况；危险性较大分部分项工程施工情况，重点关注是否按方案施工；大型起重机械和自升式架设设施运行情况；施工临时用电情况；其他安全防护措施是否到位，工人违章情况；工现场存在的事故隐患，以及按照项目监理机构的指令整改实施情况；项目监理机构签发的工程暂停令执行情况等。

2）巡视发现问题的处理

监理人员在巡视检查中发现问题，应及时采取相应处理措施；巡视监理人员认为发现的问题自己无法解决或无法判断是否能够解决时，应立即向总监理工程师汇报；在监理巡视检查记录表中及时、准确、真实地记录巡视检查情况；对已采取相应处理措施的质量问题、生产安全事故隐患，检查施工单位的整改落实情况，并反映在巡视检查记录表中，监理文件资料管理人员应及时将巡视检查记录表归档，同时，注意巡视检查记录与监理日志、监理通知单等其他监理资料的呼应关系。

9.1.2　平行检验

1. 定义与作用

【平行检验】

1) 定义

平行检验是项目监理机构在施工单位自检的同时,按照有关规定、建设工程监理合同约定对同一检验项目进行的检测试验活动。平行检验的内容包括工程实体量测(检查、试验、检测)和材料检验等内容。

2) 作用

施工现场质量管理检查记录、检验批、分项工程、分部工程、单位工程等的验收记录(检查评定结果)由施工单位填写,验收结论由监理(建设)单位填写。监理人员不应只根据施工单位自己的检查、验收情况填写验收结论,而应该在施工单位检查、验收的基础之上进行"平行检验"。同样,对于原材料、设备、构配件以及工程实体质量等,也应在见证取样或施工单位委托检验的基础上进行"平行检验"。平行检验是项目监理机构在施工阶段质量控制的重要工作之一,也是工程质量预验收和工程竣工验收的重要依据之一。

2. 平行检验监理人员的工作内容和职责

项目监理机构首先应依据建设工程监理合同编制符合工程特点的平行检验方案,明确平行检验的方法、范围、内容、频率等,并设计各平行检验记录表式。建设工程监理实施过程中,应根据平行检验方案的规定和要求,开展平行检验工作。对平行检验不符合规范、标准的检验项目,应分析原因后按照相关规定进行处理。

负责平行检验的监理人员应根据经审批的平行检验方案,对工程实体、原材料等进行平行检验。平行检验的方法包括量测、检测、试验等,在平行检验的同时,记录相关数据,分析平行检验结果、检测报告结论等,提出相应的建议和措施。

监理文件资料管理人员应将平行检验方面的文件资料等单独整理、归档。平行检验的资料是竣工验收资料的重要组成部分。

9.1.3　旁站

1. 旁站的定义与作用

1) 旁站的定义

旁站是指项目监理机构对工程的关键部位或关键工序的施工质量进行的监督活动。关键部位、关键工序应根据工程类别、特点及有关规定确定。

2) 旁站的作用

旁站是建设工程监理工作中用以监督工程质量的一种手段,可以起到及时发现问题、第一时间采取措施、防止偷工减料、确保施工工艺工序按施工方案进行、避免其他干扰正常施工的因素发生等作用。旁站与监理工作其他方法手段结合使用,成为工程质量控制工作中相当重要和必不可少的工作方式。

2. 旁站监理人员的工作内容

项目监理机构在编制监理规划时，应制定旁站方案，明确旁站的范围、内容、程序和旁站人员职责等。旁站方案是监理人员在充分了解工程特点及监控重点的基础上，确定必须加以重点控制的关键工序、特殊工序，并以此制定的旁站作业指导方案。现场监理人员必须按此执行并根据方案的要求，有针对性地进行检查，将可能发生的工程质量问题和隐患加以消除。

旁站应在总监理工程师的指导下，由现场监理人员负责具体实施。在旁站实施前，项目监理机构应根据旁站方案和相关的施工验收规范，对旁站人员进行技术交底。

监理人员实施旁站时，发现施工单位有违反工程建设强制性标准行为的，有权责令施工单位立即整改；发现其施工活动已经或者可能危及工程质量的，应当及时向监理工程师或者总监理工程师报告，由总监理工程师下达局部暂停施工指令或者采取其他应急措施。

旁站记录是监理工程师或者总监理工程师依法行使有关签字权的重要依据。对于需要旁站的关键部位、关键工序施工，凡没有实施旁站或者没有旁站记录的，专业监理工程师或者总监理工程师不得在相应文件上签字。在工程竣工验收后，工程监理单位应当将旁站记录存档备查。

项目监理机构应按照规定的关键部位、关键工序实施旁站。建设单位要求项目监理机构超出规定的范围实施旁站的，应当另行支付监理费用。具体费用标准由建设单位与工程监理单位在合同中约定。

3. 旁站监理人员的工作职责

旁站监理人员的主要工作职责包括但不限于以下内容。

（1）检查施工单位现场质量管理人员到岗、特殊工种人员持证上岗，以及施工机械、建筑材料准备情况。

（2）在现场跟班监督关键部位、关键工序的施工单位执行施工方案及工程建设强制性标准情况。

（3）核查进场建筑材料、建筑构配件、设备和商品混凝土的质量检验报告等，并可在现场监督施工单位进行检验或者委托具有资格的第三方进行复验。

（4）做好旁站记录和监理日记，保存旁站原始资料。

旁站监理人员应当认真履行职责，对需要实施旁站的关键部位、关键工序在施工现场跟班监督，及时发现和处理旁站过程中出现的质量问题，如实准确地做好旁站记录。凡旁站监理人员未在旁站记录上签字的，不得进行下一道工序施工。

总监理工程师应当及时掌握旁站工作情况，并采取相应措施解决旁站过程中发现的问题。监理文件资料管理人员应妥善保管旁站方案、旁站记录等相关资料。

9.1.4 见证取样

1. 见证取样的定义与程序

1）见证取样的定义

见证取样是指项目监理机构对施工单位进行的涉及结构安全的试块、试件及工程材料现场取样、封样、送检工作的监督活动。

2) 见证取样的程序

根据原建设部《关于印发〈房屋建筑工程和市政基础设施工程实行见证取样和送检制度的规定〉的通知》的要求，在建设工程质量检测中实行见证取样和送检制度，即在建设单位或监理单位人员见证下，由施工人员在现场取样，送至试验室进行试验。

见证取样的通常要求和程序如下。

（1）一般规定。见证取样涉及三方（施工方、见证方和试验方）行为。试验室的资质资格管理：①各级工程质量监督检测机构（有 CMA 章，即计量认证，1 年审查一次）；②建筑企业试验室应逐步转为企业内控机构，4 年审查 1 次。第三方试验室检查：①计量认证书，CMA 章；②附件、备案证书。

CMA（中国计量认证/认可）是依据《中华人民共和国计量法》为社会提供公正数据的产品质量检验机构。计量认证分为两级实施：一级为国家级，由国家认证认可监督管理委员会组织实施；一级为省级，实施的效力均完全一致。

见证人员必须取得《见证员证书》，且通过建设单位授权。授权后只能承担所授权工程的见证工作。对进入施工现场的所有建筑材料，必须按规范要求实行见证取样和送检试验，试验报告纳入质保资料。

（2）授权。建设单位或工程监理单位应向施工单位、工程质监站和工程检测单位递交"见证单位和见证人员授权书"。授权书应写明本工程见证人单位及见证人姓名、证号，见证人不得少于 2 人。

（3）取样。施工单位取样人员在现场抽取和制作试样时，见证人必须在旁见证，且应对试样进行监护，并和委托送检的送检人员一起采取有效的封样措施或将试样送至检测单位。

（4）送检。检测单位在接受委托检验任务时，须有送检单位填写委托单，见证人应出示《见证员证书》，并在检验委托单上签名。检测单位均须实施密码管理制度。

（5）试验报告。检测单位应在检验报告上加盖有"见证取样送检"印章。发生试样不合格情况，应在 24 小时内上报质监站，并建立不合格项目台账。

特 别 提 示 ··

见证取样中，对检验报告有 5 点要求：①试验报告应为电脑打印；②试验报告采用统一用表；③试验报告签名一定要手签；④试验报告应有"见证检验专用章"统一格式；⑤注明见证人的姓名。

··

2. 见证监理人员的工作内容和职责

总监理工程师应督促专业（材料）监理工程师制定见证取样实施细则，细则中应包括材料进场报验、见证取样送检的范围、工作程序、见证人员和取样人员的职责、取样方法等内容。总监理工程师还应检查监理人员见证取样工作的实施情况，包括现场检查和资料检查，同时积极听取监理人员的汇报，发现问题应立即要求施工单位采取相应措施。

见证取样监理人员应根据见证取样实施细则要求、按程序实施见证取样工作，包括：①在现场进行见证，监督施工单位取样人员按随机取样的方法和试件制作的方法进行取样；②对试样进行监护、封样加锁；③在检验委托单签字，并出示《见证员证书》；④协助建立包括见证取样送检计划、台账等在内的见证取样档案等。

监理文件资料管理人员应全面、妥善、真实记录试块、试件及工程材料的见证取样台账以及材料监督台账(无需见证取样的材料、设备等)。

9.2 建设工程监理规划系列文件

建设工程监理规划性文件是指监理企业投标时编制的监理大纲、监理合同签订以后编制的监理规划和各专业监理工程师编制的监理实施细则。从编制的时间来看,首先编制建设工程监理大纲,在大纲的基础上编制监理规划,然后再在监理规划的基础上编制监理实施细则。

9.2.1 建设工程监理大纲

监理大纲又称监理方案,是监理单位在建设单位开始委托监理的过程中,特别是在建设单位进行监理招标的过程中,为承揽到监理业务而编写的监理方案性文件。

1. 监理大纲的作用

(1) 使建设单位认可监理大纲中的监理方案,从而承揽到监理业务。

(2) 为监理单位对所承揽的监理项目在以后开展监理工作制定基本方案,也是制定监理规划的基础。

2. 监理大纲的编制

1) 编制要求

(1) 监理大纲是监理单位投标时编制的,应当根据建设单位所发布的监理招标文件、设计文件以及建设单位的要求编制。

(2) 监理大纲的编制要体现企业自身的管理水平、技术装备等实际情况,编制的监理方案既要能最大可能地中标,又要建立在合理、可行的基础上。监理单位一旦中标,投标文件将作为监理合同文件的组成部分,对监理单位履行合同具有约束效力。

特 别 提 示 ....

随着整个社会对工程质量越来越重视,监理大纲占评标总分的分数也有很大的提高,如北京市《关于印发〈北京市建设工程监理招标综合评分实施细则〉的通知》(京建监〔1999〕394号)文中为25分,现在已有很大的提高,一般占28分,也有的提高到了30分、32分(不含监理机构、人员)。监理大纲不但是监理投标文件的组成部分,而且还是重要的组成部分。

....

2) 编制人

为使监理大纲的内容和监理实施过程紧密结合,监理大纲的编制人员应当是监理单位经营部门或技术管理部门人员,也应包括拟定的总监理工程师。这样有利于总监理工程师在日后的工作中主持编制监理规划,更好地实施监理工作。

3) 主要描述

为使建设单位认可监理单位，充分表达监理工作总的方案，使监理单位中标，监理大纲主要描述以下内容。

（1）人员及资质。人员及资质即拟派往项目监理机构的主要监理人员情况的介绍，尤其应该重点介绍拟派往投标工程的项目总监理工程师的情况，这往往决定着承揽监理业务的成败。

（2）拟采用的监理方案。监理单位根据建设单位所提供的和自己初步掌握的工程信息，制定准备采用的监理方案(如监理组织方案、目标控制方案、合同管理方案、组织协调等)。

（3）明确说明将提供给建设单位的、反映监理阶段性成果的文件。这些文件有助于满足建设单位掌握工程建设过程的需要，有利于监理单位顺利承揽该建设工程的监理业务。

（4）监理单位工作业绩。监理业绩是监理资质审查的重点内容，它包括监理单位的经历和监理成效。

（5）拟投入的监理设施。监理单位的设施装备也是监理资质要素之一，这在决定承揽监理业务的成败中也占有比较重要的地位。

（6）监理酬金报价。

4) 编制内容及范例

通常监理大纲具体内容如下：工程项目概况、工程项目监理范围、监理工作依据、监理工作目标、监理工作内容、项目监理组织机构的组织形式、项目监理机构、监理工作制度、监理报告目录等。

知 识 链 接 ∙∙

现以某 7 层框架结构监理大纲为建筑范例详细介绍如下。

1. 工程项目概况

(1) 项目名称: 海曲市城市花园住宅楼。

(2) 工程地点: 海曲市市北区北京路旁。

(3) 建筑面积: 19 373m^2。

(4) 工程结构: 框架结构。

(5) 楼层: 7 层。

(6) 工程造价: 480 万元。

(7) 施工工期: 施工合同工期。

(8) 建设单位: 海曲市阳光房地产开发有限公司。

设计单位: 海曲市设计研究院。

地质勘测单位: 海曲市建筑设计院有限公司。

质量监督单位: 海曲市质量监督站。

安全监督单位: 海曲市建设局建管处。

施工单位: 海曲市奎文镇建筑安装工程有限公司。

监理单位: 海曲市建筑设计院监理公司。

2. 工程项目监理范围

监理工作的任务主要是对本工程项目进行目标控制，实现工程项目的造价、进度和质量目标。通过风险管理、目标规划和目标动态控制，切实控制本项目的造价、工期和质量，达到预期的目标。

根据本工程监理合同的规定，本工程项目的监理工作包括的时间范围为本工程施工阶段的全过程监理及保修阶段，包括以下内容。

(1) 1号、2号、3号、4号住宅楼。

(2) 施工可能发生的增补工程。

3. 监理工作的依据

(1) 本工程建设监理委托合同。

(2) 建设单位与承包单位签订的本工程正式合同或协议。

(3) 本工程的招标文件及其附件。

(4) 本工程施工图纸及其说明、地质资料等技术文件。

(5) 国家现行、地方现行的工程质量评定标准及施工验收规范。

(6) 省、市现行的预算定额、收费标准及有关建设管理办法。

(7) 国家和地方有关工程建设监理的规范及规定。

4. 监理工作的目标

(1) 造价目标：本工程造价控制目标为工程承包合同造价。

(2) 工期目标：根据建设单位与施工单位签订的工程承包合同中所确定的日历天为目标。

(3) 质量目标：合格，并符合建设单位与承包单位签订的工程承包合同要求。

(4) 安全生产、文明施工目标：达到××市安全生产、文明施工标准化工地。

5. 监理工作的内容

本工程监理项目的监理工作内容主要为工程施工阶段的质量、安全、造价和工期控制、合同和信息管理，进行近外层关系协调，具体工作如下。

(1) 根据施工图设计和概(预)算，协助建设单位组织施工图设计交底、图纸会审，做好记录，写出会审纪要。

(2) 协助建设单位做好开工准备，编制开工报告，签发开工令，复核灰线。

(3) 审核承包单位提出的施工管理体系、施工组织设计、施工技术方案、施工进度计划、质量保证体系及施工安全防护措施。

(4) 督促、检查承包单位严格执行工程合同和国家工程技术规范、标准，协调建设单位和承包单位的关系。

(5) 审核承包单位或建设单位提供的材料、构配件和设备的数量以及无定额材料的单价。

(6) 组织施工图交底、图纸会审、配合设计变更的签证及负责施工现场签证。

(7) 组织和参加定期召开的工程协调会议并做好纪要，调解有关工程建设各种合同的有关争议。

(8) 督促、检查承包单位落实施工安全技术措施；组织检查并监督控制工程进度、质量和造价。组织分项工程和隐蔽工程的检查、验收、签证。

(9) 协助建设单位审核承包合同文件，审查技术档案资料及竣工验收资料。

(10) 及时提供完整的监理档案，定期编制监理报告。

(11) 协助建设单位组织工程交工初步验收；参加工程竣工验收，提出交工或竣工验收申请报告。

(12) 负责检查保修阶段的工程状况，督促承包单位回访，督促保修，直至达到规定的质量标准。

6. 项目监理组织机构的组织形式

监理组织机构及人员配置，针对本工程项目的特征，组建工程项目监理部。在工程实施过程中，将根据实际工程进展情况进行适当调整。监理组织机构框架图如图 9.1 所示。

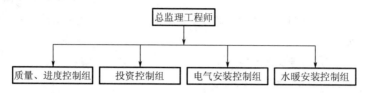

图 9.1　监理组织机构框架图

7.　项目监理机构的人员岗位职责

(1)　总监理工程师的职责(略)。

(2)　总监理工程师代表的职责(略)。

(3)　专业监理工程师的职责(略)。

(4)　专业监理员的职责(略)。

8.　监理工作制度

为保证监理工作正常开展，顺利实现各项既定目标，监理部进驻现场后，将建立如下监理工作制度。

(1)　资质、资格审查制度。

(2)　图纸会审及设计交底制度。

(3)　施工组织设计审核制度。

(4)　工程开工申报审批制度。

(5)　工程材料、半成品及设备的质量检验制度。

(6)　见证取样送检制度。

(7)　技术资料审核制度。

(8)　隐蔽工程及分部(分项)工程质量验收制度。

(9)　工程质量检验制度。

(10)　工程质量事故处理制度。

(11)　单位工程、单项工程中间验收制度。

(12)　设计变更、工程变更处理制度。

(13)　工程款支付签审制度。

(14)　工程索赔会审制度。

(15)　现场协调会议签发制度。

(16)　监理日志及监理月报制度。

9.　监理报告目录

(1)　监理工作月报。

(2)　施工监理质量问题通知书。

(3)　停工、复工通知。

(4)　施工组织设计审核签证。

(5)　施工进度计划审核签证。

(6)　材料、设备、构件数量及质量复核。

(7)　工程质量事故处理审核意见。

(8)　年度施工用款计划报表核定。

(9)　月付款签证通知。

(10) 工程变更费用更改核定表。

(11) 工程结算核定表。

(12) 分部工程质量评定监理核查意见。

(13) 主体结构质量评定监理核查意见。

(14) 单位工程竣工预验收监理意见。

(15) 单位工程验收记录。

10. 其他事项

接受建设单位委托，处理上述未包括的其他与本工程项目有关的事宜(另列增加服务项目清单)。

9.2.2 建设工程监理规划

监理规划是监理单位接受建设单位委托并签订委托监理合同后，在项目总监理工程师的主持下，根据委托监理合同，在监理大纲的基础上，结合工程的具体情况，广泛收集工程信息资料的情况下制定，经监理单位技术负责人批准，用来指导项目监理机构全面开展监理工作的指导性文件。

监理规划制定的时间是在监理大纲之后。显然，如果监理单位不能够在监理竞争中中标，则该监理单位就没有再继续编写监理规划的机会。从内容范围上讲，监理大纲与监理规划都是围绕着整个项目监理机构所开展的监理工作来编写的，但监理规划的内容要比监理大纲更翔实、更全面。

(知)(识)(链)(接)

监理规划是监理单位实现项目目标管理的一份内部文件。监理单位接受监理任务后，根据工程情况组成项目监理班子，在总监理工程师领导下组织各专业监理工程师对工程项目进行分析研究，根据工程特点及监理程序制定内部管理办法及目标。

它的重点在于分析工程的重点部位及可能出现的隐患，制定有预见性的监控方法，建立相应的监理工作制度。监理规划较监理大纲更详细、具体，如同设计文件中"初步设计"的作用，它的着眼点是监理方法及技术要求。

项目监理规划的内容应该解决工程项目监理的"5W2H"问题，如下所列。

(1) Why(为什么)：为什么需要做此项监理工作？

(2) What(做什么)：做此项监理工作的目的是什么？应做哪些工作？

(3) Where(在何处做)：从何处入手？何地最适宜？

(4) When(何时做)：何时最适宜做？何时完成？

(5) Who(何人去做)：谁来做？谁来完成？谁最适合去做？

(6) How(如何做)：怎样去做？怎样实施？怎样做效率最高？

(7) How much(做多少)：要求达到什么量、什么程序？

1. 监理规划的作用

(1) 监理规划用来指导监理单位项目监理组织全面开展监理工作。

(2) 监理规划是工程建设监理主管机构对监理实施监督管理的重要依据。

(3) 监理规划是建设单位确认监理单位是否全面、认真履行工程建设监理委托合同的重要依据。

(4) 监理规划是重要的存档资料。

(5) 监理规划有利于促进工程项目管理过程中承包单位与监理单位之间的协调工作。

2. 监理规划的编制要求及依据

监理规划是针对建设工程监理工作，在项目总监理工程师和项目监理机构充分分析和研究建设工程的目标、技术、管理、环境，以及参与工程建设的各方等方面的情况之后制定的指导建设工程监理工作的实施方案。监理规划要真正能够起到指导项目监理组织进行该项目监理工作的作用，就应当在监理规划中包含明确具体的、符合项目要求的工作内容、工作方法、监理措施、工作程序和工作制度，并应具有可操作性。

1) 监理规划的编制要求

(1) 基本构成内容应当力求统一。

监理规划作为指导项目监理组织全面开展监理工作的指导性文件，在总体内容组成上应力求做到统一。这是监理工作规范化、制度化、科学化、统一化的要求。

监理规划基本构成内容的确定，首先应考虑整个建设监理制度对建设工程监理的内容要求。建设工程监理的主要内容是控制建设工程的造价、进度和质量，进行建设工程合同管理，协调有关单位间的工作关系。

监理规划基本构成内容应当包括目标规划、项目组织、监理组织、目标控制、合同管理和信息管理。

(2) 具体内容应具有针对性。

由于所有建设工程都具有单件性和一次性的特点，也就是说每个建设工程都有自身的特点，而且每一个监理单位和每一位总监理工程师对某一个具体建设工程在监理思想、监理方法和监理手段等方面都会有自己的独到之处，不同的监理单位和监理工程师在编写监理规划的具体内容时，必然会体现出自己鲜明的特色。

每一个监理规划都是针对某一个具体建设工程的监理工作计划，都必然有它自己的造价目标、进度目标、质量目标，项目组织形式，监理组织机构，目标控制措施、方法和手段，信息管理制度，合同管理措施。只有具有了针对性，建设工程监理规划才能真正起到指导具体监理工作的作用。

(3) 监理规划应当遵循建设工程的运行规律。

监理规划是针对一个具体建设工程来编写的，而不同的建设工程具有不同的工程特点、工程条件和运行方式。这也决定了建设工程监理规划必然与工程运行客观规律具有一致性，必须把握、遵循建设工程运行的规律。只有把握了建设工程运行的客观规律，监理规划的运行才是有效的，才能实施对这项工程的有效监理。

监理规划要随着建设工程的展开而进行不断的补充、修改和完善。它由开始的"粗线条"或"近细远粗"逐步变得完整、完善起来。在建设工程的运行过程中，内外因素和条件不可避免地要发生变化，造成工程的实施情况偏离计划，往往需要调整计划乃至目标，这就必然造成监理规划内容上的相应调整。其目的是使建设工程能够在监理规划的有效控制之下，不能让它成为脱缰的野马，变得无法驾驭。

监理规划要把握建设工程运行的客观规律，就需要不断地收集大量的编写信息。例如，随着设计的不断进展、工程招标方案的出台和实施，工程信息量越来越多，监理规划的内容也就越来越趋于完整。

特 别 提 示

因为监理规划要随着建设工程的展开进行不断的补充、修改和完善，所以在引例中，在项目的设计、施工等实施过程中，监理规划作为指导整个监理工作的纲领性文件，不能随意修改和调整这种说法是不正确的。

(4) 项目总监理工程师是监理规划编写的主持人。

监理规划应当在项目总监理工程师的主持下编写制订，这是建设工程监理实施项目总监理工程师负责制的必然要求；应当充分听取建设单位的意见，最大限度地满足他们的合理要求，为进一步搞好监理服务奠定基础；如果有条件，还可以听取被监理方的意见；作为监理单位的业务工作，还应当按照本单位的要求进行编写。

(5) 监理规划一般要分阶段编写。

监理规划编写阶段可按工程实施的各阶段来划分，这样，工程实施各阶段所输出的工程信息就成为相应的监理规划信息。例如，可划分为设计阶段、施工招标阶段和施工阶段。

设计的前期阶段即设计准备阶段，应完成规划的总框架并将设计阶段的监理工作进行"近细远粗"的规划，使监理规划内容与已经掌握的工程信息紧密结合，既能有效地指导下一阶段的监理工作，又能为未来的工程实施进行筹划；设计阶段结束，能够提供大量的工程信息，施工招标阶段监理规划的大部分内容能够落实。随着施工招标的进展，各承包单位逐步确定下来，工程施工合同逐步签订，施工阶段监理规划所需的工程信息基本齐备，足以编写出完整的施工阶段监理规划。在施工阶段，有关监理规划的主要工作是根据工程进展情况进行调整、修改，使监理规划能够动态地控制整个建设工程的正常进行。

在监理规划的编写过程中需要进行审查和修改。为此，应当对监理规划的编写时间事先做出明确的规定，以免因编写时间过长，而耽误了监理规划对监理工作的指导，使监理工作陷于被动和无序状态。

(6) 监理规划的表达方式应当格式化、标准化。

现代科学管理应当讲究效率、效能和效益，其表现之一就是使控制活动的表达方式格式化、标准化，从而使控制的规划显得更明确、更简洁、更直观。监理规划内容在表达上也必然应当考虑采用哪一种方式、方法才能使监理规划显得更明确、更简洁、更直观，使它便于记忆、一目了然。为此，需要选择最有效的方式和方法来表示监理规划的各项内容。相比较而言，图、表和简单的文字说明应当是基本方法。

(7) 监理规划应该经过审核。

监理规划在编写完成后需进行审核并经批准。监理单位的技术主管部门是内部审核单位，其负责人应当签认。同时，还应当按合同约定提交给建设单位，由建设单位确认并监督实施，并应在召开第一次工地例会前报送建设单位。

2) 监理规划的编制程序

(1) 签订委托监理合同及收到设计文件后开始编制。

(2) 总监理工程师主持，组织编写团队，专业监理工程师参与。

(3) 分析监理委托合同、领会监理大纲。

(4) 研究监理项目实际情况。

(5) 分工起草，专业监理工程师参与讨论并负责本专业内的大纲编写。

(6) 总监理工程师签署后报监理单位技术负责人审核批准。

(7) 在召开第一次工地会议前报送建设单位。

(8) 监理规划的修改。

修改前提：实际情况或条件发生重大变化。

程序：总监理工程师组织专业监理工程师研究修改，按原报审程序经过批准后报建设单位。

3) 监理规划的编制依据

监理规划的编制依据见表 9-1。

表 9-1　监理规划的编制依据

编制依据		资料名称
反映项目特征的资料	设计阶段监理	①可行性研究报告或设计任务书；②项目立项批文；③规划红线范围；④用地许可证；⑤设计条件通知书；⑥地形图
	施工阶段监理	①设计图纸和施工说明书；②地形图
反映建设单位对项目要求的资料	监理委托合同	
项目建设的条件	①当地的气象资料和工程地质及水文资料；②当地建筑材料供应状况的资料；③当地勘测设计和土建安装力量的资料；④当地交通、能源和市政公用设施	
反映当地建设工程政策、法规方面的资料	①建设工程程序；②招投标和建设监理制度；③工程造价管理制度等	
建设规范、标准	包括勘测、设计、施工、质量评定等方面的法定规范、规程、标准	
其他工程建设合同	①项目建设单位的权利和义务；②工程承包单位的权利和义务	
工程实施过程输出的有关工程信息	①方案设计、初步设计、施工图设计；②工程实施状况；③工程招标投标状况；④重大工程变更；⑤外部环境变化	
项目监理大纲	①项目监理组织计划；②拟投入的主要监理人员；③造价、进度、质量控制方案；④信息管理方案；⑤合同管理方案；⑥定期提交给建设单位的监理工作阶段性成果	

4) 监理规划的审核

(1) 审核人。监理规划的审核由监理单位技术负责人主持，技术、经营、人力资源等部门参加，最后由监理单位技术负责人批准。

(2) 审核内容。

① 范围、内容、目标。

② 监理工作(控制方法与措施、工作制度等)。

③ 机构设置、人员配置、装备条件。

3. 监理规划的主要内容

1) 工程项目概况

(1) 建设工程的名称。

(2) 建设工程的地点。

(3) 建设工程的组成及建筑规模。

(4) 主要建筑的结构类型。

【监理规划示例】

(5) 预计工程投资总额。它可以按以下两种费用进行编列：①建设工程投资总额；②建设工程投资组成简表。

(6) 建设工程计划工期。它可以以建设工程的计划持续时间或以建设工程开、竣工的具体日历时间表示。

以建设工程的计划持续时间表示，如建设工程计划工期为"××个月"或"××天"。

以建设工程的具体日历时间表示，如建设工程计划工期自＿＿＿＿年＿＿＿＿月＿＿＿＿日至＿＿＿＿年＿＿＿＿月＿＿＿＿日。

(7) 工程质量要求。应具体提出建设工程的质量目标要求。

(8) 建设工程设计单位及施工单位名称。

(9) 建设工程项目结构图与编码系统。

2）监理工作范围

监理工作范围是指监理单位所承担的监理任务的工程范围。如果监理单位承担全部建设工程的监理任务，监理范围为全部建设工程；否则，应按监理单位所承担的建设工程的建设标段或子项目划分确定建设工程监理范围。可见，监理项目既可以是全部工程，也可以是其中的一部分工程；既可以是项目建设的全过程，也可以是其中的一个阶段。

3）监理工作内容

监理工作内容包括立项阶段、设计阶段、招标投标阶段、施工阶段、保修阶段的目标控制、合同管理、组织协调工作以及其他委托服务工作。

(1) 建设工程立项阶段。

① 协助建设单位准备工程报建手续。

② 可行性研究咨询、监理。

③ 技术经济论证。

④ 编制建设工程投资估算。

(2) 设计阶段。

① 结合建设工程特点，收集设计所需的技术经济资料。

② 编写设计要求文件。

③ 组织建设工程设计方案竞赛或设计招标，协助建设单位选择好勘察设计单位。

④ 拟定和商谈设计委托合同的内容。

⑤ 向设计单位提供设计所需的基础资料。

⑥ 配合设计单位开展技术经济分析，搞好设计方案的比选，优化设计。

⑦ 配合设计进度，组织设计单位与消防、环保、土地、人防、防汛、园林以及供水、供电、供气、供热、电信等有关部门的协调工作。

⑧ 做好各设计单位之间的协调工作。

⑨ 参与主要设备、材料的选型。

⑩ 审核工程估算、概算、施工图预算。

⑪ 审核主要设备、材料清单。

⑫ 审核工程设计图纸，检查设计文件是否符合设计规范及标准，检查施工图纸是否能满足施工需要。

⑬ 检查和控制设计进度。

⑭ 组织设计文件的报批。

(3) 施工招标阶段。

① 拟定建设工程施工招标方案并征得建设单位同意。

② 准备建设工程施工招标文件。

③ 办理施工招标申请。

④ 协助建设单位编写施工招标文件。

⑤ 标底经建设单位认可后，报送所在地建设行政主管部门审核。

⑥ 协助建设单位组织建设工程施工招标工作。

⑦ 组织现场勘察与答疑会，回答投标人提出的问题。

⑧ 协助建设单位组织开标、评标及定标工作。

⑨ 协助建设单位与中标单位商签施工合同。

(4) 材料、设备采购供应。对于由建设单位负责采购供应的材料、设备等物资，监理工程师应负责制订计划，监督合同的执行和供应工作，具体内容如下。

① 制订材料、设备供应计划和相应的资金需求计划。

② 通过质量、价格、供货期、售后服务等条件的分析和比选，确定材料、设备等物资的供应单位。

③ 拟定并商签材料、设备的订货合同。

(5) 施工准备阶段。

① 审查施工单位选择的分包单位的资质。

② 监督检查施工单位质量保证体系及安全技术措施，完善质量管理程序与制度。

③ 审查施工单位上报的实施性施工组织设计，重点对施工方案、劳动力、材料、机械设备的组织及保证工程质量、安全、工期和控制造价等方面的措施进行监督，并向建设单位提出监理意见。

④ 在单位工程开工前检查施工单位的复测资料，特别是两个相邻施工单位之间的测量资料、控制桩橛是否已交接清楚，手续是否完善，质量有无问题，并对贯通测量、中线及水准桩的设置、固桩情况进行审查。

⑤ 对重点工程部位的中线、水平控制进行复查。

⑥ 监督落实各项施工条件，审批一般单项工程、单位工程的开工报告，并报业主备查。

(6) 施工阶段。

① 施工阶段的质量控制。

② 施工阶段的进度控制。

③ 施工阶段的造价控制。

(7) 施工验收阶段。

① 督促、检查施工单位及时整理竣工文件和验收资料，受理单位工程竣工验收报告，提出监理意见。

② 根据施工单位的竣工报告，提出工程质量检验报告。

③ 组织工程预验收，参加建设单位组织的竣工验收。

（8）合同管理工作。

① 拟定本建设工程合同体系及合同管理制度，包括合同草案的拟定、会签、协商、修改、审批、签署、保管等工作制度及流程。

② 协助建设单位拟定工程的各类合同条款，并参与各类合同的商谈。

③ 合同执行情况的分析和跟踪管理。

④ 协助建设单位处理与工程有关的索赔事宜及合同争议事宜。

（9）委托的其他服务。

监理单位及其监理工程师受建设单位委托，还可承担以下几方面的服务。

① 协助建设单位准备工程条件，办理供水、供电、供气、电信线路等申请或签订协议。

② 协助建设单位制定产品营销方案。

③ 为建设单位培训技术人员。

4）监理工作目标

建设工程监理目标是指监理单位所承担的建设工程的监理控制预期达到的目标，通常以建设工程的造价、进度、质量三大目标的控制值来表示。

造价控制目标：以＿＿＿＿年预算为基价，静态投资为＿＿＿＿万元(或合同价为＿＿＿＿万元)。

工期控制目标：＿＿＿＿个月或自＿＿＿＿年＿＿＿＿月＿＿＿＿日至＿＿＿＿年＿＿＿＿月＿＿＿＿日。

质量控制目标：建设工程质量合格及建设单位的其他要求。

5）监理工作依据

监理工作依据包括建设工程方面的法律、法规，政府批准的建设工程文件，建设工程监理合同，其他建设工程合同等。

6）项目监理机构的组织形式

项目监理机构的组织形式应根据建设工程监理的要求进行选择，项目监理机构可用组织结构图表示，如图9.2所示。

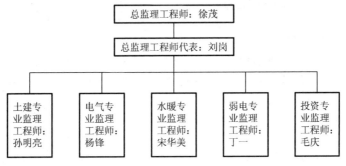

图9.2　项目监理机构组织形式

7）项目监理机构的人员配备计划

项目监理机构的人员配备应根据建设工程监理的进程合理安排，见表9-2。

表9-2 项目监理机构人员配备

时间	1月	2月	3月	⋯	12月
监理工程师	8	10	12	⋯	6
监理员	24	28	30	⋯	20
文秘人员	3	4	4	⋯	4

8）监理工作程序

监理工作程序比较简单明了的表达方式是监理工作流程图。一般可针对不同的监理工作内容分别制定监理工作程序。

（1）开工条件审查监理工作程序，如图9.3所示。

（2）图纸会审监理工作程序，如图9.4所示。

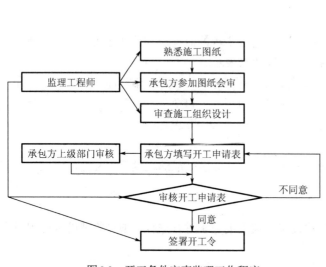

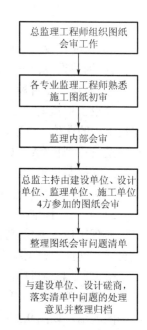

图9.3 开工条件审查监理工作程序　　　　图9.4 图纸合审监理工作程序

9）监理工作方法及措施

监理工作方法及措施包括造价目标控制方法与措施、进度目标控制方法与措施、质量目标控制方法与措施、合同管理的方法与措施、信息管理的方法与措施、组织协调的方法与措施等。

10）监理工作制度

（1）施工招标阶段。

① 招标准备工作的有关制度。

② 编制招标文件的有关制度。

③ 标底编制及审核制度。

④ 组织招标实务的有关制度等。

(2) 施工阶段。

① 设计文件、图纸审查制度。

② 施工图纸会审及设计交底制度。

③ 施工组织设计审核制度。

④ 工程开工申请审批制度。

⑤ 工程材料、半成品质量检验制度。

⑥ 隐蔽工程、分项(部)工程质量验收制度。

⑦ 单位工程、单项工程总监验收制度。

(3) 项目监理机构内部工作制度。

① 监理组织工作会议制度。

② 对外行文审批制度。

③ 监理工作日记制度。

④ 监理周报、月报制度。

⑤ 技术、经济资料及档案和宣传制度。

⑥ 监理费用预算制度。

11) 监理设施

建设单位应提供满足监理工作需要的如下设施：①办公设施；②交通设施；③通信设施；④生活设施。

根据建设工程类别、规模、技术复杂程度、建设工程所在地的环境条件，按委托监理合同的约定，还应配备满足监理工作需要的常规检测设备和工具，见表9-3。

表9-3 常规检测设备和工具

序号	仪器设备名称	型号	数量	使用时间	备注
1	回弹仪	HJ-225A	1 台		
2	质量检测尺		1 套		
3	内外直角尺	JZC-2	1 个		
4	检测百格网		1 个		
5	焊接检测尺	JZC-2	1 个		
6	塞尺	JZC-2	1 个		
7	经纬仪	J2	2 台		
8	水准仪	S3	2 台		

4. 监理规划的调整与审批

监理规划的调整与审批程序如图9.5所示。

1) 监理规划的调整

如前所述，监理规划要随着建设工程的展开进行不断的补充、修改和完善。在监理工作实施过程中，如实际情况或条件发生重大变化而需要调整监理规划时，应由总监理工程师组织专业监理工程师研究修改，按原报审程序，经过批准后报建设单位。

2) 监理规划的审批

监理规划审批表见表9-4。

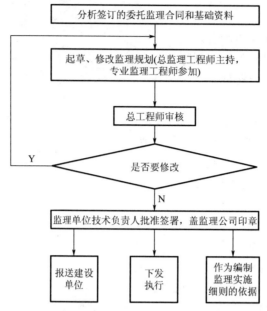

图 9.5　监理规划的调整与审批程序

表 9-4　监理规划审批表

新编：第一次　　　　　　　　　　　　　　　修改：

项目名称	×××××××××工程	实施监理部门	××××监理部
工程规模	××××km²	建设地点	××××
工程总造价	××××亿元	顾客单位	××××××
监理阶段	施工阶段	是否招标	是/否

项目监理部说明(更改应说明原因)：

已按现有设计文件进行监理规划编制，待全部设计文件到位后，对监理规划进行修改。

　　　　　　　　　　　　　　　　　　　总监签字：　　　　　年　　月　　日

技术部/监理部意见：

　　　　　　　　　　　　　　　　　　　主任工程师签字：　　　年　　月　　日

总工程师意见：

　　　　　　　　　　　　　　　　　　　总工程师签字：　　　年　　月　　日

　说明：本表由技术部/监理部统一编号，一式两份，项目监理部和技术部/监理部各存一份。

监理规划审批的内容主要包括以下几个方面。

(1) 监理范围、工作内容及监理目标的审批。依据监理招标文件和委托监理合同，看其是否理解了建设单位对该工程的建设意图，监理范围、监理工作内容是否包括了全部委托的工作任务，监理目标是否与合同要求和建设意图相一致。

(2) 项目监理组织机构的审批。要审核其在组织形式、管理模式等方面是否合理，是否结合了项目实施的具体特点，是否能够与建设单位的组织关系和承包单位的组织关系相协调等。人员配备方案应从以下 4 个方面进行审查。

① 派驻监理人员的专业满足程度。应根据项目特点和委托监理任务的工作范围审批，既要考虑各专业监理工程师能否满足开展监理工作的需要，也要看各专业监理人员是否覆盖了工程实施过程中的各种专业要求，以及高、中级职称和年龄结构的组成。

② 人员数量的满足程度，主要审核从事监理工作人员在数量和结构上是否合理。

③ 专业人员不足时采取的措施是否恰当。大、中型建设工程由于技术复杂、涉及的专业面宽，当监理单位的技术人员不足以满足全部监理工作要求时，对拟临时聘用的监理人员的综合素质应认真审核。

④ 派驻现场人员计划表。对于大、中型建设工程，不同阶段对所需要的监理人员在人数和专业等方面的要求不同，应对各阶段所派驻现场的监理人员的专业、数量计划是否与建设工程的进度计划相适应进行审核。

(3) 工作计划审批。在工程进展中，各个阶段的工作实施计划是否合理、可行，审查其在每个阶段中如何控制建设工程目标以及组织协调的方法。

(4) 造价、进度、质量控制方法的审核。对三大目标的控制方法和措施应重点审查，看其如何应用组织、技术、经济、合同措施保证目标的实现，方法是否科学、合理、有效。

(5) 监理工作制度审核，主要审查监理的内、外工作制度是否健全。

9.2.3　建设工程监理实施细则

建设工程监理实施细则又简称为监理细则，其与监理规划的关系可以比做施工图设计与初步设计的关系。也就是说，监理实施细则是在监理规划的基础上，由项目监理机构的专业监理工程师针对建设工程中某一专业或某一方面的监理工作编写，并经总监理工程师批准实施的操作性文件。

项目监理部在承接工程建设监理任务后，首先要根据监理大纲、工程项目初步设计等文件编写出项目监理规划。然而，项目监理规划往往只是一个宏观的控制原则和项目监理部工作计划的框架，很难把各个专业工程的监理工作内容、工作程序、工作制度、质量控制指标等包括进去。特别是一些大、中型工程项目各类专业工程繁多，往往需要编写数十个专业工程监理细则，才能满足指导专业工程监理工作的要求，监理好专业工程质量。

例如，某个国家重点工程建设项目监理部，编写了桩基工程监理细则、强夯工程监理细则、复杂混凝土结构工程监理细则、混凝土工程监理细则、电梯工程监理细则、高压容器及锅炉工程监理细则、高楼消防系统监理细则、网架工程监理细则等数十个专业工程的监理细则。这些专业工程监理细则有力地指导了专业工程的监理工作，使专业工程监理行为有依据、操作有程序、工作有标准，把监理工作水平提高到了一个新的高度，从而保证了工程质量。

从时间上看，监理细则在编写时间上总是滞后于项目监理规划。从内容范围上讲，监理细则具有局部性，只是围绕着自己部门的主要工作来编写。监理细则与监理规划的编制者不同，监理细则由项目监理组织某个部门的负责人主持编写，而监理规划由项目总监理工程师主持编写。

1. 监理细则的作用

监理细则是在各专业监理工作实施前完成，在完善项目监理组织、落实监理责任制后制定的文件。

其目的是指导实施各项监理专业作业，表明监理单位在工程监理的各阶段，包括设计、招标投标、施工等阶段如何进行进度控制、造价控制、质量控制、合同管理、信息管理和组织协调等工作，以便使监理业务能够顺利地开展。其具体作用表现如下。

1) 对监理组的作用

(1) 通过对监理细则的书写，让现场监理人员增加对工程的认识程度，使他们更加熟悉图纸。监理人员要想有针对性地写好细则，必须非常熟悉图纸与工程情况。

(2) 监理细则是指导监理工作开展的文件与备忘录。监理人员现场工作繁忙，在繁杂的情况下难免会丢三落四，监理细则就会起到备忘录的作用。监理细则中有与规定的质量控制点相应的检查、监督内容，指导现场监理人员在此质量控制点的工作。当检查中发现了问题，监理细则中对这些可能出现的问题已有相应的预防与补救措施，便可指导现场监理人员迅速采取补救措施，从而有利于保证工程的质量。

2) 对承包单位的作用

监理单位把监理细则提供给承包单位，则可起到以下作用：①起工作联系单或通知书的作用。因为除了强制性要求的验收内容(如隐蔽工程)外，承包单位不清楚还有哪些工序监理人员必须到场。而监理细则中通过质量控制点设置的安排，可告诉承包单位在相应的质量控制点到来前必须通知监理方，避免承包单位遗忘通知监理方，从而避免由此引发纠纷。②对承包单位起提醒与警示作用，主要是提醒承包单位注意质量通病，使之为预防通病出现应采取相应的措施，同时，提醒承包单位对施工中可能出现的问题要采取相应的应急措施。监理细则中还有针对承包单位可能采取不正规的操作方法(包括偷工减料)所要采取的预防措施等。

3) 对建设单位的作用

监理单位将一份切合工程实际的监理细则提供给建设单位，可以通过对其中具体、全面、周到的措施的叙述，来体现监理的水平，从而消除建设单位对监理人员素质的怀疑，让其放心，有利于取得建设单位对监理单位的信任与支持。

2. 监理细则的编制

1) 编制要求

对中型及以上或专业性较强的工程项目，应编制监理细则。

监理细则应符合监理规划的要求，并应结合工程项目的专业特点，做到详细具体、具有可操作性。

监理实施细则的编制程序与依据应符合下列规定。

(1) 监理细则应由专业监理工程师编制。

(2) 监理细则应在相应工程施工开始前编制完成。

（3）必须经总监理工程师批准。

（4）在监理工作实施过程中，监理细则应根据实际情况进行补充、修改和完善。

2）编制依据

（1）监理规划。

（2）专业工程承包合同及监理委托合同。

（3）专业设计图纸。

（4）经批准的施工组织设计。

（5）专业工程的施工规范及质量标准。

（6）专业工程设备、材料技术说明书及使用说明书。

3）编写内容

专业工程监理细则一般应包括以下内容。

（1）专业工程概况，主要叙述该专业工程的规模、特点、重点、难点。

（2）专业工程监理细则编制依据。一般只需列出依据的名称即可，如监理规划，专业工程设计图纸，专业工程施工组织设计，专业工程承包合同、监理委托合同，相关专业规范和标准，专业工程设备、材料技术说明书和使用说明书。

（3）专业工程特定的监理工作程序、工作制度、工作内容、工作方法等。

（4）专业工程监理人员的配备、分工及职责等。

（5）专业工程执行的技术标准与数据。

（6）专业工程的分部、分项工程验收表格及隐蔽工程验收表格。

（7）专业工程实施旁站监理的计划。

（8）本专业工程与其他专业工程的配合、协调。

特 别 提 示 ··

例如，防爆车间内的防爆设备安装工程，必须放到防爆车间内粉刷全部完成，脚手架、跳板全部拆除并运出车间，门窗全部安装好后再进行。这个特定的专业工程程序无论如何都不应违反。

（9）专业工程进度控制。

（10）专业工程造价控制。

（11）专业工程安全控制。

（12）本专业工程的质量控制及验收程序和制度。

4）编写范例

现以某建筑桩基工程监理细则为范例详细介绍如下：

工程名称：海阳街道朝阳路居委住宅、商住楼。

建设单位：海阳街道朝阳路居委。

设计单位：海曲市规划设计研究院。

施工单位：海曲市基础工程公司。

监理单位：海曲市监理有限公司。

工程概况：该小区工程位于山东路南、大连路以东。据海曲市城乡勘察测绘院提供的工程地质勘察报告显示，原地基承载力达不到设计要求承载力。根据建设单位提供的《市城乡建设勘察测绘院岩土工程勘察报告》及《建筑地基处理技术规范》(JGJ 79—2012)、参考《载体桩设计规程》(JGJ/T 135—2007)、《建筑地基基础设计规范》(GB 50007—2011),并经甲方同意,设计单位将该小区地基分别采用深层搅拌法对地基进行加固处理(1#、2#、4#、6#)、复合载体夯扩灌注处理桩处理(3#、7#、8#、9#、10#),以满足设计要求。

粉 喷 桩

1. 设计要求

(1) 设计桩径为 0.5m。

(2) 设计持力层为砾砂层,嵌岩深度为 1m。

(3) 水泥掺入比不小于 15%。

(4) 设计处理后地基承载力为 180kPa。

2. 施工阶段的质量控制

1) 质量的事前控制

(1) 深层搅拌桩施工开始前必须认真熟悉图纸资料和各项技术要求以及有关标准,配合甲方组织设计单位及施工单位做好图纸会审及设计交底,明确设计意图,掌握各项技术参数。

(2) 审查施工单位企业资质及施工组织设计。

(3) 检查施工机具及设备是否满足设计施工要求,查看施工现场是否具备开工条件,检查施工单位向机组操作工人提供的书面技术交底。

(4) 所有用于工程施工的材料必须三证齐全并经复检合格后方可使用。

(5) 粉喷桩施工开始前必须做室内加固试验,以确定水泥的准确掺入量及各项指标参数。

2) 质量的事中控制

施工工艺流程:定桩位、预搅下沉、喷灰搅拌提升、重复搅拌下沉、重复搅拌提升、关闭搅拌机械、桩机移位。

(1) 依据测绘院出具的工程定位放线记录,复核施工单位桩点定位,允许偏差必须不得大于 50mm。

(2) 桩机对位时,用铅球线检测导向架和搅拌垂直度的偏差,偏差不得大于 1%。

(3) 开动钻机时,钻机应逐渐加速,正转预搅下沉。当钻头钻至设计深度时,应有一定的滞留时间(以 30m 送料为例,钻机钻至设计深度时,应原位转动 2~4min)。

(4) 喷粉是本工法的关键技术所在,直接关系着成桩质量,喷粉一定要在喷气后进行并要一气呵成。在整个制桩过程中一定要保证边喷粉边提升连续作业(机头提升速度不大于 0.5m/min)。当机头提升至停灰标高时,应慢速原地搅拌 2min,以保证桩头均匀密实。喷粉开始时,应将电子秤显示屏置零,使喷粉在电子计量下进行,喷粉搅拌时监理人员随时抽查电子秤的变化显示,以保证各阶段喷粉均匀。喷粉过程中尽量减少断粉现象,如果施工过程中出现断粉应及时补喷,补喷重叠长度不得小于 0.5m。

(5) 控制重复搅拌长度是使桩体满足设计承载力要求的关键,必须保证重复搅拌长度不小于 1/3 桩长。

(6) 桩顶设计标高与地面标高接近时,地面以下 1m 范围内喷粉、搅拌、提升宜慢速;喷粉即将出地面时,宜停止提升;搅拌数秒后再行停灰,将钻头提离地面,并将钻机移至下一个桩点。

3) 质量的事后控制

(1) 粉喷桩成桩后必须经自然养护,养护期间严禁挖掘机、装载机等重型机械进入或靠近桩体,以免对桩体造成破坏。

（2）搅拌桩应在成桩 7 天内用轻便触探检验桩身锤击数，用对比法判断桩身强度，应满足设计要求。

（3）7 天后用静载（取桩数 1%，但不少于 3 根），动测（取桩 10%，但不少于 5 根），测定复合地基承载力，桩质量应满足设计要求，用反射波法检测桩身完整性时，抽测数量不得少于该批桩总数的 20%，且不少于 10 根。桩体不得有断裂、夹层、严重离析、缩颈等缺陷。

（4）选取一定数量桩体进行开挖，检查桩的桩径、外观质量、搭接质量和整体性。

（5）当检测不合格的桩数超过抽测桩数的 30% 时，应加倍重新抽测；若不合格数仍超过加倍抽检的 30%，必须全部检测。

备注：桩基施工完成后必须进行检测及沉降观测。

复合载体夯扩灌注桩

1. 设计要求

（1）设计桩径 450mm。

（2）设计桩长约 5m，加固层为砾砂层，以强风化花岗闪长岩为持力层。

（3）三击贯入度小于 15cm，夯填干硬性混凝土 $0.5m^3$。

（4）配筋详见设计图纸。

2. 施工阶段质量控制

1）质量的事前控制

（1）复合载体夯扩桩施工开始前必须认真熟悉图纸设计、有关规范及国家强制性标准要求，配合甲方组织设计单位及施工单位搞好图纸会审及设计交底，明确设计意图，掌握各项施工控制参数。施工过程中严格按照工程承包合同文件、设计文件、国家及政府部门的法规文件，有关检验与控制的技术规范规定和验收标准进行施工。审查施工单位企业资质及施工组织设计。

（2）检查施工机具及设备是否满足设计施工要求，查看施工现场是否具备开工条件，检查施工单位向机组操作工人提供的书面技术交底。

（3）所有用于工程施工的材料必须三证齐全，并经复检合格后方可使用。

（4）审查施工单位申报的资质、管理人员资格证书及工程测量仪器是否符合要求。

（5）审查施工单位提交的施工组织设计方案，提出建议意见并书面通知施工单位。

（6）正式施工开始前必须按设计进行试桩，待试验合格后方可进行大面积施工。

2）质量的事中控制

施工工艺流程：定桩位、桩机就位、夯扩成孔、填充料、夯扩干硬性混凝土、安放钢筋笼、分段夯扩 C25 混凝土、拔套管、桩机移位、复振成桩。

（1）复振成桩依据测绘院出具的工程定位放线记录，复核施工单位桩点定位，允许偏差 ±15mm。

（2）桩机对位时，用铅球线检测导向架和重锤垂直度的偏差，偏差不得大于 1%。

（3）必须保证套管达到砾砂层时方可夯填填充料，监理人员不定时抽检整桩填充料的填充量。

（4）必须保证三击贯入度小于 15cm 才可夯填 C25 干硬性混凝土，干硬性混凝土填入量不得小于 $0.5m^3$。

（5）钢筋笼制作安放：监理人员对每个钢筋笼进行验收合格后方可进行隐蔽，螺旋筋与主筋必须绑扎牢固并进行间隔点焊，必须对成品钢筋笼加以保护，严防在搬运和吊装过程中出现弯折、变形等现象。钢筋笼制作必须符合表 9-5 的要求。

表 9-5 钢筋笼安放要求

名　　称	允许偏差/mm
主筋间距	±10
箍筋	±20
钢筋笼直径	±10
主筋保护层	±10

(6) 混凝土所用砂石料必须符合设计要求并经检测合格。施工过程中严格按配合比通知单进行配比计量，混凝土桩体宜分段灌注，成桩后的混凝土顶面必须高出设计标高 50cm。

(7) 拔管是保证混凝土桩体不出现断层、缩颈等质量缺陷的关键，拔管时内夯管必须施压于外管中的混凝土顶面，缓慢地边压边拔。

(8) 外管拔出后必须对桩头部位进行复振，复振长度不得小于 2m，成品桩头宜用湿土覆盖。

3) 质量的事后控制

(1) 夯扩灌注桩成桩后必须经自然养护，期间严禁大型机具进入或靠近桩体，以免对桩体造成破坏。

(2) 为确保实际单桩竖向极限承载力标准值达到设计要求，应根据工程重要性、地质条件、设计要求及工程情况进行单桩完整性及承载力检测。

(3) 单桩完整性及承载力检测的数量及方法严格按照《基桩低应变动力检测规程》(JGJ/T 93—1995)、《建筑桩基技术规范》(JGJ 94—2008) 及设计要求进行。

(4) 关于试桩试验龄期的规定。

① 单桩完整性检测，宜在 28 天后进行。

② 单桩承载力检测，宜在 28 天后进行。

备注：桩基施工完成后必须进行检测及沉降观测。

3. 安全文明施工

(1) 施工开始前对所有上岗工人进行安全技术交底。

(2) 作业区应配备专职安全员。

(3) 严格执行安全操作规程，现场施工人员必须戴好安全帽，高空检修必须系安全带，严禁酒后进入施工现场。

(4) 大风及大雾天气应及时停止施工，并对机械放置进行安全加固。

(5) 所有施工机械及临时用电必须随时检修，有问题及时修改，杜绝安全隐患的存在。

4. 工程进度控制

(1) 进度控制的总目标就是在满足工程项目总体进度计划的基础上，审核施工进度计划，并对其执行情况进行动态管理和平衡，以保证工程项目的按期完成。

(2) 工程项目施工进度计划，包括开工、竣工日期，由施工单位在提交的施工组织设计中分别列出，该施工组织设计经施工单位项目负责人审批签字后加盖公章，上报监理部一式三份，由总监理工程师和建设单位有关负责人核批。监理单位审核进度计划的内容主要有以下几点。

① 进度安排是否符合工程项目总体计划的要求，是否符合施工合同中开工、竣工日期的规定。

② 劳动力、材料、设备的供应计划是否能保证计划的实施，供应是否均衡。

③ 建设单位的资金供应是否能满足进度的要求。

④ 进度安排是否合理，是否有造成违约而导致索赔的可能。

(3) 监理工程师在审查施工进度计划的过程中发现问题，应及时向施工单位提出书面修改意见，由施工单位修改，重大问题及时向建设单位汇报。监理单位对施工进度的审查或批准并不解除施工单位对施工进度计划应负的责任和义务。

5) 监理大纲、监理规划、监理细则三者之间的关系

监理大纲、监理规划、监理实施细则是相互关联的，都是建设工程监理工作文件的组成部分。它们之间存在着明显的依据性关系：在编写监理规划时，一定要严格根据监理大纲的有关内容来编写；在制定监理细则时，一定要在监理规划的指导下进行。

一般而言，监理单位开展监理活动应当编制以上工作文件，但这也不是一成不变的，就像工程设计一样。对于简单的监理活动，只编写监理细则就可以了；而有些建设工程也可以制定较详细的监理规划，而不再编写监理细则。

监理大纲、监理规划、监理细则的区别见表 9-6。

表 9-6 监理大纲、监理规划、监理细则的区别

项目	监理大纲	监理规划	监理细则
编制时间	监理发包阶段	监理合同签订后	监理规划编制后
编制目的	承揽业务	宏观指导	微观指导
编制人员	企业管理层	总监理工程师主持，专业监理工程师参加	监理工程师
主要依据	监理招标文件	监理合同及监理大纲	监理规划
编制深度	较浅	翔实、全面	具体、可操作
内容	为什么做(重点) 做什么(一般)	做什么(重点) 如何做(重点) 为什么做(一般)	如何做(重点) 做什么(一般)

应用案例 9-1

1. 编制监理规划的建议

广厦房地产开发公司计划将拟建的工程项目的实施阶段委托兴家监理公司进行监理，监理合同签订以后，总监理工程师组织监理人员对制定监理规划问题进行了讨论，有人提出了以下一些建议。

1) 监理规划的作用与编制原则

(1) 监理规划是开展监理工作的技术组织文件。

(2) 监理规划的基本作用是指导施工阶段的监理工作。

(3) 监理规划的编制应符合监理合同、项目特征及建设单位的要求。

(4) 监理规划应一气呵成，不应分阶段编写。

(5) 应符合监理大纲的有关内容。

(6) 应为监理细则的编制提出明确的目标要求。

2) 监理规划的基本内容

(1) 工程概况。

(2) 监理单位的权利和义务。

(3) 监理单位的经营目标。

(4) 工程项目实施的组织。

(5) 监理范围内的工程总目标。

(6) 项目监理组织机构。

(7) 质量、造价、进度控制。

(8) 合同管理。

(9) 信息管理。

(10) 组织协调。

……

3) 监理规划文件的制定

监理规划文件分 3 个阶段制定，各阶段的监理规划交给建设单位的时间安排如下。

(1) 设计阶段监理规划应在设计单位开始设计前的规定时间内提交给建设单位。

(2) 施工招标阶段监理规划应在招标书发出后提交给建设单位。

(3) 施工阶段监理规划应在正式施工后提交给建设单位。

2. 监理规划的内容

在施工阶段，该监理单位的施工监理规划编制后递交给了建设单位，其部分内容如下所述。

1) 施工阶段的质量控制

质量的事前控制内容如下。

(1) 掌握和熟悉质量控制的技术依据。

(2) 略。

(3) 审查施工单位的资质。

① 审查总包单位的资质。

② 审查分包单位的资质。

(4) 略。

(5) 行使质量监督权，下达停工指令。

为了保证工程质量，出现下述情况之一者，监理工程师报请总监理工程师批准，有权责令施工单位立即停工整改。

① 工序完成后未经检验即进行下道工序者。

② 工程质量下降，经指出后未采取有效措施整改，或采取措施不力、效果不好，继续作业者。

③ 擅自使用未经监理工程师认可或批准的工程材料。

④ 擅自变更设计图纸。

⑤ 擅自将工程分包。

⑥ 擅自让未经同意的分包单位进场作业。

⑦ 没有可靠的质量保证措施而贸然施工，已出现质量下降征兆。

⑧ 其他对质量有重大影响的情况。

2) 施工阶段的造价控制

(1) 建立健全监理组织，完善职责分工及有关制度，落实造价控制的责任。

(2) 审核施工组织设计和施工方案，合理审核签证施工措施费，按合理工期组织施工。

(3) 及时进行计划费用与实际支出费用的分析比较。

(4) 准确测量实际完工工程量，并按实际完工工程量签证工程款付款凭证。

……

问题：

(1) 监理单位讨论中提出的监理规划的作用及基本原则是否恰当？其基本内容中哪些项目不应编入监理规划？

(2) 向建设单位提交监理规划文件的时间安排中，哪些是合适的？哪些是不合适或不明确的？如何提出才合适？

(3) 监理规划中规定了对施工队伍的资质进行审查，试问总包单位和分包单位的资质应安排在什么时候审查？

【解析】

(1) 这些看法有些正确，有些不妥(监理规划作为监理组织机构开展监理工作的纲领性文件，是开展监理工作的重要的技术组织文件)。不妥之处如下。

第(2)条的基本作用是不正确的，因为在背景材料中给出的条件是建设单位委托监理单位进行"实施阶段的监理"，所以监理规划就不应仅限于"指导施工阶段的监理工作"这一作用。

监理规划的编制不但应符合监理合同、项目特征、建设单位要求等内容，还应符合国家制定的各项法律、法规、技术标准、规范等要求。

由于工程项目建设中，往往工期较长，所以在设计阶段不可能将施工招标、施工阶段的监理规划"一气呵成"地编就，而应分阶段进行"滚动式"编制，因此第(4)条款不妥。

其他两条原则正确。因监理大纲、监理规划、监理细则是监理单位针对工程项目编制的系列文件，具有体系上的一致性、相关性与系统性，宜由粗到细地形成系列文件，监理规划应符合监理大纲的有关内容，也应为监理细则的编制提出明确的目标要求。

所讨论的监理规划内容中，第(2)条监理企业的权利和义务，第(3)条监理企业的经营目标和第(4)条工程项目实施的组织等内容一般不宜编入监理规划。

(2) 监理规划计划分阶段进行编制，在时间的安排上如下所列。

① 设计阶段监理规划提交的时间是合适的，但施工招标和施工阶段的监理规划提交时间不妥。

② 施工招标阶段，应在招标开始前一定的时间内提交建设单位施工招标阶段的监理规划。

③ 施工阶段宜在第一次工地会议前一定的时间内提交建设单位施工阶段监理规划。

(3) 监理规划中确定了对施工单位的资质进行审查。对总包单位的资质审查应安排在施工招标阶段对投标单位的资格预审时，并在评标时也对其综合能力进行一定的评审。对分包单位的资质审查应安排在分包合同签订前，由总承包单位将分包工程和拟选择的分包单位资质材料提交总监理工程师，经总监理工程师审核确认后，由总承包单位与之签订工程分包合同。

应用案例 9-2

鲁正监理企业承担了某工程施工阶段的监理任务，监理单位任命了总监理工程师。

项目总监理工程师为了满足建设单位的要求，拟订了监理规划编写提纲，如下所列。

(1) 收集有关资料。

(2) 分解监理合同内容。

(3) 确定监理组织。

(4) 确定机构人员。

(5) 设计要把关，按设计和施工两部分编写规划。

(6) 图纸不齐，按基础、主体、装修3阶段编写规划。

总监理工程师提交的监理规划中的部分内容如下。

1. 工程概况(略)

2. 监理工作目标

(1) 工期目标:控制合同工期24个月。

(2) 质量等级:控制工程质量达到优良。

(3) 造价目标:控制静态投资××万元。

3. 设计阶段监理工作范围

(1) 收集设计所需技术经济资料。

(2) 配合设计单位开展技术经济分析。

(3) 参与主要设备、材料的选型。

(4) 组织对设计方案的评审。

(5) 审核工程概算。

(6) 审核施工图纸。

(7) 检查和控制设计进度。

4. 施工阶段监理工作范围

1) 质量控制

事前控制包括以下几点。

① 审核总包单位的资质。

② 审核总包单位质量保证体系。

③ 原材料质量预控措施见表9-7。

表9-7　质量预控措施表

材料名称	技术要求	质量控制措施与方法
水泥	合格	出厂合格证、进场复试报告
钢筋	机械性能合格	出厂合格证、进场复试报告
机砖	强度等级符合要求	出厂合格证、进场复试报告
……	……	……

④ 质量检查项目预控措施见表9-8。

表9-8　质量检查项目预控措施表

项目名称	质量预控措施
钢筋焊接质量	(1) 焊工应持合格证上岗 (2) 实焊前先进行焊接工艺实验 (3) 检查焊条型号
模板工程	(1) 每层复查轴线标高一次 (2) 预埋件、预留孔抽查 (3) 模板支撑是否牢固 (4) 模板尺寸是否准确 (5) 模板内部的清理、湿润情况
……	……

2) 进度控制(略)

3) 造价控制(略)

4) 合同管理(略)

5. 监理组织(略)

问题：

(1) 提纲中有哪些不妥的内容？为什么？

(2) 该监理规划内容有无不正确的地方？为什么？

【解析】

(1) 提纲中的不妥之处如下。

① "设计要把关，按设计和施工两部分编写规划"不妥。设计阶段的监理规划不需要写。因为建设单位没有委托设计监理，仅签订了施工阶段工程监理的合同。

② "图纸不齐，按基础、主体、装修 3 个阶段编写规划"不妥，不需要分阶段编写规划。因为监理规划是监理合同执行的细化，施工图纸是否完整对监理规划的内容影响不大。

(2) 监理规划中不正确的内容如下。

① "设计阶段监理工作范围"不正确。因为合同没有委托设计监理，内容与实际情况不符。

② 文中提到的"审核施工图纸"不正确，应写入质量控制中。

③ "原材料质量预控制措施"和"质量检查项目预控措施"不正确。因为两个事前预控措施表中的内容不应在规划中编写，应是监理细则的内容。

④ "审核总包单位的资质"不正确。因为总包单位的资质不需要审核，施工单位已通过招标选定。

应用案例 9-3

蓝天大厦工程项目建设单位委托一家监理单位实施施工阶段监理。监理合同签订后，组建了项目监理机构。为了使监理工作规范化地进行，总监理工程师拟以工程项目建设条件、监理合同、施工合同、施工组织设计和各专业监理工程师编制的监理细则为依据，编制施工阶段监理规划。监理规划中规定各监理人员的主要职责如下。

【蓝天大厦工程
项目概况】

1. 总监理工程师的职责

(1) 审查和处理工程变更。

(2) 审定承包单位提交的开工报告。

(3) 负责工程计量、签署原始凭证。

(4) 及时检查、了解和发现总承包单位的组织、技术、经济和合同方面的问题。

(5) 主持整理工程项目的监理资料。

2. 专业监理工程师的职责

(1) 主持建立监理信息系统，全面负责信息沟通工作。

(2) 检查进场材料、设备、构配件的原始凭证、检测报告等质量证明文件。

(3) 对承包单位的施工工序进行检查和记录。

(4) 签发停工令、复工令。

(5) 实施跟踪检查，及时发现问题及时报告。

3. 监理员的职责

(1) 担任旁站工作。

（2）检查施工单位的人力、材料、主要设备及其使用、运行状况，并做好记录。

（3）做好监理日记。

问题：

（1）监理规划编制依据有何不恰当？为什么？

（2）监理人员的主要职责划分有哪几条不妥？如何调整？

（3）常见的监理组织结构形式有哪几种？

（4）写出组建项目监理机构的步骤。

【解析】

（1）不恰当之处：编制依据中不应包括施工组织设计和监理细则。施工组织设计是由施工单位编制指导施工的文件，监理细则是根据监理规划编制的。

（2）总监职责中的（3）、（4）条不妥，（3）条应是监理员职责，（4）条应为专业监理工程师职责。专业监理工程师职责中的（1）、（3）、（4）、（5）条不妥，（1）、（4）条应是总监的职责，（3）、（5）条应是监理员的职责。

（3）直线制、职能制、直线职能制和矩阵制。

（4）组建项目监理机构的步骤：①确定项目监理机构目标；②确定监理工作内容；③项目监理机构的组织结构设计；④制定工作流程和信息流程。

见证取样的材料、设备等）。

9.3 建设工程监理例会及监理月报

9.3.1　建设工程监理例会

1. 监理会议的类型

凡是由项目监理机构主持召开的会议，在此均称为监理会议，它包括监理例会、专业技术讨论会、施工方案研讨会、各种形式的协调会等专题工地会议，其会议均应写出会议纪要。

2. 监理例会会议纪要

在施工过程中，总监理工程师应定期主持召开监理例会。会议纪要应由项目监理机构负责起草，并经与会各方代表会签。

1）会议纪要的主要内容

（1）会议的时间及地点。

（2）会议主持人。

（3）出席者的单位、姓名、职务。

（4）会议讨论的主要问题及决议的事项。

（5）各项工作落实的负责单位、负责人和时限要求。

（6）其他需要记载的事项。

2）会议纪要的审签、打印和发放

（1）监理例会的会议纪要要经总监理工程师审核确认后送交打印。

（2）会议纪要分发到有关单位时应有签收手续。

（3）与会各单位如对会议纪要有异议时，应在签收后 3 日内以书面文件反馈到项目监理机构，并由总监理工程师负责处理。

（4）监理例会会议纪要采用的形式应在监理例会上讨论确定，并写入会议纪要。

（5）监理例会的发言原始记录、会议纪要及反馈的文件均应作为监理资料存档。

3）会议纪要编写要点

（1）检查上次例会议定事项的落实情况，分析未完事项原因。

（2）检查分析工程项目进度计划完成情况，提出下一阶段进度目标及其落实措施。

（3）检查分析工程项目质量状况，针对存在的质量问题提出改进措施。

（4）检查工程量核定及工程款支付情况。

（5）解决需要协调的有关事项。

没有必要写入会议过程及发言人姓名、发言内容，如果出席单位需要发言记录时，可将发言记录复印后发放到该单位；会议纪要的文字要简洁，内容要清楚，用词要准确；参加工程项目建设各方的名称应统一规定；签到表应为由项目监理机构编制的通用签到表。

编号：××

×××综合楼工程监理例会纪要

第×期

××建设监理有限公司××项目监理部编印(共×页)　　　签发：×××

会议时间：××年×月×日(星期×)×时　　　　会议地点：××××

会议主持人：×××　　　　　　　　　　会议记录人：×××

出席人员：

建设单位：×××、×××

监理单位：×××、×××、×××、×××

承包单位：×××、×××、×××、×××、×××、×××

分包单位：×××

会议主要内容如下。

1. 上周议决事项落实情况

上周六项议决事项已落实 4 项，其他两项在落实中。

2. 上周施工进度情况及本周施工进度计划安排

1）上周施工进度完成情况

（1）机房抹灰按计划完成。

（2）西侧电缆沟抹灰及盖板按计划完成。

（3）1～4 层内外墙体挂钢板网及抹灰施工进度正常。

（4）电缆桥架安装正常进行。

（5）空调水支管和风机盘管安装正常进行。

上周施工进度情况较好，基本按施工进度计划完成各项工作。

2）下周施工进度计划安排

（1）1～4层内墙体抹灰，外墙抹灰打底。

（2）屋面防水5月1日前完成。

（3）屋面女儿墙抹灰完成。

（4）电缆桥架安装、配电箱安装及穿线。

（5）空调风机盘管、制冷机组配管安装、冷却搭配管安装及人防风机房安装。

（6）给排水管安装。

3. 本周工程项目质量状况，针对存在的质量问题提出改进措施

本周的施工项目的质量情况比较稳定，主要项目是抹灰工程和设备安装，基本处于过程施工中，没有办法达到验收的程度。从监理巡检情况看，施工质量符合要求，工程质量在受控状态内。

4. 工程量核定及工程款支付情况

本周的施工项目主要是抹灰工程和设备安装，涉及本月的工程量核定及工程款支付的审批工作，土建工程核定的工程量是填充墙的砌筑工程量，设备安装按已签订的买卖合同总金额支付一定比例的设备款。具体情况按监理部的审核和签认进行工程款支付。

5. 需要协调的有关事项

（1）南段四层风管、消防、空调水管等与结构梁交叉的变更问题，应与结构设计确认变更位置，施工单位负责与设计单位联系。

（2）卫生间大便器冲水的形式改变后，应考虑原设计的给水量是否够用的问题。由施工单位负责与设计单位联系。

（3）设备电动网的配电系统没有设计，需要进行补充设计。施工单位负责与设计单位联系。

（4）二氧化碳灭火系统管路与通风管道碰撞的问题由该系统设计到现场解决，由分包单位负责与设计单位联系。

（5）电缆桥架厂家供货不及时的问题由总包负责进行督促。

6. 其他有关事宜

（1）土建方面办理3份工程变更洽商，主要内容：①北段首层阅览室恢复原设计1 000mm宽；②屋面风管支架做法；③部分房间隔墙位置的变更。

（2）电气方面办理2份洽商，内容详见洽商。

（3）给排水方面办理1份洽商，内容详见洽商。

（4）样板间的地砖在原选定的基础上提高档次，由总包单位选出样品由甲方确认。

7. 对下一步工作的要求

（1）做好施工洞口封堵的隐蔽检查，控制质量符合要求。

（2）要加强对安装和装修施工质量的控制。

（3）要加强对安装和装修成品的保护。

（4）制冷机组的配管要考虑好路线合理和通顺。

（5）加强文明施工的管理，保持现场的清洁。

（6）加强现场安全、保卫、治安方面的管理，确保安全无事故。

9.3.2 建设工程监理月报

1. 编写监理月报的基本要求

（1）为规范建设工程监理工作，方便监理人员编写监理月报，加强监理单位对各分散项目每月监理工作的了解，同时，便于建设单位对每月施工动态情况的了解，依据《建设工程监理规范》制订监理月报。

（2）监理月报可因工程实际而异，但应反映出驻工地监理机构在本月内对工程进行控制，以及合同管理、关系协调等方面所做的工作；并及时地向建设单位报送，便于其掌握和了解工程质量、进度、造价等情况。

（3）监理月报由总监理工程师(代表)组织编制，各专业监理工程师参加，指定专人负责将整理、汇编好的全月真实的监理资料，按本月报内容要求进行编制。

（4）月报中表格和图形中采用的数据必须真实可靠。表中安全可靠填写不够，可另附页。

（5）本月报经总监审定签字后最迟于 5 日前报建设单位和监理单位签收一份，监理单位待受监工程竣工后，存档一份备查。

（6）重大合同变更、设计变更、工程质量事故及处理报告、会议纪要等重要事项可加页附后。

2. 施工阶段监理月报的主要内容

（1）本月工程概况。

（2）本月工程形象进度。

（3）工程进度。

① 本月实际完成情况与计划进度进行比较。

② 对进度完成情况及采取措施效果的分析。

（4）工程质量。

① 本月工程质量情况分析。

② 本月采取的工程质量措施及效果。

（5）工程计量与工程款支付。

① 工程量审核情况。

② 工程款审批情况及月支付情况。

③ 工程款支付情况分析。

④ 本月采取的措施及效果。

（6）合同其他事项的处理情况。

① 工程变更。

② 工程延期。

③ 费用索赔。

（7）本月监理工作小结。

① 对本月进度、质量、工程款支付等方面情况的综合评价。

② 本月监理工作情况。

③ 有关本工程的意见和建议。

④ 下月监理工作的重点。

监理月报

封面（略）

1. 本月工程概况

1）工程基本情况

工程基本情况见表9-9。

表9-9 工程基本情况

工程名称	××住宅楼工程							
工程地点	××市××区××路							
工程性质	民用建筑							
建设单位	××集团开发有限公司							
勘察单位	××勘察设计研究院							
设计单位	××建筑设计研究院							
承包单位	××建设集团有限公司							
质检单位	××市质量监督站							
开工日期	2010.3.15		竣工日期	2010.12.30		工期天数		291
质量等级	合格		合同价款/元	9 100 000		承包方式		包工包料
工程项目一览表								
单位工程名称	建筑面积/m²	结构类型	地下层数	地上层数	总高/m	设备安装	工程造价/元	
××住宅楼工程	6 495.80	框架结构	1	8	22.40	水、暖、电、通风、消防等	9 100 000	

2）施工基本情况

（1）各专业队施工形象进度。

① 土建工程。截至7月25日的形象进度：四层Ⅳ段顶板混凝土完成；五层结构全部完成；六层顶板混凝土浇筑完成；地下室外墙防水卷材完成；保护墙完成；回填土完成2/3。

② 电气安装敷管预埋与土建配合进度一致。

③ 水暖安装、通风与空调安装工程：留洞、套管预埋与土建配合进度一致。

（2）安全生产、文明施工情况。

① 本月安全生产无事故。

② 文明施工情况。

基本做到工程材料、半成品、构件的堆放整齐，材料的标志基本到位；施工过程基本做到工完场清。

2. 承包单位项目组织系统

1）承包单位组织框图及主要负责人（略）

2）主要分包单位承担分包工程的情况

（1）地下室底板及外墙防水层施工由××防水工程有限公司分包施工。

(2) 建筑工程施工由××建筑工程有限公司进行劳务施工。

3. 工程进度

1) 工程实际完成情况与总进度计划比较(横道图略)

2) 本月实际完成情况与进度计划比较(横道图略)

3) 本月工、料、机动态

本月工、料、机动态见表 9-10。

表 9-10 本月工、料、机动态统计表

	工种	电工	机械工	钢筋工	木工	水暖工	混凝土工	其他	总人数
人工	人数	5	3	20	30	4	20	30	112
	持证人数	5	3	12		4	10		34
主要材料	名称	单位	上月库存量		本月进场量		本月消耗量		本月库存量
	钢筋	t	50		85		80		55
	防水卷材	m²	2 000		0		2 000		0
	预拌混凝土	m³	0		360		350		0
	白砂砖	块			10 000		10 000		0
主要机械	名称	生产厂家		规格型号					数量
	钢筋切割机	××机械制造厂		2.2kW					2
	钢筋弯曲机	××机械制造厂		3kW					2
	卷扬机	××机械有限公司		11kW					1
	电焊机	××焊接设备厂		50Hz					1
	塔式起重机	××机械制造公司		QTZ6516					1

4) 进度完成情况分析

(1) 本月实际完成情况与进度计划比较。

四层Ⅳ段顶板混凝土按计划完成,五层结构按计划拖后 1 天,六层结构按计划拖后 2 天,地下室防水层、保护墙和回填土拖后 3 天。

(2) 本月实际完成情况与进度计划分析。

本月较计划拖后 3 天完成。主要原因是回填土因现场作业场地狭窄,需要外运土方供应不及时,回填拖后 3 天;结构施工因顶板模板和钢筋施工作业拖后 2 天。

5) 本月采取的措施及效果

(1) 监理部要求每周五定期召开监理例会,就当周实际完成情况与进度计划比较,对施工单位提出要求,以保证能够按照施工进度计划完成。

(2) 监理工程师每天进行现场巡检,发现问题及时要求施工单位立即进行整改,督促施工单位增加劳动力。

通过采取上述各种控制措施,工程基本处于受控状态,拖延的时间要在下月初赶上。

6) 本月在施部位工程照片(略)

4. 工程质量

1) 分项工程验收情况

分项工程验收情况见表 9-11。

表 9-11　分项工程验收情况表

序　号	部　位	分项工程名称	报验单号	验 评 等 级	
				承包单位自评	监理单位自评
一	建筑工程				
（一）	基础工程				
1	地下一层外墙	防水工程	×××	合格	合格
2	地下一层外墙	防水保护墙	×××	合格	合格
（二）	主体工程				
1	首层Ⅰ～Ⅵ段柱	混凝土工程	×××	合格	合格
2	首层Ⅰ～Ⅵ段顶板、楼梯	混凝土工程	×××	合格	合格
3	二层Ⅰ～Ⅵ段柱	混凝土工程	×××	合格	合格
4	二层Ⅰ～Ⅵ段顶板、楼梯	混凝土工程	×××	合格	合格
5	五层Ⅰ～Ⅵ段柱	钢筋工程	×××	合格	合格
6	五层Ⅰ～Ⅵ段柱	模板工程	×××	合格	合格
7	五层Ⅰ～Ⅵ段顶板、楼梯	模板工程	×××	合格	合格
8	五层Ⅰ～Ⅵ段顶板、楼梯	钢筋工程	×××	合格	合格
9	六层Ⅰ～Ⅵ段柱	钢筋工程	×××	合格	合格
10	六层Ⅰ～Ⅵ段柱	模板工程	×××	合格	合格
11	六层Ⅰ～Ⅵ段顶板、楼梯	模板工程	×××	合格	合格
12	六层Ⅰ～Ⅵ段顶板、楼梯	钢筋工程	×××	合格	合格
二	电气安装工程				
1	五层Ⅰ～Ⅵ段顶板	管路敷设	×××	合格	合格
2	六层Ⅰ～Ⅵ段顶板	管路敷设	×××	合格	合格

2）分部工程验收情况统计

分部工程验收情况统计见表 9-12。

表 9-12　分部工程验收情况表

序　号	分部工程名称	本月		累计	
		合格项数	合格率	合格项数	合格率
1	地基与基础	2	100%	24	100%
2	主体工程	47	100%	75	100%
3	给排水暖通与空调	0	0%	13	100%
4	建筑电气安装	8	100%	38	100%

3）主要施工试验情况

主要施工试验情况见表 9-13。

表 9-13　主要施工试验情况表

序号	试验编号	试验内容	施工部位	试验结论	监理结论	见证情况
1	××	C30 抗压 1 组	首层Ⅰ段独立柱	合格	合格	见证
2	××	C30 抗压 1 组	首层Ⅰ段独立柱	合格	合格	

（续）

序号	试验编号	试验内容	施工部位	试验结论	监理结论	见证情况
3	××	C30 抗压 1 组	首层II段独立柱	合格	合格	
4	××	C30 抗压 1 组	首层III段独立柱	合格	合格	
5	××	C30 抗压 1 组	首层IV段独立柱	合格	合格	见证
6	××	C30 抗压 1 组	首层I段顶板、楼梯	合格	合格	
7	××	C30 抗压 1 组	首层II段顶板、楼梯	合格	合格	见证
8	××	C30 抗压 1 组	首层III段顶板、楼梯	合格	合格	
9	××	C30 抗压 1 组	首层IV段顶板、楼梯	合格	合格	见证
…	……	……	……	……	……	……

4）工程质量问题

本期存在的工程质量问题是回填土的分层厚度不符合要求，主要是发生在夜间施工段的回填土的分层厚度超过了300mm。

5）工程质量情况分析

回填土的分层厚度不符合要求的主要原因是施工人员对回填土的质量不重视，现场管理人员不到位。

6）本月采取的措施及效果

对回填土分层厚度不符合要求的部位进行返工处理，承包单位对负责该工序施工的管理人员及操作工人进行通报批评和处罚。经处理后回填土的质量达到要求。

5. 工程计量与工程款支付

1）工程量审批情况

工程量审批情况见表9-14。

表9-14　工程量概算表

序号	项目	单位	申报工程量	核定数量	简要说明
1	地下室挖土方	m³	1 557.67	0	未完成
2	抗压板土方增加费	m³	301.85	301.85	
3	3mm×2 厚 SBS 卷材(外立面)	m³	1 636.33	1 636.33	
4	红机砖保护墙	m²	1 689.20	1 689.20	
5	2∶8 防渗灰土	m²	509.45	509.45	
6	现浇钢筋混凝土框架梁 C30	m³	90.00	90.00	
7	现浇钢筋混凝土框架板底梁 C30	m³	2.04	2.04	
8	现浇钢筋混凝土板 C30	m³	212.00	212.00	
……	……	……	……	……	……

2）工程款审批情况及月支付情况

工程款审批情况及月支付情况见表9-15。

表9-15　工程款审批情况表

工程名称		××住宅楼工程		合同价		9 100 000 元	
序号	项目内容	至上月累计/元		本月完成/元		至本月累计/元	
		申报数	核定数	申报数	核定数	申报数	核定数
1	7月工程进度款	3 314 276	3 300 000	1 389 818	1 200 000	4 704 094	4 500 000
2	工程变更费用	37 781	13 835	0	0	37 781	13 835

3）工程款支付情况分析

甲方按施工合同的规定，向施工单位及时支付了工程款，施工单位应做到专款专用，保证本工程款项用于本工程。

4）本月采取的措施及效果

按施工合同的约定，正确计量月完成工程量，审核月工程进度款，保证工程款支付与施工进度一致；严格控制变更洽商的签认及其费用审核。

6. 工程材料、构配件与设备

1）材料、构配件与设备供应与到场质量情况

材料、构配件与设备供应与到场质量情况见表9-16。

表9-16　材料、构配件与设备进场报验情况表

序号	名称	规格	单位	数量	生产厂家	检验单记录编号	质量和预控情况		监理签认
							出厂合格证	复试报告	
一	土建工程								
	HRB335 级钢筋	φ25	t	56.51	首钢	×××	合格	合格	合格
	HRB335 级钢筋	φ22	t	22.92	首钢	×××	合格	合格	合格
	HRB335 级钢筋	φ20	t	8.77	首钢	×××	合格	合格	合格
	HRB335 级钢筋	φ18	t	2.845	首钢	×××	合格	合格	合格
	HRB335 级钢筋	φ16	t	3.55	首钢	×××	合格	合格	合格
	HRB335 级钢筋	φ14	t	14.88	首钢	×××	合格	合格	合格
	HRB335 级钢筋	φ12	t	8.26	首钢	×××	合格	合格	合格
	HRB335 级钢筋	φ10	t	40	首钢	×××	合格	合格	合格
	HPB235 级钢筋	φ8	t	24.16	首钢	×××	合格	合格	合格
	灰砂砖	240×115×53	块	50 000	××建材公司	×××	合格	合格	合格

2）对供应厂家资质的考察情况

对供应厂家资质的考察情况见表9-17。

表9-17　对供应厂家资质考察情况表

供应材料	厂家名称	资质证明	考察意见	考察时间
直螺纹套筒	××机械制造有限公司	齐全	同意	2010 年 7 月 21 日

7. 合同其他事项的处理情况

1）设计变更、洽商

设计变更、洽商见表9-18。

表9-18　设计变更、洽商情况表

序号	编号	日期	设计变更、洽商部位	设计变更、洽商概述	设计变更、洽商理由
一	土建洽商				
1	×××	2010 年 6 月 27 日	基础肥槽回填	肥槽回填做法	工程需要
2	×××	2010 年 6 月 29 日	3 号、4 号楼梯	3 号、4 号楼梯增加梯梁柱	规范要求
二	电气洽商				
1	×××	2010 年 7 月 22	地下室	增加照明	甲方需要

2) 工程延期

工程延期见表 9-19。

表 9-19　工程延期情况表

申请日期	延期内容	审批日期	审批意见	监理签认
2010 年 7 月 5 日	因工程变更	2010 年 7 月 6 日	同意延期 1 天	×××

8. 天气对施工影响的情况

天气对施工影响的情况见表 9-20。

表 9-20　天气对施工影响的情况表

日期	星期	天气情况			天气对施工的影响
		气温/℃	风力/级	天气	
2010 年 6 月 26 日	一	18～28	1～2	阴	不影响
2010 年 6 月 27 日	二	18～26	1～2	阴	不影响
2010 年 6 月 28 日	三	18～21	1～2	阴	不影响
2010 年 6 月 29 日	四	18～21	1～2	小到中雨	停工
……	……	……	……	……	……
2010 年 6 月 25 日	二	19～26	1～2	晴	不影响

9. 项目监理部机构与工作统计

1) 项目监理机构框架图

项目监理机构框架图如图 9.1 所示。

2) 项目监理部机构的人员配备

项目监理部机构的人员配备见表 9-21。

表 9-21　项目监理部机构的人员配备表

序号	姓名	专业	监理职务	资格证号
1	×××	工民建	总监理工程师	×××
2	×××	工民建	监理工程师	×××
3	×××	工民建	监理工程师	×××
4	×××	电气	监理工程师	×××
5	×××	给排水、暖通	监理工程师	×××
6	×××	设备、预算	监理工程师	×××
7	×××	档案	资料员	×××

3) 监理工作统计

监理工作统计见表 9-22。

表 9-22　监理工作统计表

序号	项目名称	单位	本年度		开工以来总计
			本月	本季	
1	监理例会	次	4	16	16
2	审批施工组织设计(方案)	次	2	10	10
	提出意见和建议	条			
3	审批施工进度计划(年、季、月)	次	1	4	4
	提出意见和建议	条			

（续）

序号	项目名称	单位	本年度		开工以来总计
			本月	本季	
4	审核施工图纸	次	0	1	1
	提出意见和建议	条	0	40	40
5	发出监理通知	次			
	内容包含	条			
6	审定分包单位	家	0	3	3
7	原材料、构配件、设备审批	件		18	18
8	分项工程质量验评	次	57	140	140
9	分部工程质量验评	次	0	1	1
10	不合格工程项目通知	次			
11	监理抽查、复试	次			
12	监理见证取样	次	11	42	42
13	考察施工单位试验室	次	0	1	1
14	考察生产厂家	次	1	5	5
15	发出工程部分暂停指令	次	0	1	1

10. 本月监理工作小结

1）对本月进度、质量、工程款支付等方面情况的综合评价

本月的工程进度拖后，但情况不严重。主体结构的总进度没有受到大的影响。工程质量方面回填土个别部位的质量问题，通过整改得到解决。主体结构施工质量较好，工程款支付情况正常进行，没有影响承包单位的资金使用。

2）本月监理工作情况

本月监理工作的重点是控制结构主体的施工质量，做到严格监理、热情服务。对进场材料进行检查和验收。对各分项工程的报验进行检查验收。杜绝将不合格的材料用在工程上和上道工序未经验收合格进行下道工序的施工情况发生。加强现场巡检和旁站监理工作，使关键部位和工序的施工质量得到控制。加强对施工工期的控制，发生有拖后情况及时与承包单位协调，要求承包单位采取措施，在工程款支付的审核工作中，严格控制不少付和不多付，公正地签发工程款支付证书。做好甲方或承包单位的协调工作。总之，本月的监理工作比较到位。

3）有关本工程的意见和建议

建议甲方和承包单位对下步施工涉及的装修材料和设备订货的有关问题进行确定，避免因材料和设备等问题影响总工期。

4）下月监理工作的重点

继续做好结构施工的质量控制和工期控制。

×××工程管理有限公司

项目监理部

二○一○年七月二十五日

9.4 竣工验收管理及监理工作总结

9.4.1 竣工验收管理

为了加强对房屋建筑工程和市政基础设施工程质量的管理，在中华人民共和国境内新建、扩建、改建各类房屋建筑工程和市政基础设施工程实行《房屋建筑和市政基础设施工程竣工验收备案管理办法(2009 年修正)》。国务院建设行政主管部门负责全国房屋建筑工程和市政基础设施工程的竣工验收备案管理工作，县级以上地方人民政府建设行政主管部门负责本行政区域内工程的竣工验收备案管理工作。

1. 竣工验收程序

工程完工，建设单位收到施工单位的工程质量竣工报告，勘察、设计单位的工程质量检查报告，监理单位的工程质量评估报告，对符合验收要求的工程，应组织勘察、设计、施工、监理等单位和有关方面的专家组成验收组，制定验收方案。

建设单位应在工程竣工验收 7 日前，向建设工程质量监督机构申领《建设工程验收备案表》和《建设工程竣工验收报告》，并同时将竣工验收时间、地点及验收组名单书面通知建设工程质量监督机构。

建设工程质量监督机构应审查该工程竣工验收 10 项条件和资料是否符合要求，符合要求的发给建设单位《建设工程验收备案表》和《建设工程竣工验收报告》，不符合要求的，通知建设单位整改，并重新确定竣工验收时间。

2. 监理工程师在竣工验收中的工作

(1) 总监理工程师应组织专业监理工程师，依据有关法律、法规、工程建设强制性标准、设计文件及施工合同，对承包单位报送的竣工资料进行审查，并对工程质量进行竣工预验收。对存在的问题，应及时要求承包单位整改。整改完毕后由总监理工程师和监理单位技术负责人审核签字。竣工预验收按以下程序进行。

当单位工程达到竣工验收条件后，承包单位应当在自审、自查、自评工作完成后，填写工程竣工报验单，并将全部竣工资料报送项目监理机构，申请竣工验收。

总监理工程师应组织各专业监理工程师对竣工资料及各专业工程的质量情况进行全面检查，对检查出的问题，应督促承包单位及时整改。

对需要进行功能试验的工程项目(包括单机试车和无负荷试车)，监理工程师应督促承包单位及时进行试验，并对重要项目进行现场监督、检查，必要时请建设单位和设计单位参加；监理工程师应认真审查试验报告单。

监理工程师应督促承包单位搞好成品保护和现场清理。

项目监理机构对竣工资料和实物进行全面检查、验收合格后，由总监理工程师签署工程竣工报验单，并向建设单位提出质量评估报告。

（2）项目监理机构应参与由建设单位组织的竣工验收，并提供相关监理资料。对验收中提出的整改问题，项目监理机构应要求承包单位进行整改。工程质量符合要求，由总监理工程师会同参加验收的各方签署竣工验收报告。

9.4.2 监理工作总结

1. 监理工作总结的编制要求

（1）施工阶段监理工作结束时，项目监理机构应向建设单位提交工作总结。

（2）监理工作总结应由总监理工程师负责组织监理机构全体人员编写，最后由总监理工程师审核签字。

（3）监理工作总结应在约定的时间内完成，并按约定的份数交建设单位，同时按监理单位内部的规定要求，交监理单位档案资料管理部门作为归档的监理资料之一。

2. 监理工作总结的基本内容

（1）工程概况。
（2）监理组织机构、监理人员和投入的监理设施。
（3）监理合同履行情况。
（4）监理工作成效。
（5）施工过程中出现的问题及其处理情况和建议。
（6）工程照片。

本单元小结

建设工程业务管理包括建设工程监理的具体运行和文件编制。建设工程业务管理文件包括建设工程监理大纲、建设工程监理规划和建设工程监理实施细则、监理例会纪要、监理月报、监理工作总结。

本单元教学的重点是监理大纲、监理规划、监理细则的作用和编制要求，各种监理规划性文件的区别和联系，监理规划的编制要求和具体内容及监理规划的重要性和审核过程；监理工地例会纪要、监理月报、监理工作总结的编制要求、具体内容。

本单元介绍的内容条款性很强，在学习中，只有及时对照各类文件的编制范例进行全面理解，才能深刻体会其精神实质。

技能训练题

一、单项选择题

1. 监理规划是监理单位重要的（   ）。
    A. 存档资料   B. 计划文件   C. 监理资料   D. 历史资料

2. 下列说法中，符合监理规划的是（　　）。

　　A．由项目总监理工程师主持制订　　　　B．监理规划是开展监理工作的第一步

　　C．监理规划是签订合同之前制订的　　　　D．监理规划相当于工程项目的初步设计

3. 由项目监理机构的专业监理工程师编写，并经总监理工程师批准实施的监理文件是（　　）。

　　A．监理大纲　　　　　B．监理规划　　　　C．监理细则　　　　D．监理合同

4. 监理单位为承揽监理业务而编写的是（　　）。

　　A．监理大纲　　　　　B．监理规划　　　　C．监理细则　　　　D．监理计划

5. 建设工程竣工验收应该是（　　）。

　　A．经过工程档案预验收后，由建设单位和施工单位共同组织工程竣工验收

　　B．在当地城建档案管理机构对工程档案进行预验收认可文件后，由建设单位组织
工程竣工验收

　　C．在建设单位组织工程竣工验收时，对列入城建档案馆接受范围的工程，邀请当地
城建档案管理机构同时对工程档案进行验收

　　D．经过工程档案预验收后，在建设单位组织工程竣工验收时，由建设单位所属部委
参加进行验收

二、多项选择题

1. 工程监理实施中，建设工程监理的主要方式有（　　）。

　　A．巡视　　　　B．平行检验　　　　　C．旁站　　　　D．见证取样　　　E．抽样检查

2. 监理大纲、监理规划、监理细则的区别是（　　）。

　　A．监理细则是开展监理工作的依据而其他不是　　　B．编写的时间不同

　　C．主持编写人的身份不同　　　　　　　　　　　　　D．内容范围不同

　　E．内容粗细程度不同

3. （　　）共同构成监理工作文件。

　　A．监理规划　　　　　　　B．监理业务手册　　　　C．监理合同

　　D．监理大纲　　　　　　　E．监理细则

4. 关于监理文件，下列说法正确的是（　　）。

　　A．施工合同正式记录

　　B．监理例会纪要中的有关质量问题

　　C．造价控制，在建设全过程监理中形成工程款支付申请表、工程款支付证书、工程
变更费用报审与签认

　　D．建设用地、征地、拆迁文件

　　E．监理工作总结

5. 监理例会会议纪要由项目监理部根据会议记录整理，主要内容包括（　　）。

　　A．会议地点及时间

　　B．会议主持人

　　C．与会人员姓名、单位、职务

　　D．会议主要内容、决议事项及其负责落实单位、负责人和时限要求

　　E．其他事项

三、简答题

1．监理大纲的作用有哪些？其编制要求如何？

2．编制监理规划的要求有哪些？其编制依据是什么？

3．监理例会的类型有哪些？会议纪要的内容包括什么？

4．监理月报的基本要求有哪些？其主要内容包括什么？

5．监理工作总结的基本内容包括什么？

四、综合实训——编制建设工程监理规划

【实训目标】

1．能力目标

通过本次的综合实训，将所学到的知识应用到实际工程中去，进一步掌握监理概论的基本知识，协调好造价控制、进度控制、质量控制之间的关系，并能使造价、进度、质量控制达到最优化的配置，能够更好地指导与监控工程的进行；通过本次的综合实训，会编制一般建设工程监理规划，到用人单位后能直接顶岗挂职，满足建设生产第一线对人才的需求。

2．知识目标

进一步熟悉建设工程监理规划的 12 项内容及相关要求。

3．态度养成目标

养成一丝不苟、有错必改、精益求精的工作态度；形成团结协作、高效和谐进行工作的团队精神。

【实训内容与组织】

1．实训题目

建设工程监理规划。

2．实训编制内容

(1) 工程项目概况。

(2) 监理工作的范围。

(3) 监理工作的内容。

(4) 监理工作的目标。

(5) 监理工作的依据。

(6) 项目监理机构的组织形式。

(7) 项目监理机构的人员配备计划。

(8) 项目监理机构的人员岗位职责。

(9) 监理工作的程序。

(10) 监理工作的方法及措施。

① 造价目标控制的方法及措施。

② 进度目标控制的方法及措施。

③ 质量目标控制的方法及措施。

④ 合同管理的方法及措施。

⑤ 信息管理的方法及措施。

⑥ 组织协调的方法及措施。

（11）监理工作制度。

（12）监理设施。

3．实训资料

（1）建设单位与承包单位签订的正式合同及招投标文件。

（2）建设单位与监理单位签订的工程监理委托合同及招投标文件。

（3）建设单位提交的本工程项目施工图纸、地质报告等资料。

（4）其他相关资料。

4．实训组织

要求 4 人组成一组，其中，一人担任项目总监理工程师，进行编制分工，组织编制监理规划书。

【实训成果与成绩评定】

1．成果要求

每人提交一份完整的监理规划书。

2．成绩评定

序号	方法	说明	分数
1	职业素质作风	在指定的时间内保质、保量地完成"虚拟工作任务"（含出勤、态度、团队精神）	20
2	成果	×××建设工程监理规划书	60
3	测试	监理规划书编制完成后，在指定的时间内完成与综合训练相关的知识测试	20

【单元 9 技能训练题参考答案】

附录　建设工程监理基本表式

A 类表（工程监理单位用表）	B 类表（施工单位报审、报验用表）	C 类表（通用表）
表 A.0.1　总监理工程师任命书	表 B.0.1　施工组织设计/(专项)施工方案报审表	表 C.0.1　工作联系单
表 A.0.2　工程开工令	表 B.0.2　工程开工报审表	表 C.0.2　工程变更单
表 A.0.3　监理通知单	表 B.0.3　工程复工报审表	表 C.0.3　索赔意向通知书
表 A.0.4　监理报告	表 B.0.4　分包单位资格报审表	
表 A.0.5　工程暂停令	表 B.0.5　施工控制测量成果报验表	
表 A.0.6　旁站记录	表 B.0.6　工程材料/构配件/设备报审表	
表 A.0.7　工程复工令	表 B.0.7　＿＿＿＿报审/验表	
表 A.0.8　工程款支付证书	表 B.0.8　分部工程报验表	
	表 B.0.9　监理通知回复单	
	表 B.0.10　单位工程竣工验收报审表	
	表 B.0.11　工程款支付报审表	
	表 B.0.12　施工进度计划报审表	
	表 B.0.13　费用索赔报审表	
	表 B.0.14　工程临时/最终延期报审表	

附录 A 工程监理单位用表

表 A.0.1 总监理工程师任命书

工程名称： 编号：

致：_____（建设单位）

　　兹任命_____（注册监理工程师注册号：_____）为我单位_____项目总监理工程师。负责履行建设工程监理合同、主持项目监理机构工作。

【总监理工程师
任命书(范例)】

工程监理单位(盖章)

法定代表人(签字)

年　　月　　日

　　注：本表一式三份，项目监理机构、建设单位、施工单位各一份。

表 A.0.2　工程开工令

工程名称：　　　　　　　　　　　　　　　　　　　　　　　　　　　　编号：

致：＿＿＿＿＿＿＿＿＿＿＿＿＿＿＿＿＿＿＿＿(施工单位)

　　经审查，本工程已具备施工合同约定的开工条件，现同意你方开始施工，开工日期为：＿＿＿＿年＿＿月＿＿日。

　　附件：工程开工报审表

【工程开工
令(范例)】

项目监理机构(盖章)

总监理工程师(签字、加盖执业印章)

　　　　　年　　月　　日

注：本表一式三份，项目监理机构、建设单位、施工单位各一份。

表 A.0.3　监理通知单

工程名称：　　　　　　　　　　　　　　　　　　　　　　　　编号：

致：＿＿＿＿＿＿＿＿＿＿＿＿＿＿＿＿（施工项目经理部）

　事由：＿＿＿＿＿＿＿＿＿＿＿＿＿＿＿＿＿＿＿＿＿＿＿＿＿＿

＿＿＿＿＿＿＿＿＿＿＿＿＿＿＿＿＿＿＿＿＿＿＿＿＿＿＿＿＿＿＿＿

＿＿＿＿＿＿＿＿＿＿＿＿＿＿＿＿＿＿＿＿＿＿＿＿＿＿＿＿＿＿＿＿

＿＿＿＿＿＿＿＿＿＿＿＿＿＿＿＿＿＿＿＿＿

　内容：＿＿＿＿＿＿＿＿＿＿＿＿＿＿＿＿＿＿＿＿＿＿＿＿＿＿＿

＿＿＿＿＿＿＿＿＿＿＿＿＿＿＿＿＿＿＿＿＿＿＿＿＿＿＿＿＿＿＿＿

＿＿＿＿＿＿＿＿＿＿＿＿＿＿＿＿＿＿＿＿＿＿＿＿＿＿＿＿＿＿＿＿

＿＿＿＿＿＿＿＿＿＿＿＿＿＿＿＿＿＿＿＿＿

【监理通知单（范例）】

项目监理机构(盖章)

总/专业监理工程师(签字)

年　　月　　日

注：本表一式三份，项目监理机构、建设单位、施工单位各一份。

表 A.0.4　监理报告

工程名称：　　　　　　　　　　　　　　　　　　　　　　　　　　　　　　　编号：

致：＿＿＿＿＿＿＿＿＿＿＿＿＿＿＿＿＿＿＿＿（主管部门）

　　由＿＿＿＿＿＿＿＿＿＿（施工单位）施工的＿＿＿＿＿＿＿＿（工程部位），存在安全事故隐患。我方已于＿＿年＿＿月＿＿日发出编号为＿＿＿＿的《监理通知单》/《工程暂停令》，但施工单位未整改/停工。特此报告。

　　　　附件：□监理通知单

　　　　　　　□工程暂停令

　　　　　　　□其他

【监理报告

　（范例）】

　　　　　　　　　　　　　　　　　　　　　　　　　项目监理机构(盖章)

　　　　　　　　　　　　　　　　　　　　　　　　　总监理工程师(签字)

　　　　　　　　　　　　　　　　　　　　　　　　　　年　　月　　日

注：本表一式四份，主管部门、建设单位、工程监理单位、项目监理机构各一份。

表 A.0.5 **工程暂停令**

工程名称：⠀⠀⠀⠀⠀⠀⠀⠀⠀⠀⠀⠀⠀⠀⠀⠀⠀⠀⠀⠀⠀⠀⠀⠀⠀⠀⠀⠀⠀⠀编号：

致：＿＿＿＿＿＿＿＿＿＿＿＿＿＿＿＿＿＿＿＿（施工项目经理部）

⠀⠀由于＿＿＿＿＿＿＿＿＿＿＿＿＿＿＿＿＿＿＿＿＿＿＿＿＿原因，现通知你方于＿＿＿年＿＿＿月＿＿＿日＿＿＿时起，暂停＿＿＿＿＿＿部位(工序)施工，并按下述要求做好后续工作。

⠀⠀要求：

【工程暂停令
(范例)】

项目监理机构(盖章)

总监理工程师(签字、加盖执业印章)

年⠀⠀⠀月⠀⠀⠀日

⠀⠀注：本表一式三份，项目监理机构、建设单位、施工单位各一份。

表 A.0.6 旁站记录

工程名称：   编号：

旁站的关键部位、关键工序		施工单位	
旁站开始时间	年 月 日 时 分	旁站结束时间	年 月 日 时 分

旁站的关键部位、关键工序施工情况：

发现的问题及处理情况：

【旁站记录
  (范例)】

旁站监理人员(签字)
年   月   日

注：本表一式一份，项目监理机构留存。

表 A.0.7 工程复工令

工程名称：   编号：

致：＿＿＿＿＿＿＿＿＿＿＿＿＿＿＿＿＿＿（施工项目经理部）

　　我方发出的编号为＿＿＿＿＿＿＿＿《工程暂停令》，要求暂停施工的＿＿＿＿＿＿部位(工序)，经查已具备复工条件。经建设单位同意，现通知你方于＿＿＿＿年＿＿月＿＿日＿＿时起恢复施工。

　　附件：工程复工报审表

【工程复工令
(范例)】

项目监理机构(盖章)

总监理工程师(签字、加盖执业印章)

年   月   日

注：本表一式三份，项目监理机构、建设单位、施工单位各一份。

表 A.0.8　工程款支付证书

工程名称：　　　　　　　　　　　　　　　　　　　　　　　　　　　　　编号：

致：_____（施工单位）

　　根据施工合同的规定，经审核编号为_____工程款支付报审表，扣除有关款项后，同意支付工程款共计（大写）_____（小写：_____）。

　　其中：

　　1. 施工单位申报款为：

　　2. 经审核施工单位应得款为：

　　3. 本期应扣款为：

　　4. 本期应付款为：

　　附件：工程款支付报审表及附件

【工程款支付
证书（范例）】

　　　　　　　　　　　　　　　　　　　　　　　项目监理机构

　　　　　　　　　　　　　　　　　　　　　　　　（盖章）

　　　　　　　　　　　　　　　　　总监理工程师（签字、加盖执业印章）

　　　　　　　　　　　　　　　　　　　　年　　月　　日

　　注：本表一式三份，项目监理机构、建设单位、施工单位各一份。

附录 B　施工单位报审、报验用表

表 B.0.1　施工组织设计/(专项)施工方案报审表

工程名称：　　　　　　　　　　　　　　　　　　　　编号：

致：　　　　　　　　　　　　　　　　　　　(项目监理机构)
我方已完成＿＿＿＿＿＿工程施工组织设计/(专项)施工方案的编制和审批，请予以审查。 　　附件：□施工组织设计 　　　　　□专项施工方案 　　　　　□施工方案   　　　　　　　　　　　　　　　　　　施工项目经理部(盖章) 　　　　　　　　　　　　　　　　　　　项目经理(签字) 　　　　　　　　　　　　　　　　　　　年　　月　　日
审查意见：   　　　　　　　　　　　　　　　　专业监理工程师(签字) 　　　　　　　　　　　　　　　　　年　　月　　日
审核意见：   　　　　　　　　　　　　　　项目监理机构(盖章) 　　　　　　　　　　　　总监理工程师(签字、加盖执业印章) 　　　　　　　　　　　　　　　年　　月　　日
审批意见(仅对超过一定规模的危险性较大的分部分项工程专项施工方案)： 【施工组织设计/ (专项)施工方案 报审表(范例)】 　　　　　　　　　　　　　　　建设单位(盖章) 　　　　　　　　　　　　　建设单位代表(签字) 　　　　　　　　　　　　　　　年　　月　　日

　　注：本表一式三份，项目监理机构、建设单位、施工单位各一份。

表 B.0.2 工程开工报审表

工程名称： _____   编号： _____

致： _____ （建设单位） _____ （项目监理机构） 　　我方承担的_____工程，已完成相关准备工作，具备开工条件，申请于_____年____月____日开工，请予以审批。 　　附件：证明文件资料   <div align="right">施工单位(盖章) 项目经理(签字) 年　　月　　日</div>
审核意见：   <div align="right">项目监理机构(盖章) 总监理工程师(签字、加盖执业印章) 年　　月　　日</div>
审批意见：   【工程开工报 审表(范例)】 <div align="right">建设单位(盖章) 建设单位代表(签字) 年　　月　　日</div>

　　注：本表一式三份，项目监理机构、建设单位、施工单位各一份。

表 B.0.3　工程复工报审表

工程名称：　　　　　　　　　　　　　　　　　　　　　　　　编号：

致：　　　　　　　　　　　　　　　　　　　　（项目监理机构） 　　编号为　　　　《工程暂停令》所停工的　　　　部位(工序)已满足复工条件，我方申请于　　　　 年　　月　　日复工，请予以审批。 　　附件：证明文件资料   <div align="right">施工项目经理部(盖章) 项目经理(签字) 年　　月　　日</div>
审核意见：   <div align="right">项目监理机构(盖章) 总监理工程师(签字) 年　　月　　日</div>
审批意见：   【工程复工报 审表(范例)】 <div align="right">建设单位(盖章) 建设单位代表(签字) 年　　月　　日</div>

注：本表一式三份，项目监理机构、建设单位、施工单位各一份。

表 B.0.4　分包单位资格报审表

工程名称：　　　　　　　　　　　　　　　　　　　　　　　　编号：

致：　　　　　　　　　　　　　　　　　　　　(项目监理机构)

经考察，我方认为拟选择的　　　　　　　(分包单位)具有承担下列工程的施工或安装资质和能力，可以保证本工程按施工合同第　　条款的约定进行施工或安装。请予以审查。

分包工程名称(部位)	分包工程量	分包工程合同额
合计		

附件：1. 分包单位资质材料
　　　2. 分包单位业绩材料
　　　3. 分包单位专职管理人员和特种作业人员的资格证书
　　　4. 施工单位对分包单位的管理制度

施工项目经理部(盖章)
项目经理(签字)
年　　月　　日

审查意见：

专业监理工程师(签字)
年　　月　　日

审核意见：

【分包单位资格
报审表(范例)】

项目监理机构(盖章)
总监理工程师(签字)
年　　月　　日

注：本表一式三份，项目监理机构、建设单位、施工单位各一份。

表 B.0.5 施工控制测量成果报验表

工程名称：　　　　　　　　　　　　　　　　　　　　　　编号：

致：_____（项目监理机构）
我方已完成_____的施工控制测量，经自检合格，请予以查验。 附件：1. 施工控制测量依据资料 　　　2. 施工控制测量成果表   　　　　　　　　　　　　　　　　　　施工项目经理部（盖章） 　　　　　　　　　　　　　　　　　　项目技术负责人（签字） 　　　　　　　　　　　　　　　　　　　　年　月　日
审查意见：   【施工控制 测量成果 报验表（范例）】 　　　　　　　　　　　　　　　　　　项目监理机构（盖章） 　　　　　　　　　　　　　　　　　　专业监理工程师（签字） 　　　　　　　　　　　　　　　　　　　　年　月　日

　　注：本表一式三份，项目监理机构、建设单位、施工单位各一份。

表 B.0.6　工程材料/构配件/设备报审表

工程名称：　　　　　　　　　　　　　　　　　　　　　　　　　　　　　　编号：

致：_____（项目监理机构）
于_____年___月___日进场的拟用于工程_____部位的_____，经我方检验合格，现将相关资料报上，请予以审查。 　　附件：1. 工程材料、构配件或设备清单 　　　　　2. 质量证明文件 　　　　　3. 自检结果   　　　　　　　　　　　　　　　　　　　　　　　　　施工项目经理部(盖章) 　　　　　　　　　　　　　　　　　　　　　　　　　项目经理(签字) 　　　　　　　　　　　　　　　　　　　　　　　　　　　年　　月　　日
审查意见：   【工程材料/ 构配件/设备 报审表(范例)】   　　　　　　　　　　　　　　　　　　　　　　　　　项目监理机构(盖章) 　　　　　　　　　　　　　　　　　　　　　　　　　专业监理工程师(签字) 　　　　　　　　　　　　　　　　　　　　　　　　　　　年　　月　　日

　　注：本表一式两份，项目监理机构、施工单位各一份。

表 B.0.7 ＿＿＿＿＿报审、验表

工程名称：　　　　　　　　　　　　　　　　　　　　　　　　　编号：

致：＿＿＿＿＿＿＿＿＿＿＿＿＿＿＿＿＿＿＿（项目监理机构）

我方已完成＿＿＿＿＿＿工作，经自检合格，请予以审查或验收。

附件：□隐蔽工程质量检验资料
　　　□检验批质量检验资料
　　　□分项工程质量检验资料
　　　□施工试验室证明资料
　　　□其他

施工项目经理部（盖章）
项目经理或项目技术负责人（签字）
年　　月　　日

审查或验收意见：

【钢筋安装工程
检验批报审/
报验表（范例）】

项目监理机构（盖章）
专业监理工程师（签字）
年　　月　　日

注：本表一式两份，项目监理机构、施工单位各一份。

表 B.0.8　分部工程报验表

工程名称：　　　　　　　　　　　　　　　　　　　　　　　　　　　　　　　编号：

致：＿＿＿＿＿＿＿＿＿＿＿＿＿＿＿＿＿＿ (项目监理机构)
我方已完成＿＿＿＿＿＿(分部工程)，经自检合格，请予以验收。
附件：分部工程质量资料
施工项目经理部(盖章) 　　　　　　　　　　　　　　　　　　　　　项目技术负责人(签字) 　　　　　　　　　　　　　　　　　　　　　　年　　月　　日
验收意见：   　　　　　　　　　　　　　　　　　　　　　专业监理工程师(签字) 　　　　　　　　　　　　　　　　　　　　　　年　　月　　日
验收意见： 【分部工程 报验表(范例)】 　　　　　　　　　　　　　　　　　　　　　项目监理机构(盖章) 　　　　　　　　　　　　　　　　　　　　　总监理工程师(签字) 　　　　　　　　　　　　　　　　　　　　　　年　　月　　日

注：本表一式三份，项目监理机构、建设单位、施工单位各一份。

表 B.0.9　监理通知回复单

工程名称：　　　　　　　　　　　　　　　　　　　　　　　　　　编号：

致：_____（项目监理机构）

　　我方接到编号为_____的监理通知单后，已按要求完成相关工作，请予以复查。

　　附件：需要说明的情况

施工项目经理部(盖章)

项目经理(签字)

年　　月　　日

复查意见：

【监理通知
回复单(范例)】

项目监理机构(盖章)

总监理工程师/专业监理工程师(签字)

年　　月　　日

注：本表一式三份，项目监理机构、建设单位、施工单位各一份。

表 B.0.10 单位工程竣工验收报审表

工程名称： 编号：

致：_____ （项目监理机构）

我方已按施工合同要求完成_____工程，经自检合格，现将有关资料报上，请予以验收。

附件：1. 工程质量验收报告

2. 工程功能检验资料

施工单位(盖章)

项目经理(签字)

年 月 日

预验收意见：

经预验收，该工程合格/不合格，可以/不可以组织正式验收。

【单位工程
竣工验收报
审表(范例)】

项目监理机构(盖章)

总监理工程师(签字、加盖执业印章)

年 月 日

注：本表一式三份，项目监理机构、建设单位、施工单位各一份。

表 B.0.11　工程款支付报审表

工程名称：　　　　　　　　　　　　　　　　　　　　　　　　　　　编号：

致：　　　　　　　　　　　　　　　　　　　　　（项目监理机构） 　　根据施工合同约定，我方已完成　　　　　　工作，建设单位应在　　　年　　月　　日前支付工程款共计(大写)　　　　　　　　(小写：　　　　　　　　)，请予以审核。 　　附件： 　　□已完成工程量报表 　　□工程竣工结算证明材料 　　□相应支持性证明文件 　　　　　　　　　　　　　　　　　　施工项目经理部(盖章) 　　　　　　　　　　　　　　　　　　项目经理(签字) 　　　　　　　　　　　　　　　　　　　　年　　月　　日
审查意见： 　　1．施工单位应得款为： 　　2．本期应扣款为： 　　3．本期应付款为： 　　附件：相应支持性材料   　　　　　　　　　　　　　　　　　　专业监理工程师(签字) 　　　　　　　　　　　　　　　　　　　　年　　月　　日
审核意见：   　　　　　　　　　　　　　　　　　　项目监理机构(盖章) 　　　　　　　　　　　　　　　　　　总监理工程师(签字、加盖执业印章) 　　　　　　　　　　　　　　　　　　　　年　　月　　日
审批意见：   【工程款支付 报审表(范例)】 　　　　　　　　　　　　　　　　　　建设单位(盖章) 　　　　　　　　　　　　　　　　　　建设单位代表(签字) 　　　　　　　　　　　　　　　　　　　　年　　月　　日

　　注：本表一式三份，项目监理机构、建设单位、施工单位各一份；工程竣工结算报审时本表一式四份，项目监理机构、建设单位各一份，施工单位两份。

表 B.0.12 施工进度计划报审表

工程名称：　　　　　　　　　　　　　　　　　　　　　　　　　编号：

致：＿＿＿＿＿＿＿＿＿＿＿＿＿＿＿＿＿＿＿（项目监理机构）
根据施工合同约定，我方已完成＿＿＿＿＿＿工程施工进度计划的编制和批准，请予以审查。   　　附件：□施工总进度计划   　　　　　□阶段性进度计划   施工项目经理部(盖章)   项目经理(签字)   年　　月　　日
审查意见：   专业监理工程师(签字)   年　　月　　日
审核意见：   【施工进度计划   报审表(范例)】   项目监理机构(盖章)   总监理工程师(签字)   年　　月　　日

　　注：本表一式三份，项目监理机构、建设单位、施工单位各一份。

表 B.0.13 费用索赔报审表

工程名称： 　　　　　　　　　　　　　　　　　　　　　　编号：

致：_____(项目监理机构)
根据施工合同_____条款，由于_____ _____的原因，我方申请索赔金额(大写)_____，请予批准。

致：_____(项目监理机构)
　　根据施工合同_____条款，由于_____ _____的原因，我方申请索赔金额(大写)_____，
请予批准。

　　索赔理由：_____
_____
_____
_____

　　附件：□索赔金额计算
　　　　　□证明材料

施工项目经理部(盖章)

项目经理(签字)

年　　月　　日

审核意见：
　　□不同意此项索赔。
　　□同意此项索赔，索赔金额为(大写)_____。
　　同意/不同意索赔的理由：_____
_____
_____
_____

　　附件：□索赔审查报告

项目监理机构(盖章)

总监理工程师(签字、加盖执业印章)

年　　月　　日

审批意见：

【费用索赔报
审表(范例)】

建设单位(盖章)

建设单位代表(签字)

年　　月　　日

　　注：本表一式三份，项目监理机构、建设单位、施工单位各一份。

表 B.0.14　工程临时/最终延期报审表

工程名称：　　　　　　　　　　　　　　　　　　　　　　　　　　　　编号：

致：　　　　　　　　　　　　　　　　　　　（项目监理机构）

　　根据施工合同　　　　　　　　　（条款），由于　　　　　　　　　　　　　原因，我方申请工程临时/最终延期　　　（日历天），请予批准。

　　附件：1. 工程延期依据及工期计算

　　　　　2. 证明材料

施工项目经理部(盖章)

项目经理(签字)

年　月　日

审核意见：

　□同意工程临时/最终延期　　　（日历天）。工程竣工日期从施工合同约定的　　年　　月　　日延迟到　　年　　月　　日。

　□不同意延期，请按约定竣工日期组织施工。

项目监理机构(盖章)

总监理工程师(签字、加盖执业印章)

年　月　日

审批意见：

【工程临时或最终延期报审表(范例)】

建设单位(盖章)

建设单位代表(签字)

年　月　日

注：本表一式三份，项目监理机构、建设单位、施工单位各一份。

附录C 通 用 表

表 C.0.1 工作联系单

工程名称：　　　　　　　　　　　　　　　　　　　编号：

致：＿＿＿＿＿＿＿＿＿＿＿＿＿＿＿＿＿

【工作联系
单(范例)】

发文单位

负责人(签字)

年　月　日

表 C.0.2　工程变更单

工程名称：　　　　　　　　　　　　　　　　　　　　　　　　　　　　编号：

致：＿＿＿＿＿＿＿＿＿＿＿＿＿＿＿＿＿＿＿＿ 　由 于＿＿＿＿＿＿＿＿＿＿＿＿＿＿＿＿＿＿＿＿＿＿＿＿＿＿＿＿＿＿＿＿＿＿＿＿ 原因，兹提出＿＿＿＿＿＿＿＿＿＿＿＿＿＿＿＿＿＿工程变更，请予以审批。 　附件： 　□变更内容 　□变更设计图 　□相关会议纪要 　□其他 　　　　　　　　　　　　　　　　　　　　　　　　变更提出单位： 　　　　　　　　　　　　　　　　　　　　　　　　　负责人： 　　　　　　　　　　　　　　　　　　　　　　年　　月　　日	

工程量增/减	
费用增/减	
工期变化	

       施工项目经理部 (盖章) 项目经理(签字)	 设计单位 (盖章) 设计负责人(签字)
【工程变更单 (范例)】 项目监理机构 (盖章) 总监理工程师(签字)	建设单位 (盖章) 负责人(签字)

　　注：本表一式四份，建设单位、项目监理机构、设计单位、施工单位各一份。

表 C.0.3 索赔意向通知书

工程名称： _____ 编号： _____

致： _____

　　根据施工合同_____(条款)的约定，由于发生了_____事件，且该事件的发生非我方原因所致。为此，我方向_____(单位)提出索赔要求。

　　附件：索赔事件资料

【索赔意向
通知书(范例)】

提出单位(盖章)

负责人(签字)

年　　月　　日

参 考 文 献

[1] 中华人民共和国国家标准. 建设工程监理规范(GB 50319—2013)[S]. 北京：中国建筑工业出版社，2013.

[2] 中国建设监理协会. 建设工程监理概论[M]. 北京：知识产权出版社，2016.

[3] 中国建设监理协会. 建设工程质量控制[M]. 北京：知识产权出版社，2016.

[4] 中国建设监理协会. 建设工程投资控制[M]. 北京：知识产权出版社，2016.

[5] 中国建设监理协会. 建设工程进度控制[M]. 北京：知识产权出版社，2016.

[6] 中国建设监理协会. 建设工程合同管理[M]. 北京：知识产权出版社，2016.

[7] 中国建设监理协会. 建设工程监理案例分析[M]. 北京：知识产权出版社，2016.

[8] 王志毅. 建设工程监理合同（示范文本）与建设工程委托监理合同(示范文本)对照解读[M]. 北京：中国建材工业出版社，2012.

[9] 王东升. 建设工程项目监理[M]. 徐州：中国矿业大学出版社，2009.

[10] 中国建设监理协会. 建设工程信息管理[M]. 北京：知识产权出版社，2011.